高等职业教育教材

环境工程仪表及自动化

第二版

郝 屏　刘慧敏　杨 宁　主编

李东升　主审

化学工业出版社

·北京·

内 容 简 介

本书采用"工学结合""任务驱动"的教学模式编写，对环境工程仪表及自动控制系统进行了较系统的叙述。本书以工程中常用的主流仪表为主编排内容，并讲述了现代工程中的先进仪表及先进的控制系统。

全书共十五个项目，项目一至项目五主要讲述了压力、物位、流量、温度、成分等环境工程中检测仪表的工作原理、结构性能、仪表的安装使用和基本维护。项目六至项目十二，详细讲述了环境工程中自动控制系统的基本知识。项目十三至项目十五，结合全国技能大赛平台讲述了PLC在水处理技术和大气监测与治理中的应用。本书强调以能力为本，理论与实践训练一体化。

本书为高等职业教育本科、专科环境保护类及相关专业的教材，也可作为成人教育、企业培训的相关专业教材，并可供从事相关工作的工艺技术人员参考。

图书在版编目（CIP）数据

环境工程仪表及自动化／郝屏，刘慧敏，杨宁主编．—2版．—北京：化学工业出版社，2024.6
ISBN 978-7-122-45528-4

Ⅰ．①环⋯　Ⅱ．①郝⋯ ②刘⋯ ③杨⋯　Ⅲ．①环境工程-检测仪表-高等职业教育-教材②环境工程-自动控制系统-高等职业教育-教材　Ⅳ．①X85

中国国家版本馆 CIP 数据核字（2024）第 084831 号

责任编辑：王文峡　　　　文字编辑：蔡晓雅
责任校对：李雨晴　　　　装帧设计：韩　飞

出版发行：化学工业出版社
　　　　（北京市东城区青年湖南街13号　邮政编码100011）
印　　装：河北延风印务有限公司
787mm×1092mm　1/16　印张19½　字数492千字
2024年8月北京第2版第1次印刷

购书咨询：010-64518888　　　售后服务：010-64518899
网　　址：http://www.cip.com.cn
凡购买本书，如有缺损质量问题，本社销售中心负责调换。

定　　价：59.00元　　　　　　　　版权所有　违者必究

前 言

本书自2013年出版以来，受到师生的一致好评，一直沿用至今。根据师生和同行业人员在使用本书过程中提出的宝贵意见和建议，以及编者在教学实践中发现的问题，围绕"提质培优、创新发展"，帮助院校推进"岗课赛证"育人模式，提升教育教学质量，编者对本书进行修订，使其适应应用型本科和高等职业教育教材立体化发展趋势，更有利于学生线上线下自学，以及科学思维方法的培养。调整更新的主要内容如下：

一、增加了立体化教学素材

1. 在压力检测仪表、物位检测仪表、流量检测仪表、温度检测仪表、成分分析仪表里面增加了仿真动画，讲解了仪表的结构和工作原理，更便于学生的理解记忆。

2. 对于知识拓展部分和软件的安装与使用，增加了讲解视频。在有限的篇幅里加入立体化素材，有助于使用者拓展知识的宽度与深度。

3. 增加了PLC在水处理技术和大气监测与治理技术中的应用案例控制程序。

所有立体化素材分布在各项目中相应内容的位置，并配置有二维码。使用者只需扫描二维码，就能实时自学，轻松掌握相关知识和技能。

二、更新或删减了部分内容

1. 结合我国环境工程仪表自动化发展现状，调整了部分理论知识和习题，删除了一些比较陈旧和使用频率不高的仪表知识。

2. 对原书中个别地方的文字表述进行了修改。

3. 缩减了原书的部分内容，知识拓展部分内容以视频的形式展示，结合相关1+X职业技能等级证书标准和全国职业技能大赛赛项规程，新增教学内容单元三，重点以水环境监测与治理技术综合实训平台和大气环境监测与治理技术综合实训平台为基础，主要讲解PLC在水处理和大气监测中的应用。

4. 每个项目前增加了思政微课堂，通过思政案例培养学生树立正确的世界观、人生观和价值观，做有理想有本领有担当的时代新人，达到育人的目的。

5. 编制了全书的电子教案，便于老师教学。可登录"化工教育"网站注册后免费下载。

本书由河南应用技术职业学院郝屏、河北化工医药职业技术学院刘慧敏、河北工业职业技术大学杨宁等三人担任主编，常州工程职业技术学院李东升教授担任主审。参加编写的还有河南应用技术职业学院梅二召、李志伟，河北工业职业技术大学芦娟。其中杨宁编写项目一、项目二、项目十五；芦娟编写项目三、附表1；刘慧敏编写项目四、项目八、项目九、附表2～6；郝屏编写项目五、项目六、项目七；梅二召编写项目十三、项目十四；李志伟编写项目十、项目十一、项目十二。

本书在编写过程中，得到了许多支持。河南应用技术职业学院张慧俐老师、化学工业出版社编辑提出了许多宝贵的意见；同时也得到了浙江天煌科技实业有限公司董事长兼总经理黄华圣和高级工程师朱幸福的大力支持，书中二维码链接的部分动画素材由北京东方仿真软件技术公司提供技术支持，在此一并对他们的支持和帮助表示感谢。

由于编者水平有限，书中难免存在不妥之处，恳请广大读者批评指正。

编者
2024 年 1 月

第一版前言

为适应职业教育的发展，满足培养应用型、技能型人才的需要，我们编写了这本专业核心知识和技能一体化的教材。编写人员均为教学经验丰富、实践能力强的一线教师、高级工程师。

本书在编写思路上，积极配合新的课程教学模式，以知识的应用为目的，融合最新的技术和知识，强调知识、能力、素质结构整体优化，强调工程应用能力训练和技术综合一体化能力的培养。

本书在编写模式上，采用项目化教学法编写，每个项目都包含理论知识、实践知识及职业态度等内容，以环境工程中仪表及自动化的应用为主线，用"任务驱动"的教学模式编写，打破了传统教材的编写模式。本书在项目或任务的设置上，充分考虑了学生的个体发展，保留了学生的自主选择空间，兼顾学生的职业方向。

本书在内容安排上，除介绍通用主流仪表之外，还专门介绍了环境工程中所用到的水质分析仪、气体检测仪等；对于反映当前自动化水平的新内容，如智能差压变送器、C3000数字控制器、新型显示仪表、智能控制阀、集散控制系统等内容，加大了篇幅进行介绍，力求简明扼要、深入浅出，使环境工程类专业人员对自动化的新发展、新技术有比较全面的了解，以满足培养新世纪专业技术人才的需要。

本书分为环境工程检测仪表与传感器和环境工程自动控制系统两个单元，建议全书学时60～72个。教师在教学中可根据学时安排和学生情况选择授课内容，灵活掌握。

环境工程检测仪表与传感器单元由项目一至项目五组成，完整介绍了测量及测量误差的基本概念，过程检测系统的基本知识；详细讲述了压力、物位、流量、温度、成分等过程检测仪表的工作原理、结构性能、基本技术参数及仪表的安装使用和基本维护等知识；尤其对现代工程中用到的智能仪表、数字仪表等先进仪表的结构、原理、组态操作进行了详细的讲述。环境工程自动控制系统由项目六到项目十二组成，主要对过程控制系统的基本组成、操作和维护等知识技能进行了深入浅出的讲述，并重点讲述了集散控制系统的操作和维护知识，以更好地满足环境类专业学生学习的需要。

本书每个项目后均设有思考题，以方便教学。

本书由河南化工职业学院的李留格、河北化工医药职业技术学院的刘慧敏担任主编。参加编写的还有：四川化工职业技术学院的胡乃清，杨凌职业技术学院的朱海波，河北化工医药职业技术学院高级工程师程普。其中李留格编写项目一至项目三、项目六、项目七、附录一，并负责全书的统稿与修改；刘慧敏编写项目四、项目九、附录二到附录六；朱海波编写项目五；程普编写项目八；胡乃清编写项目十至项目十二。

本书在编写过程中，得到了许多老师的支持。徐州工业职业技术学院的周立雪院长和季剑波、河北工业职业学院刘建秋、河南化工职业学院的张慧俐等提出了许多宝贵的意见；同时也得到了化学工业出版社编辑的大力支持，在此一并对他们的支持和帮助表示感谢。

由于编者水平有限，书中难免存在不妥之处，恳请广大读者批评指正。

编者

2012 年 8 月

目 录

单元一 环境工程检测仪表与传感器 1

项目一 压力检测仪表的认识、安装与维护 1

任务一 弹簧管压力表的认识与校验 2
  一、过程检测技术基础 2
  二、压力检测的基本知识 13
  三、弹性式压力计 14
  四、压力表的选择与校验 18
【任务实施】 21
【学习讨论】 22
任务二 压力表的安装 22
  一、取压口的选择 22
  二、导压管的安装 23
  三、压力表的安装 23
【任务实施】 24
【学习讨论】 25
任务三 智能差压变送器的安装与组态 25
  一、智能差压变送器的结构原理 26
  二、智能变送器的特点 26
  三、智能变送器的典型产品介绍 26
【任务实施】 28
【学习讨论】 35
【知识拓展】 电气式压力仪表 35
【思考题】 36
【项目考核】 37

项目二 物位检测仪表的认识、安装与维护 38

任务一 差压式液位计的安装与维护 39
  一、物位检测的基本知识 39
  二、差压式液位计 40
  三、物位仪表的选用 44
【任务实施】 45
【学习讨论】 50
任务二 浮力式液位计的安装及调试 51
  一、恒浮力式液位计 51
  二、变浮力式液位计 54
【任务实施】 57
【学习讨论】 59
【知识拓展】 其他物位仪表 59
  一、电容式液位计 59
  二、超声波液位计 59
【思考题】 60
【项目考核】 60

项目三 流量检测仪表的认识、安装与维护　　62

任务一　差压式流量计的安装与维护　63
　一、流量测量的基本知识　63
　二、差压式流量计　64
【任务实施】　70
【学习讨论】　73
任务二　电磁流量计的安装及调试　73
　一、电磁流量计的工作原理　73
　二、电磁流量计的结构类型与特点　74
　三、电磁流量计的安装与应用　75

【任务实施】　76
【学习讨论】　78
【知识拓展】　78
　一、转子流量计　78
　二、超声波流量计与靶式流量计　86
　三、椭圆齿轮流量计　86
　四、涡轮流量计　86
【思考题】　87
【项目考核】　87

项目四 温度检测仪表的认识、安装与维护　　89

任务一　热电偶（阻）的认识及安装　90
　一、温度检测的基本知识　90
　二、热电偶传感器　92
　三、热电阻传感器　96
　四、热电偶、热电阻的选用　97
【任务实施】　98
【学习讨论】　99
任务二　一体化温度变送器的认识与校验　99
　一、一体化热电偶温度变送器　99
　二、一体化热电阻温度变送器　100

【任务实施】　101
【学习讨论】　103
任务三　常用温度显示仪表的认识与使用　103
　一、数字式显示仪表　103
　二、新型显示仪表　105
【任务实施】　115
【学习讨论】　119
【思考题】　120
【项目考核】　120

项目五 污染物成分自动分析仪表的认识　　121

任务一　工业 pH 计的认识与调校　122
　一、成分分析仪表的基本知识　122
　二、工业 pH 计　123
【任务实施】　129
【学习讨论】　130
任务二　工业气相色谱仪的认识与调校　130
　一、工业气相色谱仪的分析原理　132
　二、色谱柱　135

　三、检测器　136
　四、SQG 系列工业气相色谱仪　138
【任务实施】　142
【学习讨论】　143
【知识拓展】　其他成分分析仪表　143
　一、水质分析仪　143
　二、气体、噪声检测仪　143
【思考题】　144
【项目考核】　144

单元二　环境工程自动控制系统　　　　　　　　　　　　　　145

项目六　简单控制系统的组成　　　　　　　　145

任务一　液位控制系统的组成分析　146
　　一、环境工程自动化的概念　146
　　二、自动控制系统的组成及
　　　　方框图　147
　　三、自动控制系统的分类　149
【任务实施】　150
【学习讨论】　150
任务二　带控制点工艺流程图的
　　　　识读　150
　　一、图形符号的识读　150
　　二、字母代号　152
　　三、仪表位号的表示方法　153
【任务实施】　154
【学习讨论】　154
【思考题】　154
【项目考核】　155

项目七　生产过程对象的认知　　　　　　　　156

任务　生产过程对象（水槽）的认知　157
　　一、与对象有关的两个基本
　　　　概念　158
　　二、描述对象特性的三个参数　158
　　三、扰动通道特性对控制质量的
　　　　影响　160
　　四、控制通道特性对控制质量的
　　　　影响　161
【任务实施】　161
【学习讨论】　162
【思考题】　162
【项目考核】　162

项目八　环境工程控制仪表的认识与使用　　　　164

任务一　常见控制规律及控制器概述　165
　　一、常见控制规律　165
　　二、控制器概述　171
任务二　C3000 数字式控制器的认识与
　　　　使用　172
　　一、数字式控制器的主要特点　172
　　二、C3000 数字控制器　172
【任务实施】　181
【学习讨论】　184
【思考题】　184
【项目考核】　185

项目九　执行器的使用　　　　　　　　　　　　186

任务　气动执行器的使用　187
　　一、气动薄膜控制阀　187
　　二、阀门定位器　198
　　三、电动执行器　203
　　四、数字阀与智能控制阀　204
【任务实施】　205
【学习讨论】　207
【思考题】　208
【项目考核】　208

项目十　控制系统的投运及参数整定　209

任务　液位定值控制系统的投运与操作　210
一、自动控制系统的过渡过程与品质指标　210
二、控制方案的确定　213
三、控制器参数的工程整定　215
四、简单控制系统的投运及操作中常见的问题　217
【任务实施】　218
【学习讨论】　219
【思考题】　220
【项目考核】　220

项目十一　复杂控制系统的操作　221

任务一　污水处理加药串级控制系统的操作　222
一、串级控制系统概述　222
二、串级控制系统的特点及应用　224
三、主、副控制器控制规律的选择　225
四、主、副控制器正反作用的选择　225
五、控制器参数整定与系统投运　225
【任务实施】　227
【学习讨论】　227

任务二　污水处理中其他复杂控制系统　227
一、均匀控制系统　227
二、比值控制系统　229
三、前馈控制系统　231
四、分程控制系统　232
【任务实施】　235
【学习讨论】　235
【思考题】　236
【项目考核】　236

项目十二　集散控制系统的组态与操作　238

任务一　JX-300XP 集散控制系统的安装与硬件认识　239
一、集散控制系统概述　239
二、JX-300XP 集散控制系统　240
【任务实施】　248
【学习讨论】　249

任务二　JX-300XP 集散控制系统的软件组态　249
一、组态软件应用流程　249
二、系统组态的主要过程　250
【任务实施】　252
【学习讨论】　252

任务三　集散控制系统的操作　253
一、集散控制系统的调试　253
二、集散控制系统的投运　254
三、集散控制系统的维护　254
【任务实施】　256
【学习讨论】　256
【知识拓展　污水处理集散控制系统应用案例】　256
【思考题】　257
【项目考核】　257

单元三 可编程控制器在环境控制中的应用　　259

项目十三 S7-200 SMART PLC 基本指令介绍及应用　　259

任务一 位逻辑指令格式及功能说明 260
  一、触点取用指令与线圈输出指令　　260
  二、置位与复位指令　　261
  三、正跳变和负跳变检测器　　261
  四、置位和复位优先双稳态触发器　　261
  五、逻辑堆栈指令　　262
任务二 定时器指令格式及功能说明 263
  一、定时器指令介绍　　263
  二、定时器的应用　　264
任务三 计数器指令格式及功能说明 265
  一、计数器指令介绍　　265
  二、计数器指令的应用　　266
【任务实施】　　268
【学习讨论】　　268
【知识拓展】S7-200 SMART PLC 编程软件的安装与使用　　269
【思考题】　　269
【项目考核】　　270

项目十四 PLC 在大气环境监测与治理技术中的应用　　271

任务 大气环境监测与治理技术中 PLC 程序编写及应用 272
  一、烟气监测与除尘系统调试与运维　　272
  二、烟气监测与脱硫系统调试与运维　　275
【任务实施】　　279
【学习讨论】　　280
【思考题】　　280
【项目考核】　　281

项目十五 PLC 在水污染控制中的应用　　282

任务 不同水处理工艺的 PLC 程序编写及应用 283
  一、A/O 控制系统　　283
  二、A^2/O 控制系统　　284
  三、SBR 控制系统　　286
  四、MSBR 控制系统　　288
【任务实施】　　290
【学习讨论】　　293
【思考题】　　293
【项目考核】　　294

附录　　295

参考文献　　300

二维码一览表

序号	名称	页码
1	电远传弹性压力计（电位器式）	14
2	电远传弹性压力计（霍尔元件式）	14
3	双波纹管差压计	15
4	压电式压力传感器	19
5	电气式压力仪表	35
6	伺服平衡浮子式液位计	54
7	电容式液位计	59
8	超声波式液位计	59
9	家用煤气表	64
10	热式流量计	64
11	冲量式流量计	64
12	超声波流量计与靶式流量计	86
13	椭圆齿轮流量计	86
14	涡轮流量计	86
15	辐射高温计	91
16	光电高温计	91
17	普通热电偶	93
18	SQG 色谱仪的气体流程	139
19	水质检测仪	143
20	气体、噪声检测仪	143
21	水位自动控制系统分析	148
22	活塞式气缸（弹簧复位）	189
23	活塞式气缸（外力复位）	189
24	截止阀	198
25	编程软件的安装	248
26	污水处理集散控制系统应用案例	256
27	S7-200 SMART PLC 编程软件的安装	269
28	S7-200 SMART PLC 编程软件的使用	269
29	烟气监测与除尘系统程序编写	275
30	烟气监测与脱硫系统程序编写	278
31	A/O 系统程序编写	283
32	A^2/O 系统程序编写	284
33	SBR 系统程序编写	286
34	MSBR 系统程序编写	288

单元一
环境工程检测仪表与传感器

项目一
压力检测仪表的认识、安装与维护

知识目标

- 了解测量误差及处理方法。
- 熟悉检测仪表的性能指标。
- 掌握压力的定义，表压力、绝对压力、负压力（真空度）之间的关系。
- 掌握常用压力表的结构组成、工作原理。
- 掌握压力仪表的选择方法及校验方法。
- 了解智能型仪表的发展概况。

能力目标

- 会校验弹簧管压力表。
- 能正确填写压力表校验单。
- 能根据要求选择合适的压力测量方法和压力仪表。
- 能正确连接导压管路和安装压力仪表。
- 能对压力检测仪表的常见故障进行判断和处理。
- 能对智能差压变送器进行正确组态。

素质目标

- 树立正确的世界观、人生观和价值观，做有理想有本领有担当的时代新人。
- 培养严谨认真、耐心专注的工作态度和精益求精、一丝不苟的工匠精神。
- 通过工程要求和工作程序学习，培养标准规范意识、认真严谨的职业态度，实事求是、踏实肯干的工作作风。
- 通过穿戴安全防护服和规范操作，培养安全意识。

单元一 环境工程检测仪表与传感器

 思政微课堂

【案例】

在 2017 年 3 月举办的"川仪杯"全国首届仪器仪表制造工职业技能竞赛中,粟道梅在技能和理论综合排名第一。"女工夺魁"一时成为领域内的美谈。一台整装故障仪表,粟道梅 5 分钟就能找出故障并修好,仅用 20 分钟就能将 0.025 毫米的膜片焊接在直径 35 毫米的压力表体上。

变送器在工业控制领域中有着举足轻重的作用。大型数控机器装备的操作需要通过仪表盘来观测数据。如果把仪器仪表比作发现数据的"眼睛",那变送器就是仪器仪表中的"眼睛"。"我的工作就是检测变送器参数,相当于给这些'眼睛''验光''配镜'",粟道梅说。

在智能变送器的制造、测试过程中,粟道梅发现:测试负压时,性能好的仪表,当压力达到设定值时,输出值在两三秒内就可以稳定下来;而性能欠佳的仪表,则往往需要十几秒才趋向稳定。"虽然说这种是在合理值范围内,但我总觉得可以更好",粟道梅"较真"地探索起"慢十几秒"的成因。最后,经过长时间的琢磨和调试,她成功地发现了问题所在,并对整批产品进行重新充灌,确保达到最佳性能。经过不断改良,国产最高精度智能压力变送器成功面市。目前,这款智能压力变送器,误差率低至万分之四。

【启示】

"巴渝工匠"粟道梅对于工匠精神的理解是"对待工作真心地热爱,摒弃浮躁,心态要端正,踏踏实实地干一件事情,全身心地投入,就像对待自己的小孩一样细心、耐心。"

【思考】

1. 联系实际谈谈如何在工业仪表领域践行工匠精神。
2. 联系实际谈谈压力仪表在环境工程中的应用。

压力是环境工程中的重要工艺参数之一,如水处理工程中水泵进口真空度和出口压力;滤池及冲洗水泵的压力,滤池水头损失;出厂干管压力,管网压力;鼓风机出口风压,真空泵状态等,都需要严格遵守工艺操作规程,保持一定的压力。另外,还有一些其他过程参数,如流量、液位等往往可以通过压力来间接测量。所以,压力的测量在环境工程中具有特殊的地位。

检测压力的仪表称为压力表或压力计。本项目主要学习压力检测仪表的结构、原理、选择、校验、安装、组态、操作及维护等知识与技能。

任务一 弹簧管压力表的认识与校验

了解过程检测的基本知识,掌握仪表的品质指标,根据工艺要求选用合适的压力表来完成压力的检测,认识和掌握压力仪表的结构原理、安装调校等,对工程的安全运行至关重要。

一、过程检测技术基础

在环境工程中,为了有效地进行操作和自动控制,需要对"三废"处理过程中的一些主要参数进行自动检测。用来检测这些参数的仪表称为检测仪表。检测仪表在现代化水处理生产过程中起着重要作用，是自控系统的"眼睛""触角"和"神经"，与生产过程有着紧密的联系。

目前人们一般把污水处理过程中的检测仪表分为两大类。一类是检测温度、压力、液位、流量等物理量的仪表，称为热工仪表。另一类是测量水的pH值、溶氧值、浊度、COD值等水质指标的仪表，称为水质分析仪表。

1. 测量的概念

（1）测量的定义　测量就是用实验的方法，借助专门仪器或设备把被测变量 x 与同性质的单位标准量 v 进行比较，得到被测量相对于标准量的倍数 x_m，从而确定被测量数值的过程。用数学公式表示为：

$$x = x_m v \tag{1-1}$$

测量结果包括被测量的大小 x_m、符号（正或负）及测量单位 v，也就是测量单位 v 与倍数值 x_m 的乘积。

例如，要测量一个物体的长度，可以将一把测量单位为mm的直尺与被测物体的两端比较，看物体两端对应于直尺所包含的mm刻度格的数量，如500，则表明物体有500mm长。更为直接的方法是让直尺的0mm线（零位）对准物体一端，则物体另一端所对应的直尺的读数就是物体长度所包含的mm的倍数，乘以测量单位mm即为测量值。

实际工程中，绝大多数被测变量是无法借助于像直尺这样的测量工具直接进行比较而完成测量的，往往需要将被测变量进行转换，将其转换成另外一个便于比较的量，并与被测量成正比或具有确定的函数关系。例如，玻璃体温计是利用下端玻璃温包里水银的热膨胀效应，将温度转换成体积，膨胀的水银在温度计上方连通的毛细管里被转换成水银柱高度，与同时被转换成高度的温度测量单位——温度刻度值比较，就可以得到被测温度值。

一般指示型测量仪表，都必须利用某些物理、化学效应，将被测量转换为便于比较的信号形式（如指针位移），并把单位标准量转换成标尺刻度，指针位置对应的刻度值就是包含单位标准量的倍数，即为测量值。

所以说，测量就是建立某种单位基准之后，借助于一些专用工具将研究对象与基准单位进行比较的过程。测量过程的实质就是将被测量与体现测量单位的标准量比较，对被测参数信号形式转换的过程，而检测仪表就是实现这种比较的工具。

（2）测量方法　实现测量的方法很多，对于不同的测量参数和检测系统需采用最适合的测量方法，才能取得最佳的测量结果。如果按测量敏感元件是否与被测介质接触，可以将测量方法分为接触式测量和非接触式测量；如果按被测变量的变化速度，可分为静态测量和动态测量；按比较方式分类，可以分为直接测量和间接测量；按测量原理分类，可分为偏差法、零位法、微差法测量；按检测系统的结构分类，可分为开环式测量、反馈型闭环式测量等。以下仅介绍按测量原理分类的几种测量方法。

① 偏差法　是用检测仪表的指针相对于仪表刻度零位的位移（偏差）量直接表示被测量大小，如弹簧秤、压力表、体温计等指示式仪表。偏差法测量方式属于开环测量方式，仪表刻度是预先用标准仪器标定好的，测量结果的好坏取决于测量元件和转换放大环节的性能。偏差法测量的特点是直观、简便、速度快，相应的仪表结构简单，测量精度较低，测量范围小。

② 零位法　是将被测量与已知标准量进行比较，当二者差值为零时，由标准量的值即

可确定被测量的大小。零位法属于反馈型闭环检测方法，如用天平测量物体质量的方法就是零位法。在现代仪表中，零位法的平衡操作已经可以完全自动完成了，如电子电位差计等。零位法测量具有测量精度高、测量过程复杂等特点，不适用于测量快速变化的参数。

③ 微差法　是将偏差法和零位法结合使用的一种测量方法。测量过程中将被测量的大部分用标准量平衡，而剩余部分采用偏差法测量。利用不平衡电桥测量热电阻的变化即是如此，桥路中被测电阻的静态电阻使电桥处于平衡状态，而热电阻的电阻变化量使电桥失去平衡，产生相应的电压输出，被测热电阻的大小等于其静态电阻与用电桥输出电压确定的电阻变化量之和。微差法具有测量精度高、反应速度快等特点。

2. 测量误差及处理

测量的目的是希望能正确地反映被测参数的真实值。但是，由于使用的仪表精度有限、实验手段不够完善、观察者的主观性和周围环境的影响等原因，使测量值和被测参数的真实值之间，总是存在一定的差值，这个差值称为测量误差。要在测量数据中消除测量误差，甄选出真实结果，需要对测量数据进行处理。

一个测量结果，只有知道它的测量误差的大小及误差的范围时，这种结果才有意义。

（1）测量误差的表示形式

① 绝对误差　是指仪表指示值和被测量的真实值之间的差值。但是，工程上的真实值往往是不可知的。真实值是一个理想的概念，因为测量值不能绝对准确地反映被测参数的真实值。实际测量过程中，一般是把以下值作为真实值。

a. 约定真值　是把国际公认的某些基准量（如长度、质量、时间等）作为真实值。例如规定在一个物理大气压下，水沸腾的温度为100℃，所指的就是约定真值。

b. 相对真值　利用准确度较高的标准仪表的指示值作为被测参数的真实值，称为相对真值。而测量误差通常就是检测仪表的指示值与标准仪表的指示值之差。

c. 理论真值　理论设计和理论公式的表达值，如平面三角形的三个内角之和恒等于180°。

因此，所谓检测仪表在其标尺范围内各点读数的绝对误差，一般是指检测仪表（准确度较低）和标准仪表（准确度较高）同时对同一参数测量所得到的两个读数之差，可用下式表示：

$$e_a = x - x_t \tag{1-2}$$

式中　e_a——绝对误差；

x——被测变量的仪表指示值；

x_t——真实值（用标准表的指示值代替）。

绝对误差可以直观地说明检测仪表测量结果的准确程度，但不能作为不同量程的同类仪表和不同类型仪表之间测量质量好坏的比较依据，且不同量纲的绝对误差是无法比较的。

② 相对误差　是被测变量的绝对误差e_a与其真实值x_t之比，可用下式表示：

$$E_r = \frac{e_a}{x_t} = \frac{x - x_t}{x_t} \tag{1-3}$$

式中　E_r——仪表在x_t处的相对误差。

其他符号意义同前。

在仪表的整个测量范围内，靠近下限值附近，测量的实际值小，产生的相对误差大，测量结果不够准确；而在上限值附近，测量的实际值高，产生的相对误差小，测量结果的准确度随之得到提高。

③ 引用误差　是仪表的绝对误差与仪表量程比值的百分数，表示为：

$$E_q = \frac{e_a}{X_{max} - X_{min}} \times 100\% = \frac{e_a}{S_p} \times 100\% \tag{1-4}$$

式中　E_q——仪表在x_t处的引用误差；

　　　X_{max}——仪表标尺上限刻度值；

　　　X_{min}——仪表标尺下限刻度值；

　　　S_p——仪表的量程，$S_p = X_{max} - X_{min}$。

在实际应用中，仪表的绝对误差在测量范围内的各点上是不相同的。因此，常说的"绝对误差"指的是绝对误差的最大允许值e_{max}。通常采用最大引用误差来描述仪表实际测量的质量，称为仪表的满度误差，一般在误差值后标注字母F·S表示，即：

$$E_{qmax} = \frac{e_{max}}{X_{max} - X_{min}} \times 100\% = \frac{e_{max}}{S_p} \times 100\% \text{ (F·S)} \tag{1-5}$$

式中　e_{max}——仪表在测量范围内产生的绝对误差的最大允许值，称为允许最大绝对误差。

(2) 误差的分类

① 根据误差的产生原因来分

a. 系统误差　同一条件下多次测量同一值时，误差的大小和符号保持不变或按一定规律变化的误差叫系统误差。系统误差主要是由于测量装置本身在使用中变形、未调到理想状态或电源电压波动等原因造成的。这种误差的特征是误差出现的规律和产生原因是可知的，因此可以通过分析、预测加以消除。

b. 随机误差　在相同条件下多次测量某一值时，误差的大小和符号以不可预定的方式变化，称为随机误差。这种误差是由于许多偶然的因素所引起的综合结果。它既不能用实验方法消去，也不能简单加以修正。单次测量时没有规律，但多次测量时服从统计规律，因此可采用多次测量求平均值的方法减小随机误差。随机误差的大小反映了测量过程的精度。

c. 粗大误差　明显歪曲测量结果的误差称为粗大误差。这种误差的产生是由于测量方法不当、工作条件不符合要求等原因，但更多的是人为的原因，因此它容易被发现，并可从测量结果中去掉。

② 根据误差的测试条件来分

a. 基本误差　是指仪表在规定的工作条件（如温度、湿度、电源电压、频率等）下，仪表本身具有的误差。其最大值不超过允许最大绝对误差。

b. 附加误差　是指仪表偏离规定工作条件时所产生的误差。

仪表所产生的总误差为基本误差与附加误差之和。

(3) 测量误差的分析与处理　在测量过程中，如何处理带有未知误差的数据，甄别不同的测量误差，从繁杂的测量数据中筛选出被测变量的真实值，是保证测量质量的关键。分析过程中，一般先分析粗大误差，剔除粗大误差后分析系统误差，对测量结果进行修正，之后对随机误差进行统计分析。

① 系统误差的分析与处理　系统误差具有确定性、重现性和修正性。通过实验对比，用高精度的检测仪表校验普通仪表时，可以发现固定不变的系统误差（定值系统误差）。通过对误差大小及符号变化的分析，来判断变化的系统误差（变值系统误差）。但是，通常不容易从测量结果中发现变值系统误差并认识其规律，只能具体问题具体分析，这在很大程度上取决于测量者的知识水平、经验和技巧。

为了减小系统误差的影响,可以从以下几方面入手进行处理。

a. 消除系统误差产生的根源　合理选择测量方法,校验检测仪表,保证仪表的测量条件,防止产生系统误差。

b. 在实际测量中,采用一些有效的测量方法,来消除或减小系统误差。可以采用的测量方法有交换法、代替法、补偿法等。

(a) 交换法是将引起系统误差的某些条件相互交换,使产生系统误差的因素对测量结果起相反的作用,从而在求两次测量结果的平均值时抵消系统误差。如用天平称量时,交换左右秤盘,可以消除天平臂长不同带来的系统误差。

(b) 代替法是在测量条件不变的情况下,用已知标准量替代被测量,得到修正值,达到消除系统误差的目的。

(c) 补偿法是在测量过程中,根据测量条件的变化、仪表某环节的非线性特性带来的系统误差,有针对性地采取补偿措施,自动消除系统误差。

c. 对测量数据引入修正值以消除系统误差　通过机械调零、应用修正公式、增加自动补偿环节等措施消除系统误差,修正测量结果。

② 随机误差的分析与处理　随机误差在测量次数足够多时,一般呈正态分布,具有对称性、有界性和抵偿性,如图 1-1 所示。

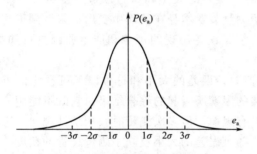

图 1-1　随机误差的正态分布图

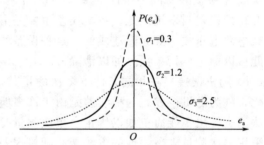

图 1-2　σ 值对随机误差分布的影响

图 1-1 中,横坐标为随机误差(绝对误差)$e_a = x - x_t$,纵坐标为随机误差出现的概率 $P(e_a)$。对于随机误差来说,它对测量结果的影响可用标准误差(又称均方根误差)σ 表示。

$$\sigma = \sqrt{\frac{\sum_{i=1}^{n} e_{ai}^2}{n}} = \sqrt{\frac{\sum_{i=1}^{n}(x_i - x_t)^2}{n}} \tag{1-6}$$

式中　n——测量次数(趋于无限);

e_{ai}——第 i 次测量产生的误差,$e_{ai} = x_i - x_t$;

x_i——第 i 次测量值;

x_t——真实值。

实际情况下,测量次数是有限的,且被测变量的真实值又无法获得,因而实际分析随机误差时,标准误差一般表示为:

$$\sigma = \sqrt{\frac{\sum_{i=1}^{n}(x_i - \overline{x})^2}{n-1}} \tag{1-7}$$

式中 $x_i - \bar{x}$ ——剩余误差；
　　　$\bar{x}$ ——测量结果的算术平均值。

$$\bar{x} = \frac{x_1 + x_2 + \cdots\cdots + x_n}{n} = \frac{\sum_{i=1}^{n} x_i}{n} \tag{1-8}$$

标准误差反映测量结果的分散程度，如图 1-2 所示。σ 越小，分布曲线越尖锐，小误差出现的概率大，大误差出现的概率小。而 σ 越大，分布曲线越平坦，大误差和小误差出现的概率相差不大。

理论计算表明，介于（-3σ，$+3\sigma$）之间的随机误差出现的概率为 0.9973，随机误差出现在此区间之外的概率仅为 $1-0.9973 = 0.0027$。因此在 1000 次等精度测量中，只有可能 3 次随机误差超过（-3σ，$+3\sigma$）区间，实际上可以认为这种情况很难发生。

也就是说，当随机误差在某一区间内［如（$-K\sigma$，$+K\sigma$）］的概率足够大时，测量结果落在该区间的概率大，测量结果的可信程度也大。一般把随机误差出现的区间称置信区间，把置信区间相应的概率称置信概率。

一般情况下，取置信区间为 $\pm 2\sigma$、置信概率为 95.45%，说明测量结果为 $x = \bar{x} \pm 2\sigma$ 的可能性为 95.45%，即对某一被测量进行 100 次等精度测量中，可信的真实结果不少于 95 次，不可信的大误差仅出现不超过 5 次。在工业测量条件下，这足以满足测量的要求。

所以，为消除随机误差，需要在消除了系统误差和粗大误差的影响之后，对同一被测量进行多次测量（一般为 5~10 次即可），计算多次测量结果的算术平均值 $\bar{x}$。任意一次测量结果位于式（1-9）的范围内，其可信度由 K 确定。

$$x = \bar{x} \pm K\sigma \tag{1-9}$$

③ 粗大误差分析与处理　粗大误差会显著歪曲测量结果，所以必须在剔除含有粗大误差的测量值后，再进行数据的统计分析，从而得到符合客观实际的测量结果。但是，也应当防止无根据地丢掉一些误差大的测量值。目前判定粗大误差的常用方法是"莱伊特准则"，它以 $\pm 3\sigma$ 为置信区间，凡超过此值的剩余误差均作粗大误差处理，予以剔除，即满足：

$$|x_i - \bar{x}| > 3\sigma \tag{1-10}$$

的误差为粗大误差，必须剔除。相应的测量值 x_i 就是坏值，必须剔除，不能作为有效的测量结果。

应用莱伊特准则时，计算 $\bar{x}$、σ 应当使用包含坏值在内的所有测量值。按式（1-10）剔除坏值后，应重新计算 $\bar{x}$、σ，再用莱伊特准则检验，看有无坏值出现。如此反复进行，直到检查不出坏值。

（4）检测系统的误差确定　在由多个环节或仪表组成的检测系统中，整个系统的测量误差，不是系统中各个环节误差的简单叠加。因为各环节的误差不可能同时按相同的符号出现最大值，有时会相互抵消。因此必须按照概率统计的方法，用各环节误差的标准误差来估计系统的总误差，即：

$$\sigma = \pm \sqrt{\sum \sigma_i^2} \tag{1-11}$$

【例 1-1】　有一测温点，采用 WZP-350 型铂电阻和 XMZ-610 数字温度显示仪表组成测温系统。热电阻、显示仪表的基本误差分别为 $\sigma_1 = \pm 3℃$、$\sigma_2 = \pm 1℃$，连接热电阻和显示仪表的导线电阻变化所引起的基本误差为 $\sigma_3 = \pm 2℃$，由于线路老化、接触电阻和环境电磁干扰带来的基本误差为 $\sigma_4 = \pm 4℃$。试计算这一测温系统的标准误差为多少。

解：根据检测系统误差综合原则，测温系统标准误差为

$$\sigma = \pm\sqrt{\sum \sigma_i^2} = \pm\sqrt{3^2+1^2+2^2+4^2} = \pm 5.477 \text{ （℃）}$$

答：此温度检测系统的标准误差为 5.477℃。

3. 检测仪表的品质指标

一台仪表的优劣，可用它的品质指标来衡量。常用的指标如下。

（1）精确度　简称精度，是反映仪表在规定的使用条件下，测量结果的准确程度的一项综合指标。其形式用最大引用误差去掉"±"号及"%"号来表示，可用下式描述：

$$A_c = \frac{e_{\max}}{S_p} \times 100 \tag{1-12}$$

仪表的精确度是用基本误差来表示的。在规定的工作条件下，仪表基本误差的允许最大误差就叫允许误差，一般用最大引用误差来表示。在测量过程中，仪表的基本误差不超过该仪表规定的允许误差时，仪表合格；否则，仪表不合格。

仪表的允许误差越大，表示仪表的准确度越低；反之，仪表的允许误差越小，表示仪表的准确度越高。

事实上，国家就是利用这一办法来统一规定仪表的精度（准确度）等级的。将仪表的允许误差去掉"±"和"%"号，便可以用来确定仪表的精度等级。

根据标准 GB/T 13283—2008，精度等级有：0.01，0.02，(0.03)，0.05，0.1，0.2，(0.25)，(0.3)，(0.4)，0.5，1.0，1.5，(2.0)，2.5，4.0，5.0。

【注意】① 必要时，可采用括号内的精度等级。其中 0.4 级只适用于压力表。

② 低于 5.0 级的仪表，其精度等级可由各类仪表的标准予以规定。

不宜用引用误差或相对误差来表示精度的仪表（如热电偶、热电阻等），可用拉丁字母或阿拉伯数字表示精度等级，如 A、B、C 或 1、2、3，按拉丁字母或阿拉伯数字的先后顺序表示精度等级的高低。

一般精度等级数值越小，就表征该仪表的精度等级越高，也说明该仪表的精度越高。0.05 级以上的仪表，常用来作为标准表；工业现场用的测量仪表，其精度大多在 0.5 以下。

仪表的精度等级以一定的符号形式表示在仪表面板上，如 1.0 外加一个圆圈或三角形。精度等级 1.0，说明该仪表允许误差为 ±1.0%。

【例 1-2】　某台测温仪表的量程是 600～1100℃，其最大绝对误差为 ±4℃，试确定该仪表的精度等级。

解：仪表的最大引用误差为

$$E_{q\max} = \frac{e_{\max}}{S_p} \times 100\% = \frac{\pm 4}{1100-600} \times 100\% = \pm 0.8\%$$

将仪表的最大引用误差去掉"±"号和"%"号，其数值是 0.8。由于国家规定的精度等级中没有 0.8 级仪表，而该仪表的最大引用误差超过了 0.5 级仪表的允许误差，所以这台仪表的精度等级应定为 1.0 级。

【例 1-3】　某台测温仪表的量程是 600～1100℃，工艺要求该仪表指示值的误差不得超过 ±4℃，应选精度等级为多少的仪表才能满足工艺要求？

解：根据工艺要求，仪表的最大引用误差为

$$E_{q\max} = \frac{e_{\max}}{S_p} \times 100\% = \frac{\pm 4}{1100-600} \times 100\% = \pm 0.8\%$$

±0.8% 介于允许误差 ±0.5% 与 ±1.0% 之间，如果选择精度等级 1.0 级的仪表，则其

允许误差为±1.0%，超过了工艺上允许的数值。所以只能选择一台允许误差为±0.5%，即精确度等级为0.5级的仪表，才能满足工艺要求。

根据以上两个例子可以看出，根据仪表校验数据来确定仪表精度等级和根据工艺要求来选择仪表精度等级，情况是不一样的。根据仪表校验数据来确定仪表精度等级时，仪表的允许误差应该大于（至少等于）仪表校验所得的最大引用误差。

根据工艺要求来选择仪表精度等级时，仪表的允许误差应该小于（至多等于）工艺上所允许的最大引用误差。

仪表精度的高低不仅与仪表在测量范围内产生的最大绝对误差值有关，还与仪表的量程有关，量程是根据所要测量的工艺变量来确定的。在仪表精度等级一定的前提下适当缩小量程，可以减小测量误差，提高测量准确性。

（2）变差 在外界条件不变的情况下，使用同一仪表对同一变量进行正、反行程（被测参数由小到大和由大到小）测量时，仪表正、反行程指示值之间的差值，称为变差（又称回差），如图1-3所示。

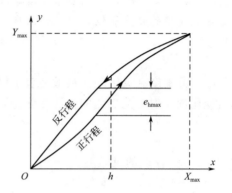

图 1-3 检测仪表的变差

不同的测量点，变差的大小也会不同。为便于与仪表的精度比较，变差的大小，一般采用仪表测量同一参数值，正、反行程指示值间的最大绝对差值与仪表量程之比的百分数表示，即：

$$E_{hmax}=\frac{e_{hmax}}{X_{max}-X_{min}}\times100\%=\frac{e_{hmax}}{S_p}\times100\% \tag{1-13}$$

式中 E_{hmax}——仪表的变差百分数；

e_{hmax}——仪表正、反行程指示值之差的最大值。

造成变差的原因很多，如传动机构的间隙、运动部件的摩擦、弹性元件的弹性滞后的影响等。变差的大小反映了仪表的稳定性，要求仪表的变差不能超过精度等级所限定的允许误差，否则应及时检修。

【例1-4】 某测温仪表的测量范围为0～600℃，精度等级为0.5级。进行定期校验时，检验数据如表1-1所示。试确定该仪表的变差和精度等级。如果仪表不合格，应将该仪表定为几级精度使用？

表 1-1 温度仪表校验单

被校表读数/℃		0	100	200	300	400	500	600
标准表读数/℃	正行程	0	99	198	298	405	499	600
	反行程	0	101	201	301	404	502	600

解：分析校验数据表可知，变差的最大值发生在200℃处，可求出

$$e_{hmax}=201-198=3（℃）$$

$$E_{hmax}=\frac{e_{hmax}}{S_p}\times100\%=\frac{3}{600-0}\times100\%=0.5\%$$

最大绝对误差发生在 400℃ 处，由最大绝对误差

$$e_{max}=400-405=-5（℃）$$

可求出仪表的基本误差为

$$E_{qmax}=\frac{e_{max}}{S_p}\times 100\%=\frac{-5}{600-0}\times 100\%=-0.83\%$$

确定精度等级时，仪表的基本误差应小于或等于国家规定的允许误差（精度等级值加上"±"号和"%"号），对照国家精度等级标准，这台仪表的精度等级应定为 1.0 级，大于仪表原定 0.5 级的精度等级，因此该温度仪表应判为不合格，可以降级为低一级的 1.0 级仪表使用。

(3) 灵敏度和灵敏限　灵敏度表示仪表示值对被测量变化幅值的敏感程度，是指仪表的输出变化量与引起此变化的输入变化量的比值，即：

$$S=\frac{\Delta y}{\Delta x} \quad (1\text{-}14)$$

式中　S——仪表的灵敏度；
　　　Δx——被测参数变化量；
　　　Δy——仪表输出变化量。

对于模拟式仪表而言，Δy 是仪表指针的角位移或线位移。灵敏度反映了仪表对被测量变化的敏感程度。仪表的灵敏度，在数值上就等于单位被测参数变化量所引起的仪表指针移动的距离（或转角）。例如一台测量范围为 0~100℃ 的测温仪表，其标尺长度为 30mm，则其灵敏度 S 为 0.3mm/℃，即温度每变化 1℃，指针移动 0.3mm。仪表灵敏度的调整通常是通过改变仪表放大倍数来进行的。需要注意的是，仪表灵敏度过高，会引起系统的不稳定，使检测或控制系统的品质指标下降。因此，规定仪表标尺刻度上的最小分格值不能小于仪表允许的绝对误差。

在模拟式仪表中，仪表的灵敏限是指仪表在刻度起点处，能引起仪表输出变化的输入量的最小变化量。通常用死区来表示输入量的变化，即不致引起输出量有任何可察觉的变化有限区间。仪表灵敏限的数值应不大于仪表允许绝对误差的一半。

值得注意的是，上述指标仅适用于指针式仪表。在数字式仪表中，常用分辨力表示仪表灵敏度的大小。数字式仪表的分辨力是指仪表在最低量程上最末一位数字改变一个字所表示的物理量。它表示了仪表能够检测出被测量最小变化的能力。以七位数字电压表为例，在最低量程满度值为 1V 时，它的分辨力为 0.1μV。分辨率指仪表显示的最小数值与最大数值的比值。数字式仪表能稳定显示的位数越多，则分辨率越高。

(4) 线性度　线性度用来反映仪表特征曲线偏离直线的程度。通常希望仪表具有线性特性，因为在线性情况下，模拟式仪表的刻度就可以做成均匀刻度，而数字式仪表就可以不必采取线性化措施。此外，当线性的检测仪表作为控制系统的一个组成部分时，往往可以使整个系统的分析设计得到简化。

线性度通常用非线性误差来表示，即用实际测得的输入-输出特性曲线（称为标定曲线）和理论拟合直线之间的最大偏差与检测仪表满量程输出范围之比的百分数来表示（如图 1-4 所示），其数学表达式为：

$$E_f=\frac{e_{fmax}}{S_p}\times 100\% \quad (1\text{-}15)$$

式中　E_f——线性度（又称非线性误差）；
　　　e_{fmax}——仪表特性曲线与理想拟合直线间的最大偏差。

(5) 可靠性　现代工业生产的自动化程度日益提高，检测仪表的任务不仅是要提供检测数据，而且要以此为依据，直接参与生产过程的控制。因此，检测仪表在生产过程中的地位越来越重要，一旦其出现故障往往会导致严重的事故。为此，必须加强仪表可靠性的研究，提高仪表的质量。

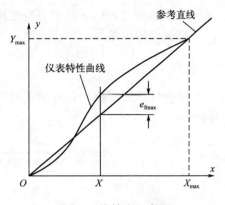

图1-4　线性度示意图

衡量仪表可靠性的综合指标是有效率，其定义为：

$$\eta_e = \frac{t_u}{t_u + t_f} \tag{1-16}$$

式中　η_e——有效率；
　　　t_u——平均无故障工作时间；
　　　t_f——平均修复时间。

(6) 动态特性　上述几个仪表的性能指标都是仪表的静态特性，是当仪表处于稳定平衡状态时，仪表的状态和参数处于相对静止的情况下得到的性能参数。仪表的动态特性是指被测量变化时，仪表指示值跟随被测量随时间变化的特性。仪表的动态特性反映了仪表对测量值的速度敏感性能。

仪表的动态性能指标，一般用被测量初始值为零，并做满量程阶跃变化时仪表示值的时间反应参数来描述。

被测量做满量程阶跃变化时，仪表的动态特性如图1-5所示。图1-5（a）所示的情况，仪表指示值在稳定值上下振荡波动，称为欠阻尼特性；图1-5（b）所示的情况，仪表指示值慢慢增加，逐渐达到稳定值，称为过阻尼特性。

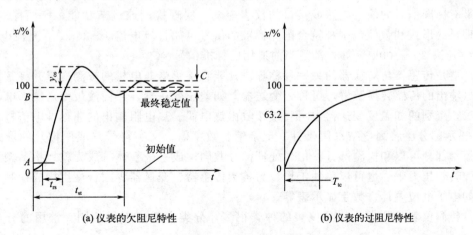

(a) 仪表的欠阻尼特性　　(b) 仪表的过阻尼特性

图1-5　仪表的动态特性

对于欠阻尼特性，仪表的动态特性用上升时间 t_{rs}、稳定时间 t_{st} 及过冲量 y_{os} 表示。图1-5（a）中，A 一般为5%或10%，B 一般为90%或95%，C 一般为2%～5%。

对于过阻尼特性，仪表的动态特性用时间常数 T_{tc} 表示。T_{tc} 等于被测量做满量程阶跃变化时，仪表的输出信号（即指示值）由开始变化到新稳态值的 63.2% 所用的时间。

4. 检测仪表的组成与分类

（1）检测仪表的组成　在环境工程中工艺参数的检测仪表通常包括三个组成部分，如图1-6所示。

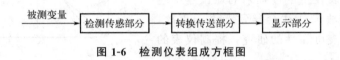

图 1-6　检测仪表组成方框图

① 检测传感部分　一般直接与被测介质相关联，通过它感受被测变量的变化，并变换成便于测量传送的相应变量，如位移、电量或其他物理量。这部分包括以下两种部件。

a. 敏感元件　能够灵敏地感受被测变量并作响应的元件。例如弹簧管能感受压力的大小而引起形变，因此弹簧管是一种压力敏感元件。当然敏感元件的输入输出关系应是稳定的单值函数关系，如能是线性或近似线性则更理想。

b. 传感器　不但能感受被测变量，还能将其响应传送出去。即传感器是一种以测量为目的，以一定的精度把被测量转换为与之有确定关系的、便于传送处理的另一种物理量的测量器件。由于电信号便于传送处理，所以大多数传感器输出信号是电压、电流、电感、电阻、电容、频率等电量。目前利用光导纤维传送信息的传感器也得到了发展，它在抗干扰、防爆、传送速度等方面都很突出。

另外，某些敏感元件的输出响应本来就可以进行方便的传输处理，如热电偶元件，它感受温度后直接转换成电动势，所以有时也称这类敏感元件为传感器（如热电偶传感器）。

② 转换传送部分（也称信号处理器）　其作用是把检测部分输出的信号进行放大、转换、滤波、线性化处理，以推动后级显示器工作。

转换器是信号处理器的一种。传感器的输出通过转换器把非标准信号转换成标准信号，使之与带有标准信号的输入电路或接口的仪表配套，实现检测或调节功能。所谓标准信号，就是物理量的形式和数值范围都符合国际标准的信号。如直流电流 4~20mA，直流电压 1~5V，空气压力 20~100kPa 等，都是当前通用的标准信号。

变送器是传感器与转换器的另一种称呼。凡能直接感受非电量的被测变量并将其转换成标准信号输出的传感转换装置，可称为变送器，如差压变送器、浮筒液位变送器、电磁流量变送器等。个别的如温度变送器也可直接接收由热电偶、热电阻输出的非标准电信号。

③ 显示部分　将测量结果用指针、记录笔、数字值、文字符号（或图像）的形式显示出来。显示部分可以和检测部分、信号处理部分共同构成一个整体，成为就地指示型测量仪表，如弹簧管压力表；也可以单独工作，与各类传感器、变送器等配合使用构成检测、控制系统，如电子电位差计、数字显示表等。

（2）检测仪表的分类　检测仪表的种类很多，分类方法也不尽相同。常用的分类方法如下。

① 根据被测变量的种类分

a. 过程检测仪表　温度检测仪表、压力检测仪表、物位检测仪表、流量检测仪表、成分分析仪表等。

b. 电工量检测仪表　电压表、电流表、惠斯通电桥等。

c. 机械量检测仪表　荷重传感器、加速度传感器、应变仪、位移检测仪表等。

② 根据敏感元件与被测介质是否接触分　接触式检测仪表、非接触式检测仪表。

③ 根据检测仪表的用途分　标准仪表、实验室用仪表（台式、便携式）、工业用仪表（就地安装的基地式，控制室安装的盘装、架装式）。

二、压力检测的基本知识

1. 压力的定义

均匀而垂直作用于单位面积上的力称为压力，用数学公式表示为：

$$p = \frac{F}{A} \tag{1-17}$$

式中　F——均匀而垂直作用的力，N；

　　　A——受力面积，m^2；

　　　p——压力，Pa。

2. 压力的测量单位

在国际单位制中，压力计量单位为帕斯卡（简称"帕"），用符号 Pa 表示。1 帕斯卡为 1 牛顿力垂直均匀地作用在 1 平方米面积上所形成的压力，用符号 N/m^2 表示。因帕斯卡单位太小，工程上常用 kPa（10^3 Pa）和 MPa（10^6 Pa）。

过去使用的压力单位比较多，各压力单位之间的换算关系如表 1-2 所示。

表 1-2　压力单位换算表

压力单位	帕（Pa）	兆帕（MPa）	工程大气压（kgf/cm^2）	物理大气压（atm）	汞柱（mmHg）	水柱（mH_2O）	磅/英寸^2（lb/in^2）	巴（bar）
帕（Pa）	1	$1×10^6$	$9.807×10^4$	$1.0133×10^5$	$1.3332×10^2$	$9.806×10^3$	$6.895×10^3$	$1×10^5$
兆帕（MPa）	$1×10^6$	1	$9.807×10^{-2}$	0.10133	$1.3332×10^{-4}$	$9.806×10^{-3}$	$6.895×10^{-3}$	0.1

3. 压力的表示方式

在压力测量中，常有表压、绝对压力、负压或真空度之分，其关系见图 1-7。

大气压力是地球表面上大气所产生的压力。其值由地理位置及气象情况决定。

绝对压力是液体、气体或蒸汽所处空间的全部压力。

工程上所用的压力指示值，除绝对压力计的指示值外，大多为表压力。表压力是以大气压力为基准的压力值，当绝对压力大于大气压力时，它等于绝对压力与大气压力之差。当被测压力低于大气压力时，一般用负

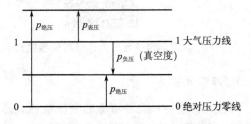

图 1-7　表压、绝对压力和负压（真空度）关系

压或真空度（疏空压力）表示，它是大气压力与绝对压力之差。负压绝对值越大，绝对压力越小，真空度越高。

因为各种设备和测量仪表通常是处于大气之中，本身就承受着大气压力，所以，工程上经常用表压或真空度来表示压力的大小。除有特殊说明外，以后所说的压力均指表压或真空度。

在压力测量中，经常会遇到压差的测量，它是指两个压力之差，用 Δp 表示。

4. 压力表的分类

测量压力或真空度的仪表很多，按照其转换原理的不同，大致可分为四大类。

（1）液柱式压力计　它是根据流体静力学原理，将被测压力转换成液柱高度进行测量的。按其结构形式的不同，有 U 形管压力计、单管压力计和斜管压力计等。这类压力计结构简单、使用方便、测量范围较窄，一般用来测量较低压力、真空度或压力差。

（2）弹性式压力计　它是将被测压力转换成弹性元件变形的位移进行测量的，例如弹簧管压力计、波纹管压力计及膜式压力计等。

（3）电气式压力计　它是通过机械和电气元件将被测压力转换成电量（如电压、电流、频率等）来进行测量的仪表，例如各种压力传感器和压力变送器。

（4）活塞式压力计　它是根据流体力学静力学原理，将被测压力转换成活塞上所加平衡砝码的质量来进行测量的。它的测量精度很高，可以达到 0.05～0.02 级，但结构较复杂，价格较贵，一般作为标准型压力测量仪器，来检验其他类型的压力计。

三、弹性式压力计

弹性式压力计是利用各种形式的弹性元件，在被测介质压力的作用下，使弹性元件受压后产生弹性变形的原理而制成的测压仪表。这种仪表具有结构简单、使用可靠、读数清晰、牢固可靠、价格低廉、测量范围宽以及有足够的精度等优点。若增加附加装置，如记录机构、电气变换装置、控制元件等，就可以实现压力的记录、远传、信号报警、自动控制等。弹性式压力计可以用来测量几百帕到数千兆帕范围内的压力，因此在工业上是应用最为广泛的一种测压仪表。

扫描二维码可查看"电远传弹性压力计"。

电远传弹性压力计（电位器式）　　电远传弹性压力计（霍尔元件式）

1. 弹性元件

弹性元件是一种简易可靠的测压敏感元件，依据弹性元件受压变形后产生的弹性反作用力与被测压力相平衡，然后测量弹性元件的变形量大小可知被测压力的大小。不同形状的弹性元件所适用的测量范围不同，常用的弹性元件有膜片、波纹管、弹簧管等，如图 1-8 所示。

（1）弹簧管式弹性元件　弹簧管式弹性元件的测压范围较宽，可测量高达 1000MPa

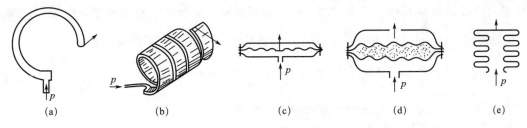

图 1-8　常用弹性元件

的压力。单圈弹簧管是弯成 270°圆弧的金属管子，其截面做成扁圆形或椭圆形，如图 1-8（a）所示。当通入压力 p 后，它的自由端就会产生位移。这种单圈弹簧管自由端位移较小，因此能测量较高的压力。为了增加自由端的位移，可以制成多圈弹簧管，如图 1-8（b）所示。

（2）薄膜式弹性元件　薄膜式弹性元件根据其结构不同还可以分为膜片与膜盒等。它的测压范围比弹簧管式的测压范围小。图 1-8（c）为膜片式弹性元件，它是由金属或非金属材料做成的具有弹性的一张膜片（有平膜片与波纹膜片两种形式），在压力作用下能产生变形。有时也可以由两张金属膜片沿周边对焊起来，成一薄壁盒子，内充液体（例如硅油），称为膜盒，如图 1-8（d）所示。

（3）波纹管式弹性元件　波纹管式弹性元件是一个周围为波纹状的薄壁金属筒体，如图 1-8（e）所示。这种弹性元件易于变形，而且位移很大，常用于微压与低压的测量（一般不超过 1MPa）。扫描二维码可查看"双波纹管差压计"。

弹性元件是测压仪表的关键元件。为了保证仪表的精度、可靠性及良好的线性特性，弹性元件必须工作在弹性限度范围内，且弹性元件的弹性后效和弹性滞后要小，温度系数也要低。

常用的材料有锡青铜、磷青铜、铍青铜、黄铜、不锈钢、锰钢等。新型弹性材料有钯-金系无磁恒弹性合金；锰-钯系无膨胀恒弹性合金等。

双波纹管差压计

2. 弹簧管压力表

弹性式压力检测仪表是工程中应用非常广泛的测压仪表，其中应用最多的是单圈弹簧管压力表。

（1）弹簧管的测压原理　弹簧管是一个压力/位移的转换元件，它是一个一端封闭，横截面呈椭圆形或扁圆形，弯成圆弧形的空心管子，如图 1-9 所示。椭圆形的长轴 $2a$ 与垂直图面的弹簧管中心轴 O 相平行。管子封闭的一端 B 为自由端，即位移输出端；而另一端 A 则为固定端，即被测压力的输入端；

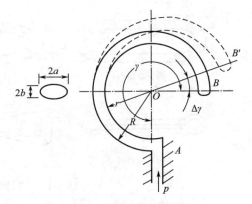

图 1-9　弹簧管的测压原理

γ 为弹簧管中心轴初始角；$\Delta\gamma$ 为中心角的变化量；R 和 r 分别为弹簧管弯曲圆弧的外半径和内半径；$2a$ 和 $2b$ 为弹簧管椭圆截面的长半轴和短半轴。

被测压力 p 通入固定端后，椭圆形截面的管子在压力 p 的作用下将趋向于圆形，即长轴变短，短轴增长。换言之，弯成圆弧形的弹簧管要随之产生向外挺直的扩张变形，使自由

端 B 发生位移，由 B 移动到 B'，如图 1-9 上虚线所示。弹簧管中心角随之减小 $\Delta\gamma$。依据弹性变形原理可知，中心角的相对变化值 $\frac{\Delta\gamma}{\gamma}$ 与被测压力 p 的关系可用下式表示。

$$\frac{\Delta\gamma}{\gamma}=p\,\frac{1-\mu^2}{E}\times\frac{R^2}{bh}\left(1-\frac{b^2}{a^2}\right)\frac{\alpha}{\beta+\kappa^2}=Kp \tag{1-18}$$

式中 μ，E——弹簧管材料的泊松系数和弹性模量；

h——弹簧管的壁厚；

κ——弹簧管的几何参数；

α，β——与 a/b 比值有关的系数；

K——与弹簧管结构、尺寸、材料有关的常数。

由式（1-18）可知：

① 弹簧管变形与弹簧管结构及尺寸有关。中心角的变化量 $\Delta\gamma$ 与中心角的初始值成正比（取 $\gamma_0=270°$），并随椭圆短半轴 b 的减小而增大；如 $b=a$，则 $K=0$，从而 $\Delta\gamma$ 等于零，即具有均匀壁厚的圆形截面的弹簧管不能作测压元件。

② 弹簧管变形与弹簧管材料性能有关，μ、E 越小，灵敏度越高。

③ 当弹簧管结构、尺寸、材料一定时，弹簧管变形 $\frac{\Delta\gamma}{\gamma}$ 与被测压力 p 成正比。

由上可知，由于被测压力与弹簧管自由端的位移成正比，所以只要测得自由端的位移，就能确定压力的大小，这就是弹簧管测压的基本原理。

为了增大弹簧管自由端受压变形时的位移量，可采用多圈弹簧管结构，其基本原理与单圈弹簧管相同。但自由端位移量比单圈弹簧管大好多倍。

（2）弹簧管的结构和材料　在弹簧管压力表中，一般采用 270° 的 C 形弹簧管，有些精密压力表采用双圈或多圈弹簧管。弹簧管的截面形状对弹簧管的性能影响很大。如图 1-10 所示是常见的弹簧管的截面形状。扁圆形、椭圆形截面的弹簧管容易制造，灵敏度高；D 形截面弹簧管测压范围宽，但灵敏度小，制造工艺复杂；双零形截面用于要求起始容积小的仪表中；8 字形、厚壁形截面用于高压测量。

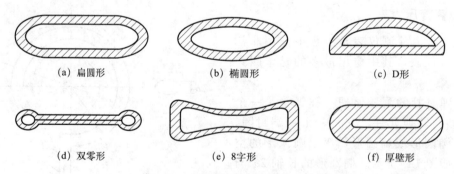

(a) 扁圆形　　(b) 椭圆形　　(c) D形

(d) 双零形　　(e) 8字形　　(f) 厚壁形

图 1-10　常见弹簧管截面形状图

弹簧管的材料由被测介质的性质和被测压力的高低决定。当介质无腐蚀，压力低于 20MPa 时，采用磷锡青铜（QSn4-0.3）、弹簧铜（50CrVA）；当介质有腐蚀，压力高于 20MPa 时，则采用不锈钢（1Cr18Ni9Ti）或恒弹性合金钢（Ni42CrTi，Ni42Cr6Ti）。测量氨气压力时必须采用能耐腐蚀的不锈钢弹簧管；测量乙炔压力时不得用铜质弹簧管；测量氧气压力时则严禁沾有油脂，否则将有爆炸危险。

(3) 弹簧管压力表的组成原理　单圈弹簧管压力表主要由弹簧管、齿轮传动机构（俗称机芯，包括拉杆、扇形齿轮、中心齿轮等）、示数装置（指针和分度盘）以及外壳等几部分组成，如图 1-11 所示。

被测压力 p 由接头 1 通入，迫使弹簧管 5 的自由端 B 向右上方扩张，自由端 B 的弹性变形位移通过拉杆 7 使扇形齿轮做逆时针偏转，进而带动中心齿轮做顺时针偏转，于是固定在中心齿轮上的指针 4 也做顺时针偏转，从而在面板 3 的刻度标尺上显示出被测压力 p 的数值。由于自由端 B 的位移量与被测压力之间具有正比关系，因此弹簧管压力表的刻度标尺是均匀的。

游丝 9 用来克服因机械传动机构间的间隙而产生的仪表变差。改变调整螺钉 10 的位置（即改变机械传动的放大系数），可以实现压力表量程的调整。

由于弹簧管受压后，自由端位移量很小，因此必须用传动放大机构将自由端位移放大，以提高仪表的灵敏度，其结构如图 1-12 所示。

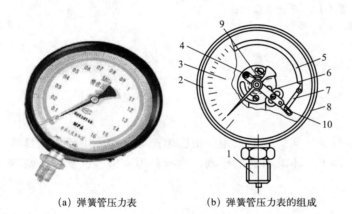
(a) 弹簧管压力表　　(b) 弹簧管压力表的组成

图 1-11　弹簧管压力表
1—接头；2—衬圈；3—面板（刻度盘）；4—指针；
5—弹簧管；6—传动机构（机芯）；7—拉杆；
8—表壳；9—游丝；10—调整螺钉

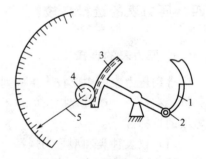

图 1-12　传动放大机构原理
1—拉杆；2—活销；3—扇形齿轮；
4—中心齿轮；5—指针

3. 电接点信号压力表

在环境工程中，常常需要把压力控制在某一范围内，即当压力低于或高于规定范围时，就会破坏正常工艺条件，甚至可能发生危险。利用电接点压力表能简便地在压力偏离给定范围时及时发出报警信号，以便提醒操作人员注意或通过中间继电器实现某种联锁控制。

图 1-13 是电接点信号压力表的结构和工作原理示意图。结构上是在弹簧管压力表上附加触点机构。压力表指针上有动触点 2，表盘上另有可调节的指针，上面分别有静触点 1 和 4。当压力超过上限给定数值（此数值由上限给定指针上的静触点 4 的位置确定）时，动触点 2 和静触点 4 接触，红色信号灯 5 的电路接通，使红灯发光。若压力过低时，则动触点 2 和下限静触点 1 接触，接通绿色信号灯 3 的电路，使绿灯发光。静触点 1、4 的位置可根据需要灵活调节。

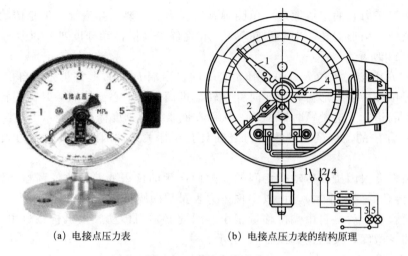

(a) 电接点压力表　　　　(b) 电接点压力表的结构原理

图 1-13　电接点压力表

1，4—静触点；2—动触点；3—绿灯；5—红灯

四、压力表的选择与校验

1. 压力表的选择

常用压力表的主要技术指标列于附录，压力表的选用应根据生产要求和使用环境做具体分析。在符合生产过程提出的技术条件下，本着节约的原则，进行种类、型号、量程、精度等级的选择。

（1）仪表种类和型号的选择

① 压力表的选择　仪表种类和型号的选择要根据工艺要求、介质性质及现场环境等因素来确定。例如在大气腐蚀性较强、粉尘较多和易喷淋液体等环境恶劣的场合，宜选用密闭式全塑压力表；稀硝酸、醋酸、氨水及其他一般腐蚀性介质，应选用耐酸压力表、氨压力表或不锈钢膜片压力表；稀盐酸、重油类及类似的具有强腐蚀性、含固体颗粒、黏稠液体等介质，应选用膜片压力表或隔膜压力表，其膜片或隔膜的材质，必须根据测量介质的特性选择；结晶、结疤及高黏度的介质，应选用膜片压力表；在机械振动较强的场合，应选用耐振压力表或船用压力表；在易燃、易爆的场合，如需电接点信号时，应选用防爆电接点压力表；对特殊介质应选用专用压力表。

为了表明压力表具体适用于何种特殊介质的压力测量，压力表的外壳用表 1-3 规定的色标，并在仪表面板上注明特殊介质的名称。氧气表还标有红色"禁油"字样，使用时应予以注意。

表 1-3　特殊介质弹簧管压力表色标

被测介质	色标颜色	被测介质	色标颜色
氧气	天蓝色	乙炔	白色
氢气	深绿色	其他可燃性气体	红色
氨气	黄色	其他惰性气体或液体	黑色
氯气	褐色	—	—

② 变送器、传感器的选择　以标准信号（4～20mA）传输时，应选变送器；易燃易爆场合，选用气动变送器或防爆型电动变送器；对易结晶、堵塞、黏稠或有腐蚀性的介质，优选法兰变送器；使用环境好，测量精度和可靠性要求不高时，可选取电阻式、电感式、霍尔式远传压力表及传感器；测压小于5kPa时，可选用微差压变送器。扫描二维码可查看"压电式压力传感器"。

压电式压力传感器

（2）外形尺寸选择　在管道或设备上安装的压力表，选用 $DN100$ 或 $DN150$；在仪表气动管路的辅助设备上安装的压力表，选用 $DN60$；安装照度较低或较高，指示不易观察的压力表，选用 $DN200$ 或 $DN250$。

（3）仪表量程的确定　仪表量程根据最大被测压力的大小确定。对于非弹性式压力表，一般取仪表量程系列值中比最大被测压力大的相邻数值，或按仪表说明书的规定选用。对于弹性式压力表，为了保证弹性元件在弹性变形的安全范围内工作，在选择仪表量程时，必须考虑留有余地，一般在被测压力较稳定的情况下，最大被测压力应不超过满量程的2/3；在被测压力波动较大的情况下，最大被测压力应不超过满量程的1/2；测量高压压力时，最大被测压力应不超过满量程的3/5。为了保证测量精度，被测压力值以不低于满量程的1/3为宜，即所选压力表的量程可以按以下三个公式计算。

被测压力比较平稳时　　　$\frac{3}{2}p'_{max} \leqslant S_p \leqslant 3p'_{min}$ 　　　　　(1-19)

被测压力波动较大时　　　$2p'_{max} \leqslant S_p \leqslant 3p'_{min}$ 　　　　　(1-20)

测量高压压力时　　　$\frac{5}{3}p'_{max} \leqslant S_p \leqslant 3p'_{min}$ 　　　　　(1-21)

式中　p'_{max} ——被测压力的最大值；

p'_{min} ——被测压力的最小值。

对于基于弹性元件的压力变送器，只是单纯用于压力测量时，其量程选择原则与上述压力表相同。如果压力变送器用于自动控制系统之中，考虑到控制系统会使参数稳定在设定值上，为使指示控制方便，上、下波动偏差范围相同，变送器量程一般是选用系统设定值的两倍。

根据以上公式计算的量程值选用压力表的量程。普通压力表下限一般为零，上限值应在国家规定的标准系列中选取。我国的压力表测量范围标准系列有以下几种：（-0.1～0.06、0.15）$\times 10^n$ kPa 或 MPa；（0～1、1.6、2.5、4、6、10）$\times 10^n$ kPa 或 MPa（其中 n 为整数，可为正、负值，一般可在相应的产品目录中查到）。

（4）仪表精度的确定　仪表的精度主要是根据生产允许的最大测量误差来确定的，选择过高精度等级会造成浪费。一般就地指示用弹性压力表，选用1.0级、1.5级或2.5级，压力变送器类精度为0.2～0.5级。

【例1-5】　某管道的最高工作压力为1.0～1.1MPa，要求测量值的绝对误差小于±0.03MPa，试确定用于测量该管道内压力的弹簧管压力表的量程和精度。

解：依压力波动范围，按稳定压力考虑，该仪表的量程应为

$$1.1 \div \frac{2}{3} = 1.65 \text{（MPa）}$$

根据仪表产品量程的系列值，应选用量程0～2.5MPa的弹簧管压力表。

由于 $\frac{1.0}{2.5} > \frac{1}{3}$，故被测压力的最小值不低于满量程的 $\frac{1}{3}$，这是允许的。

根据工艺对测量误差要求，计算所得最大引用误差为

$$E_{q\max} = \frac{e_{\max}}{S_p} \times 100\% = \frac{\pm 0.03}{2.5 - 0} \times 100\% = \pm 1.2\%$$

应选用1.0级的仪表。

即应选用测量范围为0～2.5MPa，精度等级为1.0级，型号为YX-150的普通弹簧管压力表测量该管道内的压力。

2. 压力表的校验

在仪表使用以前或使用一段时间以后，都需要进行校验，原因是弹性式压力表经长期使用，会由于弹性元件的弹性衰退而产生缓变误差，或是因弹性元件的弹性滞后和传动机构的磨损而产生变差，所以必须定期对压力计进行校验，以保证测量的可靠性。

所谓校验，就是将被校压力计与标准压力计通以相同的压力，用标准表的示值作为真值，比较被校表的示值，以确定被校表的误差、精度、变差等性能。校验时，在标准表的量程大于等于被校表量程情况下，所选标准表的允许最大绝对误差起码应小于被校表允许最大绝对误差的三分之一，这样标准表的示值误差相对于被校表来说可以忽略不计，认为标准表的读数就是真实压力的数值。

根据校验结果，如果被校表引用误差、变差的值均不大于精度值，则该被校表合格。如果压力表校验不合格，可根据实际情况调整其零点、量程或维修更换部分元件后重新校验，直至合格。对无法调整合格的压力表可根据校验情况降级使用。

常用压力计校验仪器是活塞式压力计，如图1-14所示。活塞式压力计由压力发生部分和测量部分组成。

① 压力发生部分 压力发生部分是一种螺旋液压泵，由工作活塞筒4、手轮7、丝杠8、工作活塞9等组成。当转动手轮旋转丝杠使活塞左移时，压缩工作液，使工作液压力升高，并由工作液将此压力向各压力表接头及测量部分传递。工作液一般用变压器油或蓖麻油。

② 测量部分 包括测量活塞1、砝码2和测量活塞筒3。测量活塞下端承受压力发生器所产生的工作液压力。当工作液压力在测量活塞底面积上产生的向上作用力，与测量活塞和砝码的重力相等时，测量活塞及砝码将被顶起而稳定在某一平衡位置上。这时，可由砝码确定压力的大小。

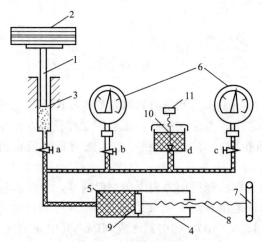

图1-14 活塞式压力计

1—测量活塞；2—砝码；3—测量活塞筒；4—工作活塞筒；
5—工作液；6—压力表；7—手轮；8—丝杠；9—工作活塞；
10—油杯；11—进油阀；
a，b，c—切断阀；d—油杯阀

为方便读数，提高校验准确性，通常使被校表指示整数值（校验点压力），用标准表读数作为分析依据。

🕐 任务实施

在实训现场，结合所学知识，学生以小组为单位自主练习。

1. 主要内容及要求

（1）按照工程要求，选择合适的一次、二次仪表

① 熟悉现场工艺流程和技术要求。

② 能够根据工艺参数进行仪表的选型。

（2）采用"比较法"，正确校验仪表

① 掌握仪表校验线路的正确连接。

② 掌握仪表校验规程。

③ 掌握仪表校验过程中的检定仪器的使用方法。

④ 正确填写校验记录。

2. 仪器设备和工具

① 0.25级 0~6MPa 标准压力表一块，1.5级 0~6MPa 普通压力表一块。

② 活塞式压力计一台（用砝码或标准压力表）。

③ 取针器一个，中、小螺钉旋具各一把。

3. 训练步骤

① 学生自主练习，熟悉压力表的结构原理。

② 根据工艺要求、安装条件、介质性质选择合适的压力表。

③ 对所选的压力表进行校验，并判断仪表是否合格。

a. 识别被校压力表和标准压力表的种类、型号、精度等级和测量范围。

b. 打开被校表的表壳和面板，观察仪表内部结构和工作原理，再将其复位组装好。

c. 在操作使用活塞式压力校验台以前，首先调整气液式水平器使之处于水平状态。

d. 如图1-14所示，学员以小组为单位安装压力表校验系统，并检查油路是否畅通、是否漏油。

e. 零位调整，首先观察未加压时被校压力表的零位指示是否准确，若不准，则重新安装表针。

f. 量程调整，关闭切断阀a、b、c，打开油杯阀，逆时针旋转手轮使工作活塞退出，吸入工作液。待丝杠露出螺旋加压泵体的五分之四长度时，关闭油杯阀，打开b、c阀。顺时针旋转手轮给表加压至满量程（从标准表读出），看被校表的指针是否准确。否则应退油撤压，再打开仪表，调整量程调整螺钉，然后再校。

g. 重复e、f两步，对零点、量程反复调整，使二者均符合要求。

h. 示值误差校验，选择压力表量程的0%、25%、50%、75%、100%五点进行正、反行程的校验。

计算各点的绝对误差和变差，找出最大绝对误差和最大变差，均填入表1-4中。将最大绝对误差和最大变差与仪表的允许误差比较，判断仪表是否合格。

4. 操作要求

① 文明操作，爱护设备、工具及仪表。

② 校验仪表时，加压、减压要缓慢；正、反行程的压力必须保证递增或递减。

表 1-4　弹簧管压力表校验单

被校表型号：			量程		精度				
标准表型号：			量程		精度				
被校表示值/kPa									
标准表示值/kPa	正行程	轻敲前							
		轻敲后							
		轻敲位移量							
		绝对误差							
	反行程	轻敲前							
		轻敲后							
		轻敲位移量							
		绝对误差							
变差/kPa									
校验结果			最大相对误差/%		相对变差/%		灵敏限		
结论			是否合格：						
校验者签字						____年____月____日			

③ 保持清洁，仪表、工具要轻拿轻放，工具使用后要放回原位。
④ 严禁擅自拆卸仪表、设备。

学习讨论

1. 为什么要排除活塞式压力计系统中的空气？
2. 校验压力表的方法有哪两种？各适用何种场合？

任务二　压力表的安装

压力检测系统由取压口、导压管、压力表及一些附件组成，各个部件安装正确与否对压力测量精度都有一定影响。

一、取压口的选择

取压口是被测对象上引取压力信号的开口。选择取压口的原则是要使选取的取压口能反映被测压力的真实情况，具体选用原则如下。

① 取压口要选在被测介质直线流动的管段上，不要选在管道拐弯、分岔、死角及流束形成涡流的地方。

② 就地安装的压力表在水平管道上的取压口，一般在顶部或侧面。

③ 引至变送器的导压管，其水平管道上的取压口方位要求如下：测量液体压力时，取压口应开在管道横截面的下部，与管道截面水平中心线夹角45°以内；测量气体压力时，取压口应开在管道横截面的上部；对于测量水蒸气压力，取压口在管道的上半部及下半部，与管道截面水平中心线45°夹角内。

④ 取压口处在管道阀门、挡板前后时,其与阀门、挡板的距离应大于 2~3 倍的 D (D 为管道直径)。

二、导压管的安装

安装导压管应遵循以下原则。

① 在取压口附近的导压管应与取压口垂直,管口应与管壁齐平,并不得有毛刺。

② 导压管的粗细、长短应选用合适,防止产生过大的测量滞后,一般内径为 6~10mm,长度一般不超过 60m。无腐蚀性介质的管材为 20 钢,多用 $\phi 18mm \times 3mm$ 或 $\phi 14mm \times 2mm$ 的无缝钢管,一般腐蚀性介质的管材采用 1Cr18Ni9Ti 的普通不锈钢,通常是 $\phi 14mm \times 2mm$ 无缝钢管。压力高的高压管道应采用 $\phi 14mm \times 3mm$、$\phi 14mm \times 4mm$、$\phi 18mm \times 3mm$、$\phi 22mm \times 4mm$ 等无缝钢管。压力表环形弯或冷凝弯一般选用 $\phi 18mm \times 3mm$ 的无缝钢管制作。

③ 导压管水平敷设时必须要有一定的坡度。一般情况下,要保持 (1∶10)~(1∶20) 的坡度,在特殊情况下坡度可达 1∶50,坡向应有利于排液(测量气体压力时)或排气(测量液体压力时)。管内介质为气体时,在管路的最低位置要有排液装置(通常安装排污阀)。管内介质为液体时,在管路的最高点应设有排气装置(通常情况下安装一个排气阀,也有的安装气体收集器)。

④ 当被测介质易冷凝或易冻结时,应加装保温伴热管。

⑤ 测量气体压力时,应优选变送器高于取压点的安装方案,以利于管道内冷凝液回流至工艺管道,也不必设置分离器;测量液体压力或蒸汽时,应优选变送器低于取压点的安装方案,使测量管不易积气体,也不必另加排气阀;当被测介质可能产生沉淀物析出时,在仪表前的管路上应加装沉降器。

⑥ 为了检修方便,在取压口与仪表之间应装切断阀,并应靠近取压口。

⑦ 管路的连接方式

a. 管路连接系统主要采用卡套式阀门与卡套或管接头。其特点是耐高温,密封性能好,装卸方便,不需要动火焊接。

b. 管路连接采用外螺纹截止阀和压垫式管接头,是化工系统常用的连接方式。

c. 管路连接系统采用外螺纹截止阀、内螺纹闸阀和压垫式管接头,是炼油系统常用的连接方式。

以上三种方法可以随意选用,但在有条件时,尽可能选卡套式连接形式。

三、压力表的安装

① 压力表应安装在能满足仪表使用环境条件,并易观察、易检修的地方。

② 安装地点应尽量避免振动和高温影响,对于蒸汽和其他可凝性热气体以及当介质温度超过 60℃时,就地安装的压力表应选用带冷凝管的安装方式,如图 1-15 (a) 所示。

③ 测量有腐蚀性、黏度较大、易结晶、有沉淀物的介质时,应优先选取带隔膜的压力表及远传膜片密封变送器,如图 1-15 (b) 所示。

④ 压力表的连接处应加装密封垫片,一般温度低于 80℃、压力在 2MPa 以下时,用石棉纸板或铝片;温度及压力更高时(50MPa 以下)用退火紫铜或铅垫。选用垫片材质时,

还要考虑介质的影响。例如测量氧气压力时,不能使用浸油垫片、有机化合物垫片;测量乙炔压力时,不得使用铜质垫片,否则它们均有发生爆炸的危险。

⑤ 仪表必须垂直安装,若装在室外时,还应加装保护箱。

⑥ 当被测压力不高,而压力表与取压口又不在同一高度时[如图 1-15(c)所示],对由此高度差所引起的测量误差应进行修正。

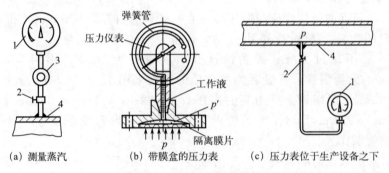

(a) 测量蒸汽　　(b) 带膜盒的压力表　　(c) 压力表位于生产设备之下

图 1-15　压力表安装示意图

1—压力表;2—切断阀;3—回转冷凝器或隔离装置;4—生产设备

任务实施

在实训现场,结合所学知识,以小组为单位自主练习。

1. 主要内容及要求

正确安装导压管路与压力仪表:

① 掌握仪表的正确安装规范。

② 提高仪表安装现场实际操作能力。

③ 掌握仪表安装材料和工具的正确使用。

2. 仪器设备和工具

压力表、安装用的管路、安装材料、安装工具等。

3. 训练步骤

① 正确连接导压管路。

② 将合格的压力表安装到位。

常用压力仪表安装如图 1-16～图 1-19 所示。

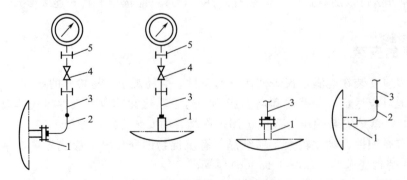

图 1-16　常用压力测量安装图

1—管接头或法兰接管;2—无缝钢管;3—接表阀接头;4—压力表截止阀或阻尼截止阀;5—垫片

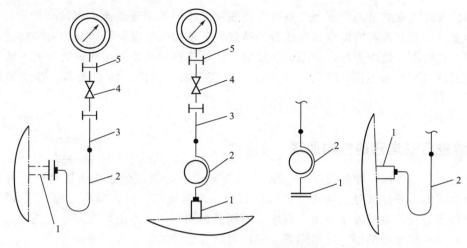

图 1-17　带冷凝管的压力表安装图

1—管接头或法兰接管；2—冷凝圈或冷凝弯；3—接表阀接头；4—压力表截止阀或阻尼截止阀；5—垫片

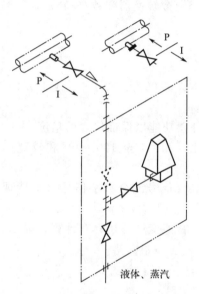

图 1-18　测量压力管路连接图（变送器低于取压点）
P—管道方；I—仪表方

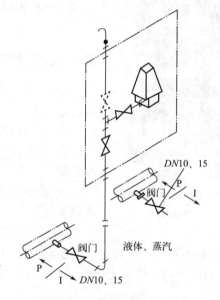

图 1-19　测量压力管路连接图
（变送器高于取压点）

学习讨论

1. 导压管安装应注意些什么？
2. 导压管的连接方式有哪几种？

任务三　智能差压变送器的安装与组态

在生产过程中，需要在控制室内显示压力的仪表，一般选用压力变送器。在水厂中，每个滤池的水位需要连续检测和显示，用测量的滤料阻塞压差值，来控制反冲洗。在液位和流量测量中，有时需要测量两个压力之差时，往往就要选用差压变送器。

智能变送器是在普通的模拟式变送器的基础上，增加微处理器而形成的一种智能式检测仪表。智能式变送器性能更好，使用更加灵活。实际应用的智能变送器种类很多，结构各有差异。按照被测变量的不同，其可分为智能压力变送器、智能差压变送器、智能温度变送器等。

一、智能差压变送器的结构原理

智能差压变送器的实物如图 1-20 所示。从整体上看，智能差压变送器是由硬件和软件两大部分组成的。硬件部分包括传感器部分、微处理器电路、输入输出电路、人-机联系部件等；软件部分包括系统程序和用户程序。不同品种和不同厂家的智能差压变送器的组成基本相同，只是在传感器类型、电路形式、程序编码和软件功能上有所差异。

从电路结构上看，智能差压变送器包括传感器部件和电子部件两部分。传感器部分根据变送器功能和设计原理而不同；电子部件均由微处理器、模/数转换器和数/模转换器等组成。

图 1-20 智能差压变送器实物图

二、智能变送器的特点

① 测量精度高，基本误差仅为 ±0.075% 或 ±0.1%，且性能稳定、可靠、响应快。

② 具有温度、静压补偿功能以保证仪表的精度。

③ 具有较大的量程比（20:1 至 100:1）和较宽的零点迁移范围。

④ 输出模拟、数字混合信号或全数字信号（支持现场总线通信协议）。

⑤ 除有检测功能外，智能变送器还具有计算、显示、报警、控制、诊断等功能，与智能执行器配合使用，可就地构成控制回路。

⑥ 利用手持通信器或其他组态工具可以对变送器进行远程组态。

三、智能变送器的典型产品介绍

随着集成电路的广泛应用，其性能不断提高，成本大幅度降低，使得微处理器在各个领域中的应用十分普遍。智能型压力或差压变送器就是在普通压力或差压传感器的基础上增加微处理器电路而形成的智能检测仪表。例如，用带有温度补偿的电容传感器与微处理器相结合，构成精度为 0.1 级的压力或差压变送器，其量程范围为 100:1，时间常数在 0~36s 间可调，通过手持通信器，可对 1500m 之内的现场变送器进行工作参数的设定、量程调整以及向变送器加入信息数据。

智能型变送器的特点是可进行远程通信。利用手持通信器，可对现场变送器进行各种运行参数的选择和标定；其精度高，使用与维护方便。通过编制各种程序，可使变送器具有自修正、自补偿、自诊断及错误方式告警等多种功能，因而提高了变送器的精度，简化了调整、校准与维护过程，促使变送器与计算机、控制系统直接对话。

下面以美国费希尔-罗斯蒙特公司 3051C 型智能差压变送器为例对其工作原理作简单介绍。

变送器由传感膜头和电子线路板组成，其原理方框图如图 1-21 所示。

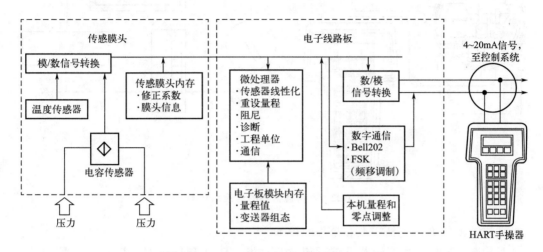

图 1-21　3051C 型智能差压变送器方框图

被测介质压力通过电容传感器转换为与之成正比的差动电容信号。传感膜头还同时进行温度的测量，用于补偿温度变化的影响。上述电容和温度信号通过模/数（A/D）转换器转换为数字信号，输入电子线路板模块。

在工厂的特性化过程中，所有的传感器都经受了整个工作范围内的压力与温度循环测试。根据测试数据所得到的修正系数，都储存在传感膜头的内存中，从而可保证变送器在运行过程中能精确地进行信号修正。

电子线路板模块接收来自传感膜头的数字输入信号和修正系数，然后对信号加以修正与线性化。电子线路板模块的输出部分将数字信号转换成 4～20mA DC 电流信号，并与手持通信器进行通信。

在电子线路板模块的永久性 EEPROM 存储器中存有变送器的组态数据，当遇到意外停电时，其中数据仍能保存，所以恢复供电之后，变送器能立即工作。

罗斯蒙特 3051 系列压力变送器采用 HART 协议进行通信，该协议使用了工业标准 Bell 202 频移调制（FSK）技术，通过在 4～20mA DC 输出信号上叠加高频信号来完成远程通信。费希尔-罗斯蒙特公司采用这一技术，能在不影响回路完整性的情况下，实现同时通信和输出。

3051C 或其他压力变送器与 HART 375 手持通信器（手操器）的接线如图 1-22 所示，它可以接在现场变送器的信号端子上，就地设定或检测，也可以在远离现场的控制室中，接在某个变送器的信号线上进行远程设定及检测。为了便于通信，回路电阻应保证在 250～1000Ω 的范围内。

手持通信器能够实现下列功能。

① 组态　组态可分为两部分。首先，设定变送器的工作参数，包括测量范围、线性或平方根输出、阻尼时间常数、工程单位选择；其次，可向变送器输入信息性数据，以便对变送器进行识别与物理描述，包括给变送器指定工位号、描述符等。

② 测量范围的变更　当需要更改测量范围时，不需到现场调整。

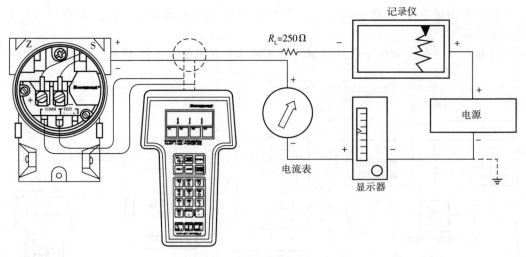

图 1-22 手持通信器的连接示意图

③ 变送器的校准　包括零点和量程的校准。

④ 自诊断　3051C 型变送器可进行连续自诊断。当出现问题时，变送器将激活用户选定的模拟输出报警。手持通信器可以询问变送器，确定问题所在。变送器向手持通信器输出特定的信息，以识别问题，从而可以快速地进行维修。

由于智能型差压变送器有好的总体性能及长期稳定的工作能力，所以每五年才需校验一次。智能型差压变送器与手持通信器结合使用，可远离生产现场，尤其是危险或不易到达的地方，给变送器的运行和维护带来了极大的方便。

任务实施

以小组为单位，根据所学知识自主练习。

1. 主要内容及要求

① 认识常见的差压变送器。

② 训练安装差压变送器及对差压变送器进行组态。

a. 掌握手操器的基本使用方法。

b. 会使用手操器设定基本参数。

c. 学会正确安装仪表并正确接线。

d. 学会根据工艺要求对差压变送器进行组态。

③ 理解差压变送器的信号转换关系。

2. 仪器设备和工具

① HART 协议智能差压变送器。

② 手持智能终端（HART 375）。

③ 活扳手。

④ 六方扳手。

⑤ 螺钉旋具。

3. 训练步骤

（1）认真阅读手操器与仪表说明书。

（2）查看智能差压变送器的铭牌，记录在表 1-5 中。

表 1-5　差压变送器的铭牌

型号	范围	精度	电源	静压	输出

（3）参考图 1-23，拆卸并重新安装差压变送器，注意将图中的过程接头换成三阀组。

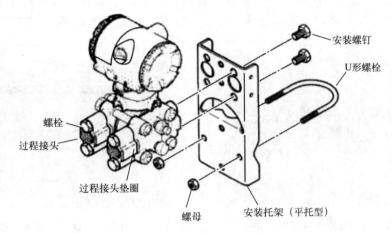

图 1-23　差压变送器拆装图

（4）变送器的连接

① 将高、低压引压管经过三阀组接入差压变送器的高压侧和低压侧。

② 差压变送器接线，按图 1-22 正确接线。

（5）变送器的组态

① 启动准备，确认引压阀、排污阀及三阀组两侧的高、低压阀已经关闭，三阀组中间的平衡阀已经打开。

按下述步骤，将过程压力引入引压管和变送器：

a. 打开高、低压侧的引压阀，将过程流体引向三阀组。

b. 缓慢打开高压截止阀，将过程流体引入测压部（高压侧排气）。

c. 关闭高压截止阀。

d. 缓慢打开低压截止阀。使测压部分完全充满过程流体（低压侧排气）。

e. 关闭低压截止阀。

f. 缓慢打开高压截止阀，此时变送器高、低压两侧压力相等。

g. 确认导压管、三阀组、变送器及其他部件无泄漏。

② 接通电源，按接线图 1-22 连接 HART 通信器，并进行 HART 手持智能终端的应用练习。

a. 进入在线画面。打开电源开关，等待 HART 375 进入主菜单画面（如图 1-24 所示），此界面有五个选项栏，分别为 HART 应用、现场总线应用、手操器设

图 1-24　HART 375 主界面

置、与 PC 通信和写字板。

使用光标笔双击"HART 应用",如果手操器与变送器通信正常,则画面应转入在线画面,如图 1-25 所示,这个界面会显示在线变送器的各个实时参数,比如实时的过程变量值、电流输出值、量程上限与下限值,其中最重要的是仪表设置这个选项,它是变送器能够进行组态的关键菜单。

b. 组态过程。在变送器与手操器通信正常的情况下,可以双击"仪表设置"菜单,即可进入变送器的组态界面,仪表组态界面有 5 个选项,如图 1-26 所示。

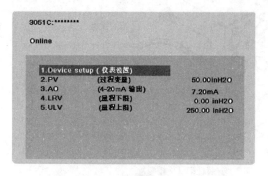

图 1-25　与变送器连接在线画面

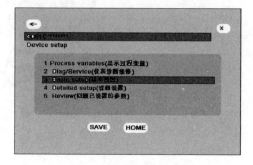

图 1-26　仪表设置菜单选项

(a) 双击"显示过程变量"后,您可以查看与变送器相关的所有测量参数。

(b) 进入"仪表诊断维修",可以对仪表进行各种校验及回路测试,另外仪表的各项报警也可以查看。

(c) 进入"基本设置",可以修改位号、工程单位、量程、仪表的阻尼系数与传递函数,因此,这是最常用的菜单。可以双击 5 个选项的任一个进入相应菜单。图 1-27 所示为选项 3 "基本设置"的子菜单。

单击左箭头可以退回上一级菜单,单击"×"图标退回主菜单(此时可以关机)。单击"HOME"退回在线菜单(此菜单为实时更新画面)。

双击"单位"进入修改工程单位子菜单,如图 1-28 所示,该子菜单中拥有几十种国际、国内通用的使用单位,可以根据实际使用情况进行选择。

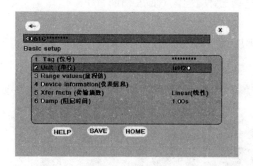

图 1-27　基本设置子菜单

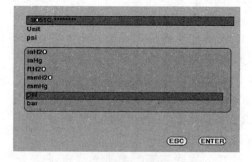

图 1-28　修改工程子菜单

使用光标笔单击所选定的单位,然后单击"ENTER",这时候会出现一个提示,告诉当前过程变量在该选定单位尚未发送至变送器之前仍然为原单位,提示应在下随菜单中进行发送（SEND）。因此，见到提示后，按"OK"则出现以下菜单，如图1-29所示。

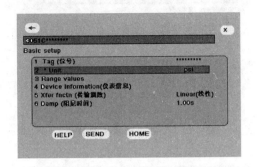

图1-29 出现发送的下随菜单

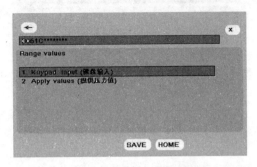

图1-30 量程修改菜单

此时单击"SEND"，并在见到提示后按"OK"，修改后的单位即发送到变送器中。最后按提示单击"OK"完成该操作。但应注意，"Unit"左上角的"*"在发送成功后，应消失。

在基本设置中，用光标笔选中"量程值"并双击，则进入量程修改菜单，如图1-30所示，在此菜单中，有两种修改方式。

- 直接键盘输入，这是最方便的方式。
- 提供标准压力值并将该压力确认为4mA或20mA的设定点。

图1-31为直接键盘输入方式，双击图1-30中的选项1即可直接进入此显示界面。

一般来说，如不做迁移，则只需修改量程上限。因此，双击"URV（标定量程上限）"进入输入界面，如图1-32所示。

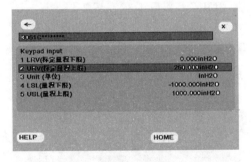

图1-31 进入量程修改选项

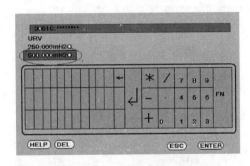

图1-32 手动输入界面

可以使用光标笔，点击数字键直接输入希望修改的量程。然后点击"ENTER"确认。当返回上一级菜单后，单击"SEND"进行发送，见图1-33（URV左上角*号表示该参数尚未发送）。发送后，有两个提示，单击"OK"确认即可。

在基本设置中，如图1-26所示中的选项2是专门针对仪表的调校及故障诊断设置的。一般来说，变送器完成现场安装后，必须进行读数的清零。此功能在375菜单中称为"Zero trim"。

由图1-34选项框中选项2"仪表诊断维修"菜单可以进入和完成"Zero trim"，双击，则进入诊断及服务子菜单，如图1-35所示。

选中选项3并双击，弹出如图1-36所示的菜单。

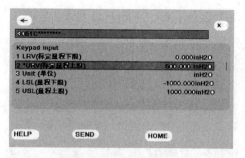

图 1-33　量程修订值发送选项

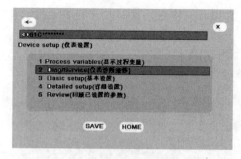

图 1-34　仪表设置界面诊断维护

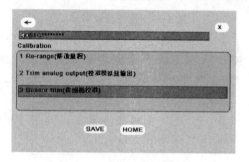

图 1-35　诊断维修子菜单

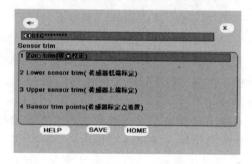

图 1-36　Zero trim 选项

选择选项 1 并双击，然后点击"OK"，对两个提示进行确认，注意，此项校准应确认在控制系统处于手动状态下进行。

接下来，375 将提示仪表应确认处于零点压力状态，即应该在现场操作人员配合下进行压力平衡或放空操作。确认完成上述工作后，点击"OK"，见图 1-37、图 1-38。

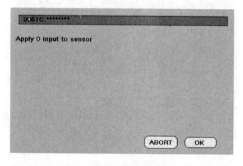

图 1-37　系统提示需要使得压力进入"零"

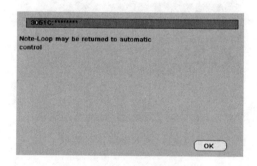

图 1-38　仪表值已稳定

接下来的提示，告诉仪表需确认零点读数的稳定，然后，点击"OK"结束操作。

最后的操作，应单击"HOME"键返回在线显示。此时，PV 值应为零点值，并且 AO（4～20mA）应为 4.00mA。

如 PV 仍有误差，可再进行一次。如 PV 正确，但 4.00mA 有误差，则需进行图 1-35 菜单的第 2 项"Trim analog output（校准模拟量输出）"。操作菜单如图 1-39 所示。

双击选项 1，确认系统处于手动状态，并将标准电流表串入变送器回路，然后点击"OK" 3 次，进入编辑菜单，如图 1-40 所示。

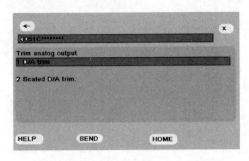

图 1-39 进入校准模拟量输出子菜单

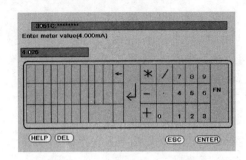

图 1-40 进入输出量编辑菜单

使用光标笔点击数字键，输入标准表的读数，例如 4.025mA，点击"ENTER"确认。接下来将提示此时的输出是否与标准表一致，如一致，则选"Yes"；如不一致，则需重做，选"No"。

下一步，参照上面步骤，对 20mA 点进行相同的校准。最后，使用"HOME"键退回在线菜单即可。

应该注意的是，为确保手操器与现场仪表通信正常，请确认回路负载电阻为 250～1000Ω，且对大多数变送器来说，输出端应保证 4mA/12V 的供电，如果变送器回路电缆受到强电干扰（例如与供电系统共用穿线管），则可能引起通信问题，或回路电缆单端对地绝缘不良等。在有强干扰情况下（例如有大功率变频器），应特别注意仪表的接地。

③ 启动。

a. 关闭平衡阀。

b. 缓慢打开低压截止阀，使变送器处于运行状态。

c. 检查运行状况

④ 变送器量程设置。训练应用 HART 通信器将变送器量程设为 0～100kPa。

(6) 变送器差压测量应用　保持低压侧压力为 0kPa，高压侧压力在 0～100kPa 之间调整，观察变送器和数显表的显示值，数据记录在表 1-6 中。

表 1-6　变送器差压测量表

低压侧压力/kPa		0				
高压侧压力/kPa		0	25	50	75	100
数显表显示/mA						
被测差压（变送器显示）/MPa						
HART 过程变量	主变量/kPa					
	电流值/mA					
	百分数/%					

(7) 停机　按下列步骤停止变送器工作。

① 切断电源。

② 关闭低压截止阀。

③ 打开平衡阀。

④ 关闭高压截止阀。

⑤ 关闭高、低压侧引压阀。
(8) 整理实训台
① 确认电源、气源已经关闭。
② 拆除线路和管路。
③ 将变送器零件全部安装到位。
④ 工具用品摆放整齐。

变送器常见的安装方式如图1-41及图1-42所示。

4. 注意事项

(1) 差压变送器安装注意事项

① 差压变送器应安装在方便维护和调试的地方，周围应干燥且无腐蚀性气体，温度应符合安装要求。
② 差压变送器不宜安装于振动的地方，否则必须有防振的措施。
③ 差压变送器的支架安装应牢固，仪表应垂直安装。
④ 差压变送器安装应距地面1.2m，并垂直中心线。
⑤ 差压变送器的正、负导压管不得接错，在差压仪表前的导压管上应安装三阀组。
⑥ 差压变送器必须安装排污阀，以备仪表冲洗。
⑦ 差压仪表的导压管应尽量地短，要求导压管的走向为等差弯；弯头尽量少，尽量避免直角。

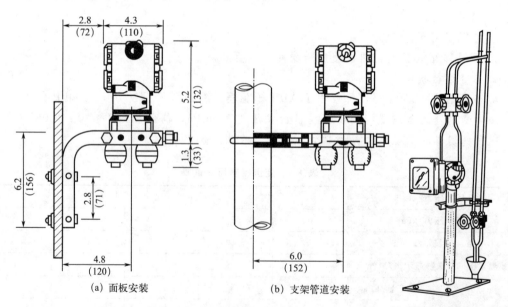

(a) 面板安装　　(b) 支架管道安装

图1-41　智能型变送器常用的安装方式　　图1-42　单台变送器的安装方式

(注：括号内数字单位为mm，括号外数字单位为ft)

(2) 法兰安装　仪表使用的法兰很多，总的可分为两类。一类是安装取源部件用，如压力、温度的取源部件，它们多数在设备上，在安装温度表、压力表的位置上留下一片法兰，仪表安装人员要配上另一片法兰，然后再安装温度、压力的取源部件。另一类是安装仪表用，可能在设备上，但大多数在工艺管道上要安装孔板、转子流量计、电磁流量计和调节阀等仪表的地方，在仪表上有两片法兰，安装时要配上另两片法兰。

不管是取源部件的安装还是仪表本身的安装，仪表施工人员都需"配"法兰，即有一半法兰在设备上或仪表上，是不能再改变的，要"配"上另一半法兰，才能完成安装。"配"法兰要求仪表安装人员认真、仔细，稍有差错就安装不上去。

配用法兰时要掌握以下几个要点。

① 压力等级原则上是相同或高于原有的法兰，不能用压力等级低的代用压力等级高的。

② 公称通（直）径应该一致，不一致的若能配用也会严重影响美观。

③ 密封面形式必须一致，否则，不能保证不泄漏。

④ 考虑螺栓孔的数目与距离。若用高压力等级配用低压力等级，能保证螺栓数目相同的可用，否则不能用，螺栓孔距离不同的也不能用。

法兰安装时要用紧固件，即螺栓、螺母和垫圈。

螺栓的数目一般为4的倍数，安装时应使用对角法（又称十字法）拧紧。

螺栓的规格以"螺栓直径×螺栓长度"来表示。在选择螺栓与螺母材料时，应注意螺母的材料硬度不要高于螺栓的材料硬度，以免在施工过程中螺母破坏螺杆上的螺纹。

（3）提出安装训练所需材料清单。

（4）正确操作三阀组　三阀组与差压变送器投入运行时的操作程序要正确，要特别注意差压计或差压变送器的弹性元件不能受突然的压力冲击，更不要处于单向受压状态。首先，打开差压变送器上的两个排污阀，而后打开平衡阀，再慢慢打开两个截止阀，将导压管内的空气或污物排除掉，关闭两个排污阀，再关闭平衡阀，变送器即可投入运行。差压变送器进行零点在线校验，先打开平衡阀，关闭两个截止阀，即可对变送器进行零点校验。

对于带有凝液器或隔离器的测量管路，要确保三阀组不能同时打开，防止凝结水或隔离液因为差压而流失。投用时，先打开正压阀，而后关闭平衡阀，再打开负压阀。停用时，先关闭负压阀，而后打开平衡阀，再关闭正压阀。

5. 安装及组态智能型变送器的操作要求

① 文明操作，工具轻拿轻放，用后放回原位。

② 连接变送器与三阀组时，螺栓应对角锁紧，不允许一次锁死，并注意使用密封垫片。

③ 数显表停电后，再与变送器连接。

④ 变送器接线，检查电缆的通断及绝缘性，区分正负电源线。

⑤ 三阀组操作正确。

⑥ 正确使用防水接头，做好密封。

⑦ 正确使用标准仪器（万用表）。

⑧ 严禁擅自拆卸仪表、设备。

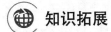

学习讨论

1. 怎样识别差压变送器的高压侧和低压侧？
2. 引压管接入三阀组时，其接头连接有哪些注意事项？

知识拓展

电气式压力仪表

扫描二维码可查看"电气式压力仪表"。

电气式压力仪表

项目小结

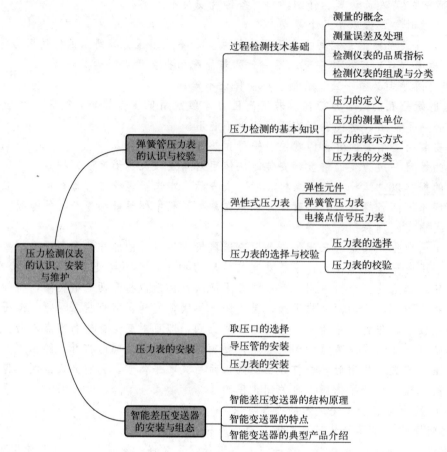

思考题

1-1 什么叫测量误差？其表示形式主要有哪些？

1-2 什么是真值？什么是约定真值及相对真值？

1-3 什么叫仪表的基本误差、测量误差和附加误差？有何区别？

1-4 有台测温仪表，其测量范围是 700~1200℃，已知其最大绝对误差为±6℃，试确定其精度。

1-5 有一台精度等级为 2.5 级，测量范围为 0~10MPa 的压力表，其刻度标尺最小分格值是多少？最多能分多少格？

1-6 某检测系统根据工艺设计要求，需要选择一个量程为 0~100m³/h 的流量计，流量测量误差要求小于±0.95m³/h，应选精度等级为多少的仪表才能满足工艺要求？

1-7 什么叫压力？表压力、绝对压力、负压力（真空度）之间有何关系？

1-8 测压的弹性元件有哪些？各有何特点？

1-9 弹簧管压力表的测压原理是什么？简述弹簧管压力表的主要组成及测压过程。

1-10 电接点压力表与普通压力表在结构上有何异同？什么情况下选用它？

1-11 现有一标高 1.5m 的弹簧管压力表测量某标高 7.5m 的蒸汽管道内压力，仪表指示 0.75MPa，已知蒸汽冷凝水的密度为 $\rho=966kg/m^3$，重力加速度为 $g=9.8m/s^2$，试求蒸汽管道内压力。

1-12 校验一台测量范围 0~1.6MPa，1.5 级的工业压力表时，应使用下列标准压力表中的哪一台比较合适？

A. 0~1.6MPa，1.5 级 B. 0~2.5MPa，0.35 级
C. 0~4.0MPa，0.25 级 D. 0~1.6MPa，2.5 级

1-13 现有一台测量范围为 0~4MPa，1.5 级的普通弹簧管压力表，其校验结果如表 1-7 所示，判断此表是否合格。

表 1-7 仪表校验单

被校表刻度数/MPa		0	1.0	2.0	3.0	4.0
标准表读数/MPa	正行程	0	0.96	1.98	3.01	4.02
	反行程	0.02	1.02	2.01	3.02	4.02

1-14 差压变送器采用法兰安装时，应如何配置法兰？

1-15 某容器的顶部和底部的表压力分别为 −30kPa 和 200kPa，如果当地大气压力为标准大气压，试计算该容器顶部和底部的绝对压力及底部和顶部的差压。

1-16 如何操作三阀组？

1-17 简述智能型变送器的组成与特点。

项目考核

项目实施过程考核与结果考核相结合，由项目委托方代表（教师，也可以是学生）对项目各项任务的完成结果进行验收、评分；学生进行"成果展示"，经验收合格后进行接收。

项目完成情况作为考核能力目标、知识目标、拓展目标的主要内容，具体包括完成项目的态度、项目报告质量、资料查阅情况、问题的解答、团队合作、应变能力、表述能力、辩解能力、外语能力等。

完成情况考核评分表

评分内容	评分标准	配分	得分
操作技能、现场情况、准备工作等（仪表选择、调校、安装、组态）	仪表选择、校验：采取方法错误扣 5~30 分	30	
	仪表安装、组态：不合适扣 10~30 分	30	
	成果展示：（实物或报告）错误扣 10~20 分	20	
知识问答、工作态度、团队协作精神等	知识问答全错扣 5 分；小组成员分工协作不明确，成员不积极参与扣 5 分	10	
安全文明生产	违反安全文明操作规程扣 5~10 分	10	
项目成绩合计			
开始时间	结束时间	所用时间	
评语			

项目二

物位检测仪表的认识、安装与维护

知识目标

- 了解物位的定义及测量目的。
- 掌握常见物位检测仪表的结构组成、工作原理。
- 熟悉常见物位检测仪表的安装要求。
- 了解物位检测仪表的发展概况。

能力目标

- 能根据实际要求选择合适的物位测量方法。
- 能根据现场工况选择合适的仪表。
- 会对常见物位检测仪表进行调校。
- 能正确安装物位检测仪表。
- 会正确使用常见物位检测仪表。
- 能对物位检测仪表的常见故障进行判断和处理。

素质目标

- 培养热爱环保、热爱祖国、服务家乡的家国情怀。
- 通过老一辈环境科学家的家国情怀和严谨治学的奋斗历程，树立坚定的理想信念、树立正确的荣辱观。
- 培养严谨认真、耐心专注的工作态度和精益求精、一丝不苟的工匠精神。

思政微课堂

【案例】

近年来，凭借着卓越贡献，荣获国务院政府特殊津贴专家、中华全国铁路总工会"火车头奖章"、河南省五一劳动奖章等荣誉称号的中铁工程装备集团盾构制造有限公司设备物资部部长李刚同志在探索研究中发现，在掘进机上面有无数的用于测量各种液体的传感器，特别是用于测量泥浆的液位传感器，其性能、外表硬度、灵敏度都有很高的要求，而且行业中使用的所有传感器都有需要定时清理的缺陷，同时传感器可靠性较差，使用一段时间后，绝缘阻值下降，需要人爬进高压舱内在其表面清理淤泥，做绝缘处理，具有很大的危险性。于是李刚和他的创新小组决定根据液位传感器的原理制作新的液位传感器。制作过程中，他们反复测试、反复试验，经过多日不分昼夜的奋战，新的液位传感器终于研制成功，打破了国外厂家对该设备技术的垄断，为国家建设做出了突出贡献。

【启示】

作为技术人员要善于发现问题，解决问题，在过程中难免会遇到各种挫折和困难，在困难中不退缩，坚守本心，正是源自"精益求精"的匠心和长久以来对事业的专注，要树立坚定的理想信念，通过科技推动祖国发展，为了祖国的明天而奋斗。

【思考】
1. 联系实际讨论怎样在仪表工作中体现精益求精的匠心。
2. 联系实际谈谈怎样在工作中践行共产主义理想信念。

在供水及排水工程中，各类水池或罐体都要求液位检测，如地表水厂取水口水位、水泵吸水井水位、溶液池液位、沉淀池液位、滤池液位和清水池水位等。液位是指导操作运行必不可少的数据。

物位检测仪表有差压式、浮力式、电容式、超声波式等多种。本项目主要学习物位检测仪表的结构、原理、安装、操作等知识和技能。

任务一　差压式液位计的安装与维护

在环境工程中，需要根据工艺要求选用合适的液位检测仪表，认识和掌握液位计的结构原理、安装维护等，对工程的安全运行起着关键性的作用。

一、物位检测的基本知识

物位是指储存于容器或工业生产设备里的液体或粉粒状固体与气体之间的分界面位置，也可以是互不相溶的两种液体间由于密度不同而形成的界面位置，即物位是液位、料位和相界位的总称。

可通过物位检测来确定容器之中原料或产品的数量，掌握物料是否在规定范围内，判断并调节容器中物料的流入量、流出量，以保证生产过程中各环节物位受到有效的监督和控制，以及生产过程正常进行及设备的安全运行，预计原料用量或进行经济核算。在工程上，物位的监视和控制是极其重要的。对物位进行测量、报警和自动调节的自动化仪表称物位检测仪表。

物位检测的结果通常是用长度单位 m、mm 或测量范围的百分数表示的。

各种物料的性质各异，物位检测的方法很多，所用的仪表、传感器、变送器也各有特色。本项目着重讨论液位检测的基本内容。

按物位仪表的工作原理可分为以下几类。

(1) 直读式物位仪表

此类仪表是根据连通器原理工作的。它直接使用与被测容器连通的玻璃管（板），并在容器上直接开窗口的方式来显示液位的高低，如玻璃管液位计、玻璃板液位计等。

(2) 静压式物位仪表

此类仪表是根据静压平衡原理工作的，如压力式、差压式液位变送器等。

(3) 浮力式物位仪表

此类仪表是利用浮力原理进行工作的，如恒浮球式液位计、浮筒式液位变送器等。

(4) 电气式物位仪表

其是将物位的变化转换为某些电量参数的变化并进行检测的仪表，如电极式、电容式、电感式、电磁式等物位测量仪表。

（5）辐射式物位仪表

此类仪表是通过将物位的变化转换为辐射能量的变化来测量物位的高低，如核辐射式液位计。

二、差压式液位计

在水处理工程中，经常会需要对液位检测和控制。在回收池液位控制中，需要设液位开关控制，当回收池液位达到低限时，污泥泵停止工作，当回收池液位达到一设定高度时，泵启动，当水位达到更高的高度时，备用泵启动。设置回收池高低水位报警，当液位达到最高水位时，对滤池反冲洗发出暂停信号，并在水位恢复正常时发出滤池允许反冲洗信号。在这些水位检测中，需要用到与水位相对应的电信号作为控制信号，就应选用可以输出电信号的差压式或压力式变送器来测量水位。

1. 工作原理

液体具有静压现象，其静压力的大小是液柱高度与液体密度的乘积。如图 2-1 所示，A 代表零液位，B 代表实际液面，p_A 和 p_B 为容器中 A 点和 B 点的静压，H 为液位高度。根据流体静力学原理，A、B 两点的压差 Δp 为：

$$\Delta p = p_A - p_B = H\rho g \tag{2-1}$$

其中，p_B 应理解为液面上方气相的压力，当被测对象为敞口容器时，则 p_B 为大气压力 p_0，则式（2-1）变为：

$$p = p_A - p_0 = H\rho g \tag{2-2}$$

式中 p——A 点的表压力；

p_0——当地大气压力；

ρ——容器中液体的密度。

由此可见，当液体密度确定后，A、B 两点的压力差 Δp 或 A 点的表压力 p 与容器中液位的高度 H 成正比。这样就把液位的检测转化为压力差或压力的检测。因此各种差压计和差压变送器，压力计和压力变送器，只要量程合适，都可以用来测量液位。

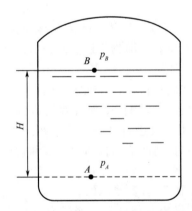

图 2-1 静压式液位计原理示意图

利用差压变送器测量密闭容器的液位时，差压变送器正压室接容器底部，感受静压力 p_A，负压室接容器的上部，感受液面上方的静压力 p_B。若测敞口容器内的液位，则差压变送器的负压室应与大气相通或用压力变送器。

若只需就地指示敞口容器内的液位，可直接在容器的底部安装压力表来进行测量，根据压力与液位成正比的关系，可直接在压力表上按液位进行刻度。

在介质密度确定后，即可得知容器中液位高度，且测量结果与容器中液体上方的静压力 p_B 的大小无关。

2. 零点迁移问题

在实际使用中，由于周围环境的影响，差压仪表不一定正好与容器底部 A 点在同一水平面上，如图 2-2（b）所示。或由于被测介质是强腐蚀性的液体，因而必须在引压管上加装隔离装置,通过隔离液来传递压力信号,如图 2-2(c)所示。在这种情况下,差压变送器接收到的差压信号 Δp 不仅与被测液位 H 的高低有关,还受到一个与液位高度无关的固定差压的影响,从而产生测量误差。为了使差压式液位变送器能够正确地指示液位高度,变送器需要进行零点迁移。

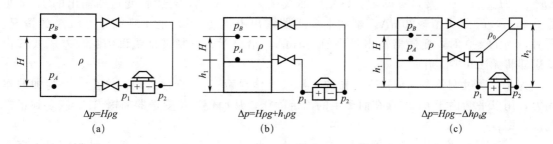

图 2-2 差压式液位计的应用

(a) 变送器的正取压口、液位零点在同一水平面上;(b) 变送器低于液位零点,需零点正迁移;
(c) 变送器低于液位零点,且导压管内有隔离液或冷凝液,需零点负迁移

(1) 无迁移 如图 2-2(a)所示,差压变送器的正、负压室分别接受来自容器中 A 点和 B 点处的静压。如果被测液体的密度为 ρ,则有:

正压室压力 $\qquad p_1 = p_A = H\rho g + p_B$

负压室压力 $\qquad p_2 = p_B$

即 $\qquad \Delta p = p_1 - p_2 = H\rho g$

当液位由 $H=0$ 变化到 $H=H_{max}$ 最高液位时,差压变送器输入信号 Δp 由 0 变化到最大值 $\Delta p_{max} = H_{max}\rho g$ [图 2-3(a)中曲线 1]。相应的电动Ⅲ型差压变送器的输出 I_0 为 4~20mA。

$$I_0 = \frac{(20-4)}{\Delta p_{max} - 0} \times \Delta p + 4 = 16 \frac{\Delta p}{\Delta p_{max}} + 4 \qquad (2-3)$$

如图 2-3(b)中曲线 1 所示,此时变送器为无迁移状态。变送器的量程为 $H_{max}\rho g$;变送器的测量范围是 $0 \sim H_{max}\rho g$。

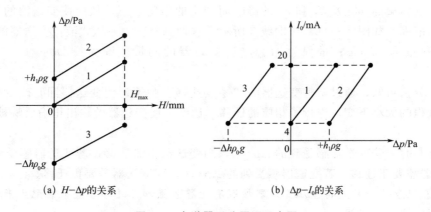

图 2-3 变送器迁移原理示意图

(2) 正迁移 如图 2-2(b)所示,差压变送器的安装位置低于容器底部取压点,且距离为 h_1,则有:

正压室压力 $\qquad p_1=p_A+h_1\rho g=H\rho g+p_B+h_1\rho g$
负压室压力 $\qquad p_2=p_B$
即 $\qquad \Delta p=p_1-p_2=H\rho g+h_1\rho g$

当液位 H 由 0 变化到最高液位 H_{max} 时，变送器接收到的静压差由 $\Delta p=h_1\rho g$ 增加至 $\Delta p_{max}=H_{max}\rho g+h_1\rho g$，见图 2-3（a）中曲线 2。由式（2-3）可得：变送器输出的 I_0 最小值＞4mA，I_0 最大值＞20mA。事实上变送器输出电流 I_0 不可能出现高于 20mA 的情况。同时，当 $H=0$ 时，变送器输出最小值≠4mA，给显示、控制带来错误信息，差压式液位变送器将无法正常工作。

为此，通过调整差压液位变送器的"零点迁移弹簧"，使变送器内部产生一个附加的作用力，用以平衡由于 h_1 的存在而产生的固定静压，从而使液位变送器的输出 I_0 恢复到正常范围，即：

Δp 等于最小值时，变送器输出 $I_0=4$mA，此时对应 $H=0$；Δp 等于最大值时，变送器输出 $I_0=20$mA，此时对应 $H=H_{max}$。

如图 2-3（b）中曲线 2 所示，这种调整称为差压式液位变送器的"零点正迁移"。迁移量为 $h_1\rho g$；变送器的量程是 $H_{max}\rho g$；变送器的测量范围是 $h_1\rho g\sim(h_1\rho g+H_{max}\rho g)$。

（3）负迁移　如图 2-2（c）所示，为防止容器中具有腐蚀性的介质进入变送器，造成腐蚀现象，在变送器的正、负取压管线上分别装有隔离罐，内充隔离液，密度为 ρ_0（设 $\rho_0＞\rho$），这时：

正压室压力 $\qquad p_1=p_A+h_1\rho_0 g=p_B+H\rho g+h_1\rho_0 g$
负压室压力 $\qquad p_2=p_B+h_2\rho_0 g$
即 $\qquad \Delta p=p_1-p_2=H\rho g+\rho_0 g(h_1-h_2)$
因 $h_1<h_2$，并设 $\Delta h=h_2-h_1$，则 $\Delta p=H\rho g-\Delta h\rho_0 g$

当液位由 $H=0$ 变化到 $H=H_{max}$ 时，差压式液位变送器的输入静压差由 $\Delta p=-\Delta h\rho_0 g$ 变化到 $\Delta p=\Delta p_{max}-\Delta h\rho_0 g$，见图 2-3（a）中的曲线 3，由式（2-3）可见，变送器输出的最小值 $I_0<4$mA，变送器输出的最大值 $I_0<20$mA。由于变送器的输出不会小于 4mA（除非故障状态），所以此时液位变送器无法正常工作。

通过调整差压式液位变送器的"零点迁移弹簧"，使变送器内产生一个附加作用力，用以平衡由于隔离罐的存在及 h_1 和 h_2 的影响而产生的固定静压，从而使变送器的输出 I_0 恢复到正常的范围，如图 2-3（b）中曲线 3 所示。这种调整称为差压式液位变送器的"零点负迁移"。迁移量为 $\Delta h\rho_0 g$；量程为 $H_{max}\rho g$；变送器的测量范围为 $-\Delta h\rho_0 g\sim(H_{max}\rho g-\Delta h\rho_0 g)$。

从以上分析可知，通过调整变送器的"零点迁移"弹簧，使变送器同时改变量程的上、下限，而量程的大小不变，进行了相应的迁移，达到了使变送器的输出正确反映被测液位高低的目的。

当 $H=0$ 时，若变送器感受到的 $\Delta p=0$，则变送器不需迁移；若变送器感受到的 $\Delta p>0$，则变送器需要正迁移；若变送器感受到的 $\Delta p<0$，则变送器需要负迁移。

【注意】仪表生产厂是将差压变送器按照有迁移装置和无迁移装置来装配生产的。因此，在仪表选型时应加以说明。

3. 法兰式差压变送器的使用

采用普通的差压式变送器检测液位，一般是用导压管与被测对象相连，被测介质直接通过导压管进入变送器的正负压室。当被测介质黏性很大，容易沉淀、结晶或腐蚀性很强时，就极易引起导压管的堵塞或仪表的腐蚀。为此，使用法兰式差压液位变送器来进行正常的液位测量。

法兰式差压变送器的敏感元件是金属膜盒，经毛细管与变送器的测量室相通。由膜盒、毛细管、测量室组成的封闭系统内充有硅油，通过硅油传递压力，省去引压导管，安装也比较方便，解决了导管的腐蚀和阻塞问题。

法兰式差压变送器分两大类：单法兰式和双法兰式。法兰按构造又分为平法兰和插入式法兰两种。其实物如图 2-4 所示。

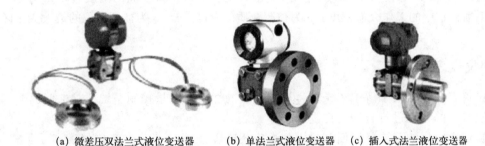

(a) 微差压双法兰式液位变送器　　(b) 单法兰式液位变送器　　(c) 插入式法兰液位变送器

图 2-4　法兰式差压变送器实物图

不同结构形式的法兰可使用在不同场合，选择原则如下。

(1) 单平法兰　如图 2-5 所示，用以检测介质黏度大，易结晶、沉淀或聚合引起堵塞的场合。

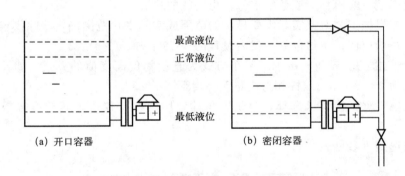

(a) 开口容器　　　　　　　　　(b) 密闭容器

图 2-5　单平法兰差压液位变送器测量示意图

(2) 插入式法兰　如图 2-6 (a) 所示。被测介质有大量沉淀或结晶析出，致使容器壁上有较厚的结晶或沉淀的，宜采用插入式法兰。

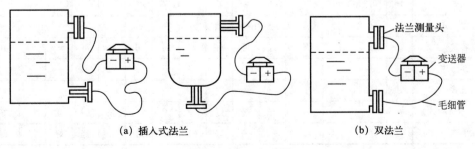

(a) 插入式法兰　　　　　　　　(b) 双法兰

图 2-6　差压变送器

(3) 双法兰　如图 2-6（b）所示。当被测介质腐蚀性较强，而负压室又无法选用合适的隔离液时，可用双法兰式差压变送器。对于强腐蚀性的被测介质，可用氟塑料薄膜粘贴在金属膜表面上来防腐。

使用双法兰式差压变送器，同样会出现"零点迁移"问题。这是因为双法兰式变送器在出厂校验时，正负压法兰是放在同一高度上进行的。而在生产现场测量液位时，总是负法兰在上，正法兰在下，如图 2-6 所示。这样等于在变送器上预加了一个反向差压，使零点发生负迁移，迁移量对应于正、负取压口的高度差，即：迁移量为 $h\rho_0 g$；量程为 $H_{\max}\rho g$；变送器的测量范围为 $-h\rho_0 g \sim (H_{\max}\rho g - h\rho_0 g)$。其中，$h$ 为正、负取压口之间的高度差；ρ_0 为正、负引压管（毛细管）中的工作介质密度；ρ 为被测介质的密度；$H_{\max}$ 为被测液位的最大变化区间。

三、物位仪表的选用

物位仪表应在深入了解工艺条件、被测介质的性质、测量控制系统要求的前提下，根据物位仪表自身的特性进行合理的选配。

根据仪表应用的范围，液面和界面测量应优选差压式仪表、浮筒式仪表和浮子式仪表。当不满足要求时，可选用电容式、辐射式等仪表。

仪表的结构形式和材质应根据被测介质的特性来选择。主要考虑的因素为压力、温度、腐蚀性、导电性；是否存在聚合、黏稠、沉淀、结晶、结膜、气化、起泡等现象；密度和黏度变化；液体中含悬浮物的多少；液面扰动的程度以及固体物料的粒度。

仪表的显示方式和功能，应根据工艺操作及系统组成的要求确定。当要求信号传输时，可选择具有模拟信号输出功能或数字信号输出功能的仪表。

仪表量程应根据工艺对象实际需要显示的范围或实际变化范围确定。除供容积计量用的物位仪表外，一般应使正常物位处于仪表量程的 50% 左右。

仪表计量单位采用 m 和 mm 时，显示方式为直读物位高度值的方式。如计量单位为 % 时，显示方式为 0%～100% 线性相对满量程高度形式。

仪表精度应根据工艺要求选择，但供容积计量用的物位仪表，其精度等级应在 0.5 级以上。

物位仪表选型可参见表 2-1。

表 2-1　液面、界面、料面测量仪表选型推荐表

测量对象仪表名称	液体		液/液界面		泡沫液体		脏污液体		粉状固体		粒状固体		块状固体		黏湿性固体	
	位式	连续	位式	连续	位式	连续	位式	连续	位式	连续	位式	连续	位式	连续	位式	连续
差压式	可	好	可	可	—	—	可	可								
浮筒式	好	可	可	可			差	可								
磁性浮子式	好	好	—	—	差	差	差	差								
电容式	好	好	好	好	可	可	好	差	可	可	好	可	可	可	好	可
带式浮子式	差	可						差								
吹气式																
电极式（电接触式）	好	—	差	—			好	—	差	—	差	—	差	—		
辐射式	好	好	好	好	好	好	好	好	好	好	好	好	好	好	好	好

注：表中"—"表示不能选用。

任务实施

在实训现场，结合所学知识，学生以小组为单位自主练习。静压式液位计的安装规则基本上和压力计、差压式变送器的安装要求相同，可查看有关要求。

1. 主要内容及要求

① 认识差压式液位计。

② 训练安装差压式液位计及对 EJA 智能变送器进行组态。

a. 掌握手操器的基本使用方法。

b. 会使用手操器设定基本参数。

c. 学会正确安装仪表并正确接线。

d. 学会根据工艺要求对差压变送器进行组态。

③ 理解差压变送器的信号转换关系。

2. 仪器设备和工具

① BRAIN 协议智能差压变送器。

② 手持智能终端（BT200）。

③ 活扳手。

④ 六方扳手。

⑤ 旋具。

3. 训练步骤

① 认真阅读手操器与仪表说明书。

② 查看 EJA 差压变送器的铭牌，记录铭牌内容。

查看智能差压变送器的铭牌，记录在表 2-2 中。

表 2-2 差压变送器的铭牌

型号	模式	量程	电源	最大工作压力	输出

③ 对照表 2-3，写出实训中用到的 EJA 差压变送器型号的具体意义。

表 2-3 EJA 差压变送器选型规则

型号	规格代码	说明
EJA110A		差压变送器
输出信号	-D	4～20mA DC，BRAIN 协议数字通信
	-E	4～20mA DC，HART 协议数字通信（参见 GS 1C22T1-00CY）
	-F	FF 现场总线通信（参见 GS 1C22T2-00CY）
	-G	PROFIBUS 现场总线通信（参见 GS 1C22T3-00CY）
测量量程（膜盒）	L	0.5～10kPa（50～1000mmH$_2$O）
	M	1～100kPa（100～10000mmH$_2$O）
	H	5～500kPa（0.05～5kgf/cm^2）
	V	0.14～14MPa（1.4～140kgf/cm^2）

续表

型号	规格代码	说明		
接液部分材质	S* H M T A D B	[本体]③ SCS14A SCS14A SCS14A SCS14A 哈氏合金 C-276④ 哈氏合金 C-276④ 蒙乃尔⑤	[膜盒] SUS316L① 哈氏合金 C-276② 蒙乃尔 钽 哈氏合金 C-276② 钽② 蒙乃尔	[排气螺钉] SUS316 SUS316 SUS316 SUS316 哈氏合金 C-276 哈氏合金 C-276 蒙乃尔
管道连接	0 1 2 3 4 5*	无过程接头（容室法兰上 Rc1/4 内螺纹） 带 Rc1/4 内螺纹的过程接头 带 Rc1/2 内螺纹的过程接头 带 1/4NPT 内螺纹的过程接头 带 1/2NPT 内螺纹的过程接头 无过程接头（容室法兰 1/4NPT 内螺纹）		
螺栓、螺母材质	A* B C	[最大工作压力] L 膜盒（接液材质非 S）　　　　　L、M、H、V 膜盒 SCM435　3.5MPa（35kgf/cm²）　　16MPa（160kgf/cm²） SUS630　3.5MPa（35kgf/cm²）　　16MPa（160kgf/cm²） SUH660　3.5MPa（35kgf/cm²）　　16MPa（160kgf/cm²）		
安装方式	-2 -3 -6 -7 -8 -9*	垂直安装，右面高压，过程接口在上⑥ 垂直安装，右面高压，过程接口在下⑥ 垂直安装，左面高压，过程接口在上⑥ 垂直安装，左面高压，过程接口在下⑥ 水平安装，右面高压⑦ 水平安装，左面高压⑦		
电气接口	0 2* 3 4 5 7 8 9	G1/2 内螺纹，1 处接线口 1/2NPT 内螺纹，2 处接线口 Pg13.5 内螺纹，2 处接线口 M20 内螺纹，2 处接线口 G1/2 内螺纹，2 处接线口，带一个盲塞 1/2NPT 内螺纹，两个电气接口，一个盲塞 Pg13.5 内螺纹，两个电气接口，一个盲塞 M20 内螺纹，两个电气接口，一个盲塞		
显示表头	D E N*	数字式表头 带量程设定按钮的数字表头 （无表头）		
2-inch 管安装托架	A B C D N*	SECC　平托架 SUS304　平托架 SECC　L 形托架 SUS304　L 形托架 无安装支架		

续表

型号	规格代码	说明
	附加选项代码	/□选项规格

① 膜片材质为哈氏合金 C-276，其余接液部分材质为 SUS316L。
② 膜盒的膜片和其他接液部分材质。
③ 本体材质是指容室法兰和过程接头的材质。
④ 该材质等同于 ASTM CW-12MW。
⑤ 该材质等同于 ASTM M35-2。
⑥ 需要时，选代码为 C 和 D 的安装支架。
⑦ 需要时，选代码为 A 和 B 的安装支架。
※号是标准规格中最具代表性的规格。例：EJA110A-DMS5A-92NN/□。

④ 参考图 2-7 拆卸并重新安装差压变送器，注意将图中的过程接头换成三阀组。

⑤ EJA 差压变送器的连接

a. 电路连接 按图 2-8 接线，电源线接在"SUPPLY"的＋、－端子上，BT200 使用针钩接在"SUPPLY"的＋、－端子上，外接指示计或校验仪表连线接到"CHECK"的＋、－端子上。

注意：请使用内阻小于 10Ω 的外接指示计或校验仪表。

回路中，外接负载电阻应保证在图 2-9 所示范围内。如是本安型，外接负载电阻包括安全栅电阻。

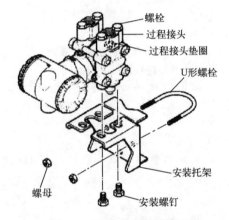

图 2-7 差压变送器拆装图

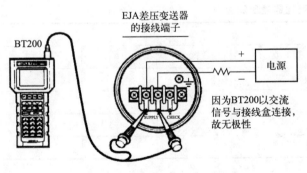

图 2-8 EJA 差压变送器接线图

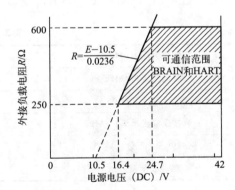

图 2-9 电源电压与外接负载电阻之间关系

b. 过程压力的接入 将高、低引压管经过三阀组接入差压变送器的高压侧及低压侧。

⑥ 变送器的组态 按图 2-10 正确进行安装，根据现场条件自主选择安装材料。

a. 启动准备 确认引压阀、排污阀及三阀组两侧的高、低压阀已经关闭，三阀组中间的平衡阀已经打开。

将过程压力引入引压管和变送器；接通电源，按接线图 2-8 连接 BT200 智能终端；确

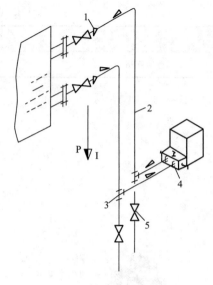

图 2-10 差压式测量设备液面管路连接图（三阀组）

1—对焊式异径活接头；2—无缝钢管；3—对焊式三通中间接头；4—三阀组；5—外螺纹截止阀（带外套螺母）、外螺纹球阀（带外套螺母）

认变送器是否处于正常状态。

如线路发生故障，BT200 显示屏显示"COMMUNICATION ERROR"；变送器内藏指示计无显示。

如变送器发生故障，BT200 显示屏显示"SELFCHECK ERROR"；根据故障性质，内藏指示计显示错误代码。

b. 熟悉 BT200 的菜单　BT200 的菜单如图 2-11 所示。

c. 零点调整　完成操作准备后，进行零点调整。调零后，不能立即断电。如调零后 30s 内断电，零点将恢复到原值。EJA 差压变送器的零点调整可用变送器壳体上的调零螺钉，也可用 BT200 进行输出信号的调校。

d. 启动　调零后，按下述步骤启动。

- 关闭平衡阀。
- 缓慢打开低压截止阀，使变送器处于运行状态。
- 检查运行状况。

e. 变送器量程设置　训练应用 BT200 智能终端将变送器量程设为 0～40kPa。

单位　　　　　　　C20：kPa
量程下限　　　　　C21：0
量程上限　　　　　C22：40

⑦ 变送器差压测量应用　安装调试完毕后，用 BT200 进行变送器的模拟输出测试，高压侧压力在 0～0.04MPa 之间调整，观察变送器和数显表的显示值，把测量数据填在表 2-4 中。

表 2-4　变送器差压测量表

低压侧压力/MPa	0				
高压侧压力/MPa	0.0	0.01	0.02	0.03	0.04
被测差压（计算值）/MPa					
被测差压（显示值）/MPa					
被测差压（百分数）/%					
数显表示值/mA					

⑧ 停机。

⑨ 整理实训台　差压式液位计常用连接图如图 2-12～图 2-14 所示。

如果被测介质易凝、易结晶或有腐蚀性，为避免导压管阻塞与腐蚀，应使用在导压管入口处加隔离膜盒的法兰式差压变送器，如图 2-6 所示。

法兰式差压变送器的主体安装位置的高低对液位测量值是没有影响的。这是因为正、负压室毛细管内硅油液柱对变送器的正负压室所产生的压力信号起到相互抵消的作用，所以，变送器的位置可以任意安装。

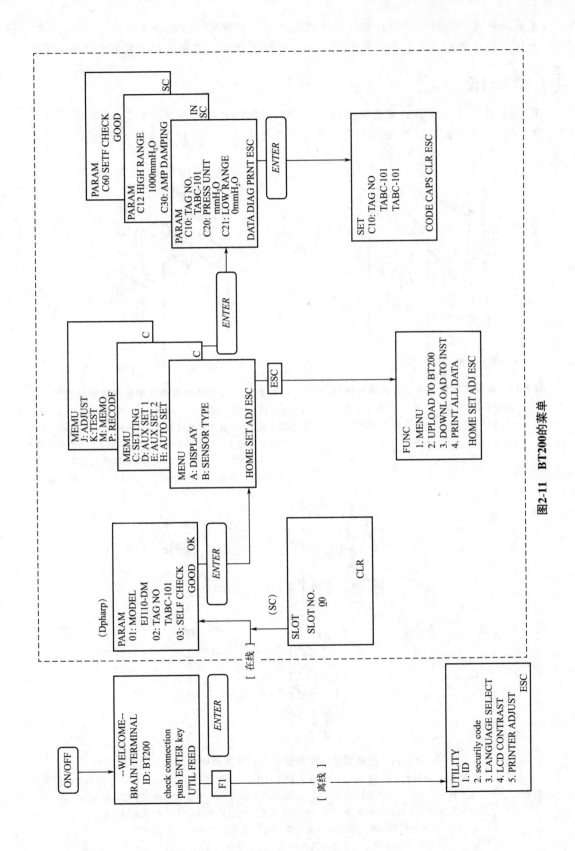

图2-11 BT200的菜单

安装训练要注意静压液位计取源部件的安装位置应远离液体进出口。

差压式液位测量导压管管径的选择、导压管的敷设及其他要求，参考压力仪表的安装。

学习讨论

1. 如果将差压变送器的测量范围改为 $-20\sim80\mathrm{MPa}$，应如何操作？
2. 用于液位测量时，法兰式差压变送器与普通差压变送器相比有什么优缺点？

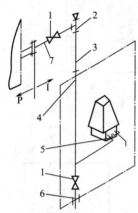

图 2-12　差压式测量常压设备液面管路连接

1—阀门；2—带堵头三通；3—无缝钢管；4—穿板接头；5—终端接头；6—填料函；7—短节

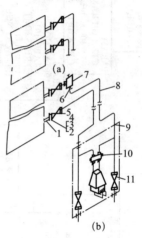

图 2-13　差压式测量有压设备液面管路连接

1—法兰接管；2—螺栓；3—螺母；4—垫片；5—取压球阀或取压截止阀；6—直通终端接头；7—冷凝容器；8—无缝钢管；9—直通穿板接头；10—三阀组附接头；11—卡套式取压球阀

（a）适用于气相不冷凝或不需要隔离的情况；

（b）适用于气相易冷凝的情况，冷凝容器（平衡容器）

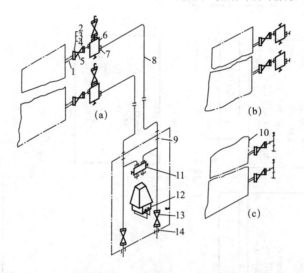

图 2-14　带隔离差压式测量有压设备液面管路连接

1—法兰接管；2—垫片；3—螺栓；4—螺母；5—取压球阀或取压截止阀；6—隔离容器；7，12—直通终端接头；8—无缝钢管；9—直通穿板接头；10—二通中间接头；11—三阀组附接头；13—卡套式球阀或卡套式截止阀；14—填料函

[图中包括隔离器和管内隔离两种方案，力平衡式差压变送器允许采用管内隔离的方案。

当采用从隔离器顶部灌注隔离液以及不需要对管线进行吹扫时，应选用（b）。

图中方案仅适用于隔离液密度比被测介质密度大的场合]

任务二　浮力式液位计的安装及调试

浮力式液位计是应用最早的物位测量仪表之一，主要用于液位和界位的测量。它结构简单，造价低廉，维护也比较方便。随着变送方法的改进，浮力式液位计被广泛使用。

浮力式液位计通常可分为两种类型：通过浮子随液位升降的位移反映液位变化的，属于恒浮力式液位仪表；通过液面升降对浮筒所受浮力的改变反映液位的，属于变浮力式液位仪表。

一、恒浮力式液位计

1. 测量原理

典型的恒浮力式液位计为浮子式液位计，如图 2-15 所示。

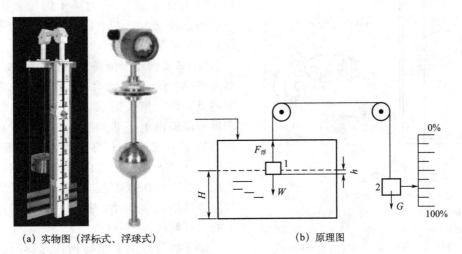

(a) 实物图（浮标式、浮球式）　　　　(b) 原理图

图 2-15　恒浮力式液位计工作原理图

1—浮子；2—平衡锤

设浮子重 W，平衡锤重 G，浮子的截面积为 A，浸没于液体中的高度为 h，液体密度 ρ。当液位高度为 H 时，测量系统达到平衡状态，作用在浮子上的合力为零，力平衡关系为：

$$W - F_{浮} = G \tag{2-4}$$
$$F_{浮} = hA\rho g$$

当液位升高后，浮子被浸没的高度增加 Δh，使浮子所受浮力增加：

$$\Delta F_{浮} = \Delta h A \rho g$$

系统的稳定平衡状态被破坏，出现：

$$W - (F_{浮} + \Delta F_{浮}) < G \tag{2-5}$$

浮子由于向上浮力作用的增加，在平衡锤的牵引下，向上做相应的位移，直到系统达到新的平衡状态。作用在浮子上的合力关系式又恢复为 $W - F_{浮} = G$。

比较式 (2-4) 和式 (2-5)，为了满足系统受力平衡的要求，浮子上升的位移量 ΔH 与液位的增量是完全相同的。浮子的位移可以直接反映液位的变化量。同时由式 (2-4) 可见，系统受力平衡关系与液位的高度 H 无关，液位稳定不变时，浮子所受的浮力是一个恒定值，由此称这种液位检测仪表为恒浮力式液位仪表。

2. 恒浮力式液位计的种类及应用

常见的恒浮力式液位计可分为：带有钢丝绳（或钢带）的浮子式液位计、带杠杆的浮子式液位计和依靠浮子电磁性能传递信号的液位计。

(1) 带有钢丝绳（或钢带）的浮子式液位计 目前，大型贮罐多使用这类液位检测仪表。图 2-15 所示的为浮子重锤液位计，液位的高低通过连接浮子的钢丝绳传递给平衡重锤，由它的位置高低显示出相应的液位。这种液位计测量的精度不够高，信号不能远传，为此将浮子重锤液位计加以改进，成为浮子钢带液位计。图 2-16 为浮子钢带液位计测量原理图。图 2-17 为 UHZ 系列浮子钢带液位计原理系统示意图。

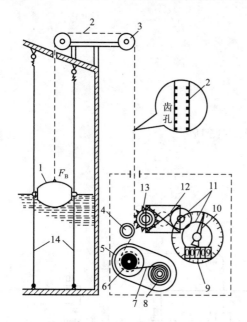

图 2-16 浮子钢带液位计
1—浮子；2—钢带；3—滑轮；4—导向轮；
5、6—收带轮-卷簧轮（同轴）；7—恒力卷簧；
8—储簧轮；9—计数器；10—指针；11—传动齿轮；
12—转角传感器；13—钉轮；14—导向钢丝

UHZ 系列浮子液位计由传感器和显示变送器组成。如图 2-17 所示，从传感器顶部伸出一根测量钢带，钢带的端部吊有浮子，当浮子在全量程范围内上下移动变化时，钢带对浮子的拉力基本不变。浮子的自重大于钢带的拉力，浮子部分浸入液体中。由于拉力不变，所以浮子浸入液体的深度不变，因而可以认为，浮子与液位严格同步运动，扣除一固定初值后，浮子的位置就代表了液位。

浮子的位置用钢带伸出传感器的长度来计量，钢带上每隔 50mm 穿一个小孔，链轮上装有 4 枚定位针，两针相距也是 50mm。钢带运动时，定位针恰好穿进钢带的小孔内，钢带通过定位针带动链轮转动。钢带移动 200mm，链轮旋转一周，用磁性耦合的方法将链轮的转动传到液位变送器，转换成相应的电信号。

显示仪表完成译码、计数、显示和 D/A 转换功能，通过 5 位数字显示，精度可达到 0.03~0.02 级，量程可达 20~30m，并可带有串行异步通信功能。

(2) 浮球式液位计 对于黏度比较大，而变化范围较小的液体介质的液位测量，一般可采用带杠杆的浮子式液位仪表，如图 2-18 所示。这种仪表由于机械杠杆臂长度的限制，所以量程通常较小。其常用于液位控制系统中的液位高度变化量的检测。

浮球式液位计分内浮球式和外浮球式两种。浮球由钢或不锈钢制成。浮球通过连杆与转动轴连接。转动轴的另一端与容器外侧的杠杆相连接，并在杠杆上加平衡锤组成以转动轴为支点的杠杆系统。一般设计要求在浮球一半浸没于液面时实现系统的力矩平衡。如果在转动轴的外端安装指针或信号转换器，就可方便地进行就地液位指示、控制。

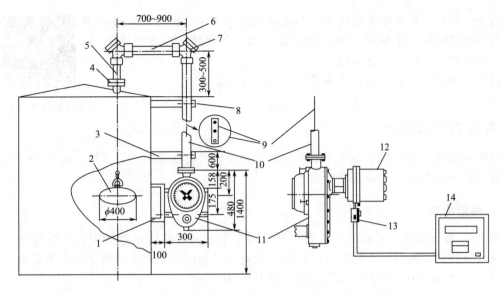

图 2-17 UHZ 系列浮子钢带液位计原理系统示意图
1—仪表固定支架；2—浮子；3—护管支撑；4—法兰；5，6，10—护管；7—90°导轮；8—卡箍；
9—测量钢带；11—传感器；12—液位变送器；13—隔爆接线盒；14—显示仪表

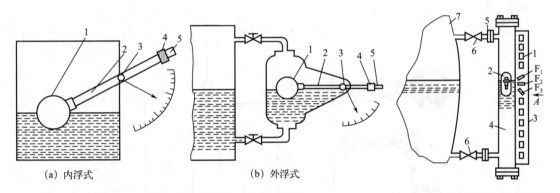

图 2-18 带杠杆的浮子（浮球）式液位计
1—浮球；2—连杆；3—转动轴；
4—平衡锤；5—杠杆

**图 2-19 依靠浮子电磁性能传递
信号的翻板式液位计**
1—翻板；2—内装磁钢的浮子；
3—翻板支架；4—连通容器；
5—连接法兰；6—阀；7—被测容器

（3）依靠浮子电磁性能传递信号的液位计　图 2-19 为翻板式液位计。它利用浮子电磁性能传递液位信号。翻板 1 用极轻而薄的导磁材料制成，装在摩擦很小的轴承上，翻板的两侧涂以非常醒目的不同颜色的漆。从液位起点开始，每隔一段距离在翻板上刻上液位高度的具体数字。带有磁钢的浮子 2 随液位变化而升降时，吸动翻板转动。若从图中 A 向看，浮子以下翻板为一种颜色，浮子以上翻板为另一种颜色，翻板装在铝制支架上，支架长度和翻板数量随测量范围及精度而定。图 2-19 中 F_1、F_2、F_3 三块翻板表示了正在翻转的情形。

这种液位计需垂直安装，连通容器 4（即液位计外壳）与被测容器 7 之间应装阀门 6，以便仪表的维修、调整。

翻板式液位计结构牢固，工作可靠，显示醒目，又系利用机械结构和磁性联系，故不会产生火花,宜在易燃易爆场合使用。其缺点是当被测介质黏度较大时,浮子与器壁之间易产生黏附现象,使摩擦增大。严重时,可能使浮子卡死而造成指示错误并引起事故。

扫描二维码可查看"伺服平衡浮子式液位计"。

伺服平衡浮子式液位计

二、变浮力式液位计

浮筒式液位变送器用于对生产过程中容器内液位进行连续测量、远传,配合调节仪表还可构成液位控制系统。它是变浮力式液位计。

1. 测量原理

图 2-20 所示为浮筒式液位计,将一封闭的中空金属筒悬挂在容器中,筒的质量大于同体积的液体质量,筒的重心低于几何中心,使筒总是保持直立而不受液体高度的影响。设筒重为 W,浮力为 $F_浮$,则悬挂点受到的作用力 F 为:

$$F = W - F_浮 \tag{2-6}$$

式中,$F_浮 = AH\rho g$,其中 A 为浮筒截面积,H 为从浮筒底部算起的液位高度,ρ 为液体的密度。

所以:

$$F = W - AH\rho g \tag{2-7}$$

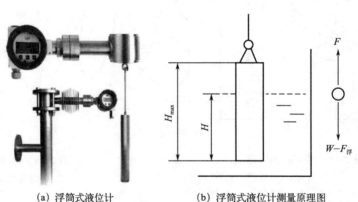

(a) 浮筒式液位计　　　　(b) 浮筒式液位计测量原理图

图 2-20　浮筒式液位计

当液位 $H=0$ 时,悬挂点所受到的作用力最大,$F = W = F_{max}$。随着液位 H 的升高,悬挂点所受到的作用力 F 逐渐减小,当液位 $H = H_{max}$ 时,作用力 $F = F_0$,为最小。根据式 (2-7),W、A、ρ、g 均为常数,所以作用力 F 与液位 H 成反向比例关系。

由式 (2-7) 及图 2-20 (b) 可以知道,浮筒式液位计的测量范围由浮筒的长度决定。从仪表的结构及测量稳定的角度出发,测量范围 H_{max} 在 300~2000mm 之间。

应当注意,浮筒式液位仪表的输出信号不仅与液位高度有关,而且还与被测介质的密度有关,因此在密度发生变化时,必须进行密度修正。

浮筒式液位仪表还可以用于测量两种密度不同的液体分界面。

2. 浮筒式液位测量仪表的组成

浮筒式液位测量仪表按传输信号的种类可以分为两大类:气动式和电动式。

气动浮筒液位测量仪表的典型系列是 UTQ 型。它由检测环节、变送环节、调节环节三部分构成,属于就地式检测调节仪表,主要优势是安全防爆性,在炼油厂及相关的危险场所得到广泛使用。

电动浮筒液位测量仪表主要由检测环节和变送环节构成,典型的有输出 0~10mA 标准信号的 UTD 系列和输出 4~20mA 标准信号的 SBUT 系列。

(1) 检测环节　检测环节由浮筒、浮筒室、扭力管组件等构成。其测量原理如图 2-21 所示。

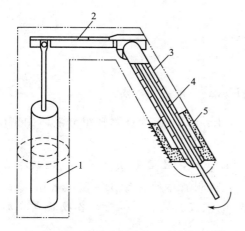

图 2-21　用扭力管平衡的浮筒测量原理
1—浮筒；2—杠杆；3—扭力管；
4—芯轴；5—外壳

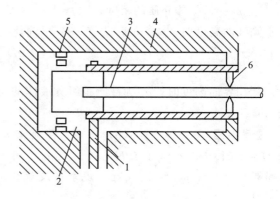

图 2-22　扭力管结构示意图
1—杠杆；2—扭力管；3—芯轴；4—外壳；
5—滚针轴承；6—玛瑙轴承

浮筒浸没在被测液体中,检测液位变化。浮筒杠杆吊在扭力管一端,扭力管另一端固定。当被测液位变化时,浮筒所受浮力变化,扭力管产生角位移。穿在扭力管中的芯轴与扭力管活动端焊在一起,芯轴随扭力管活动端转动从而输出角位移 $\Delta \Phi$($\Delta \Phi$ 的最大值约 5°)。

扭力管是一种密封式的输出轴,结构如图 2-22 所示,它能将被测介质与外部空间隔开,同时液位变化所引起的浮力变化使扭力管产生与之相平衡的弹性反作用力,扭力管利用弹性扭转变形,把作用于扭力管一端的力矩变换成芯轴的角位移输出,使液位变化与检测部分输出的角位移一一对应。

(2) 变送环节　通过喷嘴挡板机构将角位移 $\Delta \Phi$ 转换成气压信号,再经放大、反馈机构的作用,输出 20~100kPa 的气动液位变送信号,可组成气动浮筒液位测量仪表。

如果将芯轴输出的角位移通过霍尔元件的转换,再经 mV/mA 转换器,就可输出 0~10mA 标准电信号,组成 UTD 系列电动浮筒液位测量仪表。

如果将芯轴输出的角位移通过涡流差动变压器的转换,再经 mV/mA 转换器,就可输出 4~20mA 标准电信号,组成 SBUT 系列电动浮筒液位测量仪表。

3. 浮筒液位变送器的示值校验

一般情况下浮筒式液位计可用挂砝码法或水校法来进行校验。

(1) 挂砝码法　此种方法又称干校法。它检验方便、准确、不需要繁杂的操作,通常用于实验室校验用。

用挂砝码校验浮筒液位计,是将浮筒取下后,挂上与各校验点对应的某一质量的砝码来进行的。该砝码所产生的力等于浮筒的重力（包括挂链所产生的重力）与液面在校验点时浮筒所受的浮力之差。这个浮力可根据下式求出。

$$F_H = \frac{\pi D^2}{4}(L-H)\rho_2 g + \frac{\pi D^2}{4}H\rho_1 g = \frac{\pi D^2}{4}[L\rho_2 + H(\rho_1 - \rho_2)]g \tag{2-8}$$

式中 F_H——液面在被校点 H 处时浮筒所受的浮力，N；
　　D——浮筒外径，m；
　　L——仪表量程，m；
　　H——液面高度，m；
　　ρ_1——被测液体的密度，kg/m^3；
　　ρ_2——气体介质的密度，kg/m^3。

测液面高度时，$\rho_1 \gg \rho_2$，式（2-8）可简化为：

$$F_H = \frac{\pi D^2}{4}gH\rho_1 \tag{2-9}$$

测相界面高度时，ρ_1 为被测重组分液体的密度，kg/m^3；ρ_2 为被测轻组分液体的密度，kg/m^3。

【例2-1】 如图2-20（b）所示，浮筒重 $m_1 = 1.45kg$，挂链重 $m_2 = 0.047kg$，浮筒直径 $D = 0.013m$，液体可在 $H = 0 \sim 4.6m$ 之间变化。被测液体的密度 $\rho_1 = 850kg/m^3$，校验时所用托盘质量 $m_3 = 0.246kg$，现求当液位分别为 0%、50%、100% 时，各校验点应加多大的砝码？

解：由式（2-9）可知，当 $H = 0$，$F_0 = 0$，浮筒液位计仅受到浮筒、挂链、托盘的合力作用，所以，应加砝码的质量为：

$$M_0 = m_1 + m_2 - m_3 = 1.45 + 0.047 - 0.246 = 1.251 \text{（kg）}$$

当 $H = 50\%$ 时，浮筒所受的浮力：

$$F_{50} = \frac{\pi D^2}{4}g\rho_1 H_{50} = \frac{\pi \times 0.013^2}{4} \times g \times 850 \times \frac{4.6}{2} = 0.2595g \text{（N）}$$

因为 $0.2595g$ N 相当于 $m_{50} = 0.2595kg$ 的物体所产生的重力，故此时应加的砝码量为：

$$M_{50} = m_1 + m_2 - m_3 - m_{50} = 1.45 + 0.047 - 0.246 - 0.2595 = 0.9915 \text{（kg）}$$

当 $H = 100\%$ 时，浮筒所受的浮力为：

$$F_{100} = \frac{\pi D^2}{4}g\rho_1 H_{100} = \frac{\pi \times 0.013^2}{4} \times g \times 850 \times 4.6 = 0.519g \text{（N）}$$

则此时所加砝码质量为：

$$M_{100} = m_1 + m_2 - m_3 - m_{100} = 1.45 + 0.047 - 0.246 - 0.519 = 0.732 \text{（kg）}$$

（2）水校法　此种校验法又称为湿校，主要用于对已安装在现场不易拆开的外浮筒液位仪表的校验。将外浮筒与工艺设备之间隔断，打开外测量筒底部阀，放空液体，关闭；再加入清洁的水，就可开始校验。

设浮筒的一部分 l 被水或被测液体浸没时，浮筒的指示作用力（浮筒所产生的重力与所受浮力之差）分别为 $F_水$ 和 F_X，用下式表示：

$$F_水 = W - Al_水\rho_水 g \tag{2-10}$$

$$F_X = W - Al_X\rho_X g \tag{2-11}$$

式中 W——质量为 m 的浮筒所产生的重力；

l_X——被测液体浸没浮筒的高度，$l_X=H$；

ρ_X——被测液体密度。

由于扭力管的扭角是由浮筒的指示作用力所决定的，所以用水来代替被测介质进行校验时，对应于相应的输出值，浮筒的指示作用力必须相等。即：

$$F_水 = F_X$$

由式（2-10）及式（2-11）可知，用水校时，浮筒应被水浸没的相应高度为：

$$l_水 = \frac{\rho_X}{\rho_水} l_X \tag{2-12}$$

在校验时：$H=0$，$l_X=0$，$l_水=0$；$H=L$（量程）时，$l_水 = \frac{\rho_X}{\rho_水} L$。

【例 2-2】 有一气动浮筒液位变送器被用来测量界面，其浮筒长度 $L=800mm$，被测液体的密度分别为 $\rho_1=1.2g/cm^3$ 和 $\rho_2=0.8g/cm^3$。试求输出为 0%、50%、100% 时所对应的灌水高度。

解：由式（2-12）可得，最高界面（输出为 100%）所对应的最高灌水高度为：

$$l_水 = \frac{1.2}{1.0} \times 800 = 960 \text{（mm）}$$

最低界面（输出为 0%）所对应的最低灌水高度为：

$$l_水 = \frac{0.8}{1.0} \times 800 = 640 \text{（mm）}$$

由此可知用水代校时界面的变化范围为：

$$l_{水100} - l_{水0} = 960 - 640 = 320 \text{（mm）}$$

显然，当水位超过 800mm 至最高界面，用水已不能进行校验，这时可将零位降至 $800-320=480$（mm）处来进行校验，其灌水高度与输出气压信号的对应关系为：

$H=0\%$，$l_{水0}=480mm$，输出信号 $=20kPa$；

$H=50\%$，$l_{水50}=640mm$，输出信号 $=60kPa$；

$H=100\%$，$l_{水100}=800mm$，输出信号 $=100kPa$。

但要注意，校验结束后，再把浮筒室灌水到 640mm，并通过变送器零点迁移弹簧把信号调整到 20kPa，完成全部校验工作。

任务实施

在实训现场，结合所学知识，以小组为单位自主练习。

1. 主要内容及要求

① 拆装仪表，了解浮筒式液位计的主要组成部分及主要部件的结构。

② 正确校准仪表。

③ 正确安装仪表。

2. 仪器设备和工具

浮筒式液位计；浮筒式液位计拆装所需工具[活动扳手、螺钉旋具、卷尺、锤子等]。

3. 训练步骤

① 熟悉浮力式液位计的使用场合。

② 拆装浮筒式液位计，根据实训用的设备，自行制定拆装步骤。

③ 按图 2-23（或图 2-24、图 2-25）完成仪表的安装。

④ 选择合适的方法对浮筒式液位计进行校验,自行设计数据表格。

浮力式液位计常用安装图如图 2-23～图 2-25 所示。

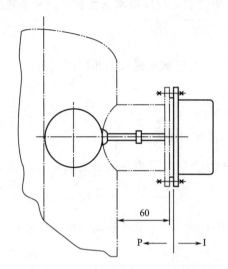

图 2-23 浮球液位计在设备上的安装图

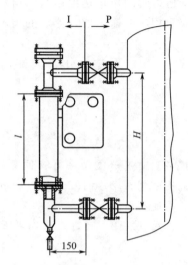

图 2-24 外浮筒液位计在设备上的安装图

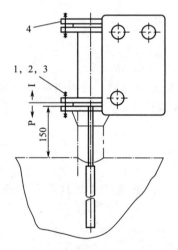

组合代号			-22	-23	-23	-24
件号	名称	数量	材料代号			
1	垫片	1	G025	G065	G033	G070
2	螺栓	8	B072	B092	B076	B098
3	螺母	16	N015	N028	N017	N037
4	法兰盖	1	L063	L064	L033	L034

组合代号			-31	-32	-41
件号	名称	数量	材料代号		
1	垫片	1	G016	G060	G094
2	螺栓	4	B073	B097	B077
3	螺母	8	N016	N029	N018
4	法兰盖	1	L030	L032	L031

图 2-25 内浮筒液位计在设备上的安装图

浮筒液位计有外浮筒、顶底式安装,内浮筒、侧置式安装和内浮筒、顶置式安装几种类型,如图 2-26 所示。

4. 注意事项

① 拆装浮筒式液位计时,应有计划、有步骤地进行。拆卸时要由上到下、由外到内有条不紊地进行,要先拆卸可动部分,安装时要由内到外、由下到上进行。

② 对于较小的零件,拆卸后可装配到主要部件上,以防丢失。

③ 对于所拆卸的元件,要按照顺序编上编号,贴上记号,做好记录。

④ 拆下的零部件要分别放好,禁止混乱堆放和互相碰撞。

⑤ 内浮筒液位计和浮球液位计采用导向管或其他导向装置时,导向管或导向装置必须垂直安装,并应保证导向管内液流畅通。

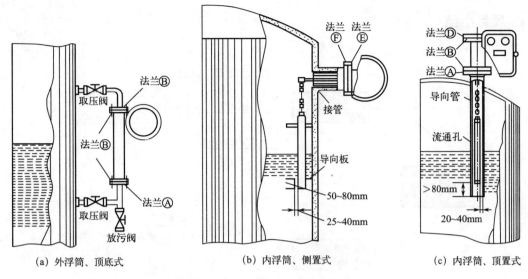

图 2-26　浮筒液位计的安装类型

⑥ 安装浮球式液位计的法兰短管必须保证浮球能在全量程范围内自由浮动。

学习讨论

1. 用浮筒式液位计测量液位时，最大测量范围如何确定？与浮筒的长度有什么关系？
2. 浮筒式液位计的校准方法有哪几种？各用在什么场合？

知识拓展

其他物位仪表

一、电容式液位计

扫描二维码可查看"电容式液位计"。

二、超声波液位计

扫描二维码可查看"超声波式液位计"。

电容式液位计

超声波式液位计

项目小结

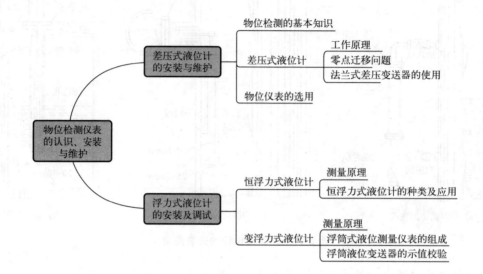

思考题

2-1 用差压变送器测量液位，在什么情况下会出现零点迁移？何为"正迁移"？何为"负迁移"？其实质是什么？

2-2 采用差压式仪表进行液面和界面测量时如何选型？

2-3 如图 2-27 所示的液位系统，当用差压法测量时，其量程和迁移量是多少？应如何迁移？测量范围是多少？
已知 $\rho=1200 \text{kg/m}^3$，$H=1.5\text{m}$，$h_1=0.5\text{m}$，$h_2=1.2\text{m}$，$h_3=3.4\text{m}$。

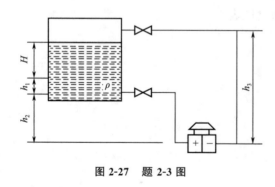

图 2-27 题 2-3 图

2-4 恒浮力式液位计与变浮力式液位计在测量原理上有什么异同点？

2-5 用干校法校验一浮筒液位变送器，浮筒长度 $L=800\text{mm}$，浮筒外径为 20mm，浮筒质量为 0.376kg，被测介质密度为 800kg/m^3，试计算被校点为全量程的 25% 和 75% 时应分别挂多大的砝码？

2-6 用水校法校验浮筒液位变送器，其浮筒长度 $L=500\text{mm}$，被测介质密度为 850kg/m^3，输出信号为 4～20mA，求当输出为 20%、40%、60%、80%、100% 时，浮筒应被水淹没的高度及变送器的输出信号分别为多少（$\rho_水=1000\text{kg/m}^3$）？

2-7 物位仪表选用时有什么要求？

项目考核

项目实施过程考核与结果考核相结合，由项目委托方代表（教师，也可以是学生）对项目各项任务的完成结果进行验收、评分；学生进行"成果展示"，经验收合格后进行接收。

项目完成情况作为考核能力目标、知识目标、拓展目标的主要内容，具体包括：完成项目的态度、项目报告质量、资料查阅情况、问题的解答、团队合作、应变能力、表述能力、辩解能力、外语能力等。

完成情况考核评分表

评分内容	评分标准	配分	得分
仪表选择、调校、安装	仪表选择、校验： 采取方法错误扣 5～30 分	30	
	仪表安装： 不合适扣 10～30 分	30	
	成果展示：（实物或报告） 错误扣 10～20 分	20	
知识问答、团结协作	知识问答全错扣 5 分； 小组成员分工协作不明确，成员不积极参与扣 5 分	10	
安全文明生产	违反安全文明操作规程扣 5～10 分	10	
项目成绩合计			
开始时间		结束时间		所用时间	
评语			

项目三

流量检测仪表的认识、安装与维护

知识目标

- 了解流量的定义及常用单位。
- 掌握常规流量仪表的结构组成、工作原理。
- 掌握流量仪表的选择方法及标定方法。
- 掌握常规流量检测仪表的安装要求。
- 了解流量仪表的发展概况。

能力目标

- 能根据实际要求选择合适的流量测量方法。
- 能根据现场工况选择合适的流量仪表。
- 会对流量检测仪表进行调校。
- 能正确安装流量仪表。
- 能正确使用常规流量检测仪表。
- 能对流量检测仪表的常见故障进行判断和处理。

素质目标

- 通过环保领域先进人物、技能大师的先进事迹,树立正确世界观、人生观和价值观,做有理想有本领有担当的时代新人。
- 体验严谨认真、耐心专注的工作态度和精益求精、一丝不苟的工匠精神。
- 通过工程要求和工作程序学习,培养标准规范意识、认真严谨的职业态度,实事求是、踏实肯干的工作作风。

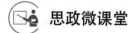
思政微课堂

【案例】

为解决部分水表失控的问题,从根源上解决盗水违法行为,大连市自来水集团有限公司计量检测中心流量科科长祝士奎开发研制了"大客户数据监控系统",推动19000余台大用户水表采集器实现计量日销售水量的88%以上,水库水池、泵站的流量和出入口压力实现实时监控,保证了水质达标,该系统荣获市"信息技术推广应用优秀成果一等奖"。2020年祝士奎带领技术团队对"大客户远传监控系统"硬件和软件系统进行升级改造,实现了手机查抄表、表井GPS定位、异常情况实时上报,大大解决了抄表难、表井位置不清、异常情况电话逐级上报、责任不明确等问题。为推动分区计量工作,祝士奎对100多台分区流量计建立了技术档案,把各流量数据监控点可能出现的各种问题作了应急解决预案,为及时排除故障提供了技术保障。祝士奎还带领班组成员有效降低了供水成本,确保为社会提供安全优质的供水服务。曾荣获大连市劳动模范、大连工匠等荣誉。

【启示】

作为技术人员要在平凡的本职工作中体现不平凡。科技是第一生产力,在工作中要勇于创新,敢于创新,从服务社会出发,充分发挥聪明才智,运用科技的力量为社会主义事业建设贡献力量。

【思考】

1. 联系实际讨论怎样理解在平凡中孕育着不平凡。
2. 结合案例谈谈技术人员的工作职责。

流量检测仪表在环境工程中是应用最广、最多的仪表。如在污水处理工艺过程中,污水处理厂的进出水量、污泥回流量、污泥消化池的进出泥量、剩余污泥量、压缩空气流量、污泥消化所产生沼气量、再生水量等都是必须测量的参数。另外流量还是污水处理成本核算的基本参数。因此,流量测量仪表在整个工程中起很重要的作用,流量的检测为生产操作、控制以及管理提供了依据。

流量检测仪表的数量多,与工艺操作密切相关,一般常用的流量检测仪表有超声波流量计、电磁流量计、差压式流量计、涡街流量计、转子流量计等。选用何种流量计主要是根据测量的介质及使用的条件来确定的。本项目主要学习工程中常用流量仪表的结构、原理、选择、校验、安装、操作及维护等知识与技能。

任务一 差压式流量计的安装与维护

在水厂中,需要测量每台水泵的流量、出水管流量、凝聚剂溶液流量、滤池反冲洗水量等。为保证系统的安全运行,需要根据工艺要求选用合适的流量检测仪表,因此需要认识和掌握流量仪表的结构原理、安装维护等内容。

一、流量测量的基本知识

1. 流量的概念

流量是指流经管道或设备某一截面积的流体数量。通常,把流量分为瞬时流量和累积流量。

(1) 瞬时流量 单位时间内流经某一截面的流体数量称为瞬时流量。它可以分别用体积流量和质量流量来表示。

体积流量是单位时间内流过某一截面的流体体积,国际单位为 m^3/s,还常用 m^3/h、L/h 等单位。

体积流量可表示为:

$$q_v = \int_0^A v \mathrm{d}A \tag{3-1}$$

式中 q_v——体积流量;
A——流体通过的有效截面积;
v——流体的流速。

质量流量是指单位时间内流经某一截面的流体质量,国际单位为 kg/s,还常用 t/h、kg/h 等单位。若流体的密度是 ρ,则质量流量可由体积流量导出,表示为:

$$q_{m}=\rho v A \tag{3-2}$$

式中　q_m——质量流量;
　　　ρ——流体的密度。

(2) 累积流量　累积流量是指一段时间内流经某截面的流体数量的总和,又称为总量,可用体积和质量来表示,即:

$$V=\int_{t_1}^{t_2} q_v \mathrm{d}t$$

$$m=\int_{t_1}^{t_2} q_m \mathrm{d}t$$

通常把测量瞬时流量的仪表称为流量计,把用来计量总量的仪表称为计量表,但两者不是截然分开的,在流量计上配以累积机构,也可以读出总量。

2. 流量测量仪表的分类

流量测量仪表按测量原理分类如下。

(1) 速度式流量计　主要是以流体在管道内的流动速度作为测量依据,根据 $q_v=vA$ 原理测量流量,如差压式流量计、转子式流量计、靶式流量计、电磁式流量计、堰式流量计等。

(2) 容积式流量计　主要是以流体在流量计内连续通过的标准体积 V_0 的数目 N 作为测量依据,根据 $V=NV_0$ 进行累积流量的测量,如椭圆齿轮流量计、刮板流量计等。

(3) 质量式流量计　直接利用流体的质量流量 q_m 为测量依据,测量精度不受流体的温度、压力、黏度等变化的影响,如热式质量流量计、补偿式质量流量计等。

流量的检测过程与流体流动状态、流体的物理性质、流体的工作条件、流量计前后直管道的长度等因素有关。确定流量检测方法,选择流量仪表,必须从整个流量测量系统来考虑,才能达到好的测量目的。

扫描二维码可查看"家用煤气表""热式流量计""冲量式流量计"。

家用煤气表

热式流量计

冲量式流量计

二、差压式流量计

差压式流量计是基于流体流动的节流原理,利用流体流经节流装置时产生的压力差而实现流量测量的。

差压式流量计由节流装置、导压管和差压变送器(差压计)三部分组成,如图 3-1 所示。

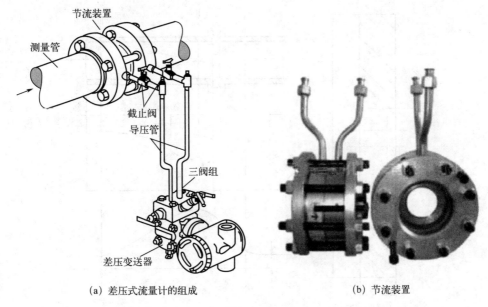

(a) 差压式流量计的组成　　　　　　(b) 节流装置

图 3-1　差压式流量计

节流装置是使流体产生收缩节流的节流元件和压力引出的取压装置的总称,用于将被测流量的变化变换成压差变化。

导压管是连接节流装置与差压计的管线,是传输差压信号的通道。通常,导压管上安装有平衡阀组及其他附属器件。

差压计用来检测差压信号,并把此信号转换为流量指示记录下来,可采用各种形式的差压计、差压变送器和流量显示计算仪等。

由于这种检测方法的检测元件是安装在被测管道内的节流件,所以又称为节流式流量计。

1. 流量测量原理

流体在有节流装置的管道中流动时,在节流装置前后的管壁处,流体的静压力产生差异的现象称为节流现象。

节流装置包括节流元件和取压装置。节流元件是能使管道中的流体产生局部收缩的元件。其形式很多,应用最广泛的是孔板,其次是喷嘴、文丘里管等。下面以如图 3-2 所示的孔板为例说明节流装置的节流原理。

流动流体的能量有两种形式,即静压能和动能。流体由于有压力而具有静压能,又由于流体有流动速度而具有动能。这两种形式的能量在一定条件下可以互相转化。但是,根据能量守恒定律,流体所具有的静压能和动能,再加上克服流动阻力的能量损失,在没有外加能量的情况下,其总和是不变的。在图 3-2 中,流体在管道截面 I 前,以一定的流速 v_1 流动。此时静压力为 p_1'。在接近节流装置时,由于遇到节流装置的阻挡,使一部分动能转化为静压能,出现了节流装置入口端面靠近管壁处的流体静压力升高,并且比管道中心处的压力要大,即在节流装置入口端面处产生一径向压差。这一径向压差使流体产生径向附加速度,从而使靠近管壁处的流体质点的流向就向管道中心轴线倾斜,形成了流束的收缩运动。由于惯性作用,流束经过孔板后仍继续收缩,到截面 II 处达到最小,这时流速达到最大 v_2,随后流束又逐渐扩大,至截面 III 后完全复原,流速便降低到原来的数值,即 $v_3=v_1$。

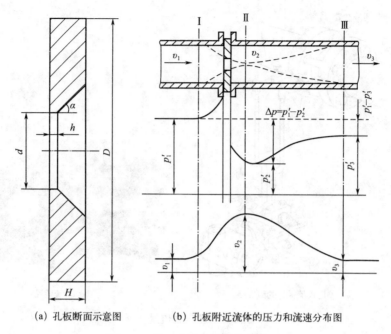

(a) 孔板断面示意图　　(b) 孔板附近流体的压力和流速分布图

图 3-2　差压式流量计测量原理图

节流装置造成流束的局部收缩，使流体的流速发生变化，即动能发生变化。与此同时，表征流体静压能的静压力也要变化。在截面Ⅰ，流体具有静压力 p_1'。到达截面Ⅱ，流速增加到最大值，静压力就降低到最小值 p_2'，而后又随着流束的恢复而逐渐恢复。由于在孔板端面处，流通截面突然缩小与扩大，使流体形成局部涡流，要消耗一部分能量，同时流体流经孔板时，要克服摩擦力，所以流体的静压力不能恢复到原来的数值 p_1'，而产生了压力损失 $\delta_p = p_1' - p_3'$。

节流装置前流体压力较高，称为正压，常以"＋"标示；节流装置后流体压力较低，称为负压（注意不要与真空混淆），常以"－"标示。节流装置前后压差的大小与流量有关。管道中流动的流体流量越大，在节流装置前后产生的压差也越大，只要测出孔板前后两侧压差的大小，即可求出流量的大小，这就是节流装置测量流量的基本原理。

但是，要准确地测量出截面Ⅰ与截面Ⅱ处的压力 p_1'、p_2' 是有困难的，因为产生最低静压力 p_2' 的截面Ⅱ的位置随着流速的不同是会改变的，事先根本无法确定。因此实际上是在孔板前后的管壁上选择两个固定的取压点，来测量流体在节流装置前后的压力变化。因而所测得的压差与流量之间的关系，与取压点及取压方式的选择是紧密相关的。

2. 流量基本方程式

流量基本方程式是阐明流量与压差之间定量关系的基本公式。根据流体力学中的伯努利方程和流体连续性方程式，可推出流量基本方程式为：

$$q_m = \alpha \varepsilon A \sqrt{2\rho_1 \Delta p} \tag{3-3}$$

$$q_v = q_m / \rho_1 \tag{3-4}$$

式中　q_m——质量流量；

α——流量系数，它与节流装置形式、取压方式、孔口截面积与管道截面积之比、雷诺数、孔口边缘锐度、管道粗糙度等因素有关；

ε——膨胀校正系数，它与孔板前后压力的相对变化量、介质的等熵系数、孔口截面积与管道截面积之比等因素有关，可查阅手册得到，对不可压缩的液体，常取 $\varepsilon=1$；

A——流体通过节流装置的有效截面积；

ρ_1——在节流装置前的流体密度；

q_v——体积流量。

由式（3-3）、式（3-4）可知，流量与压差的平方根成正比。由于流量与压差之间的这一非线性关系，用差压式流量计测量流量时，如果不加开方器，流量标尺是不均匀的。在选用差压法测量流量时，被测流量值不应该接近仪表的下限值，否则误差将会很大。

3. 标准节流装置

通常把 ISO 5167-2：2022（或 GB/T 2624.2—2006）中所列节流装置称为标准节流装置，其他节流装置称为非标准节流装置。标准节流装置的结构和尺寸要求、取压方式和使用条件有统一规定。采用标准节流装置，按标准设计的差压式流量计，可直接投入使用，而不必进行实验标定。因此在设计、加工、安装和使用标准节流装置时，必须严格按照规定的技术要求和试验数据去进行，只有这样才能保证流量检测的精度。标准化的具体内容包括节流装置的结构、尺寸、加工要求、取压方式、使用条件等。

节流装置就是使管道中流动的流体产生静压力的装置，完整的节流装置由节流元件、取压装置和上下游测量导管三部分组成。标准节流元件包括标准孔板、标准喷嘴和标准文丘里管。标准节流装置的取压方式有角接取压法、法兰取压法和径距取压法。

（1）标准节流装置的使用条件

① 被测介质应充满全部管道截面连续地流动。

② 管道内流束应该是稳定的。

③ 被测介质在通过节流装置时应不发生相变。例如，液体不发生蒸发，溶解在液体中的气体不会释放等。

④ 在离节流装置前后各有 $2D$ 长的一段管道内的表面上不能有凸出物和明显的粗糙与不平等现象。

⑤ 在节流装置前后应有足够长度的直管段。

⑥ 各种标准节流装置的使用管径 D 应符合大于 50mm 的要求。

（2）标准节流装置的选用　选用标准节流装置，应根据被测介质流量测量的条件和要求，结合各种标准节流装置的特点，从测量精度要求、允许的压力损失大小、可能给出的直管段长度、被测介质的物理化学性质（如腐蚀、脏污等）、结构的复杂程度和价格的高低、安装是否方便等几方面综合考虑。一般来说，可归纳为如下几点。

① 在加工制造和安装方面，以孔板最为简单，喷嘴次之，文丘里管、文丘里喷嘴最为复杂，造价也高，并且管径越大这种差别越显著，故在一般场合下以采用孔板为多。

② 当要求压力损失较小时，可采用喷嘴、文丘里管等。

③ 在检测某些容易使节流装置脏污、腐蚀、磨损、变形的介质流量时采用喷嘴较孔板好。

④ 在流量值与压差值相同的情况下，喷嘴有较高的检测精度，而且所需的直管长度也较短。

⑤ 如被测介质是高温、高压的，则可选用孔板和喷嘴。文丘里管只适用于低压的流体介质。

4. 压差的检测

节流装置将管道中流体流量的大小转换为相应的压差大小,这个压差还必须用差压计来检测,才能知道流量的大小,所以差压式流量计一般应由节流装置、导压管、差压计三部分组成。

(1) 无开方器情况　由流量基本方程式可知,流量 q 与压差 Δp 之间具有开方关系,若直接通过显示仪表显示流量,则显示仪表的刻度是非线性的,如图3-3、图3-4所示。

$$q^2 \rightarrow 节流装置 \xrightarrow{\Delta p=K_1 q^2} 差压变送器 \xrightarrow{I_0=K_2\Delta p} 显示仪表 \xrightarrow{X=K_3 I_0}$$

图3-3　差压式流量测量系统（无开方器）

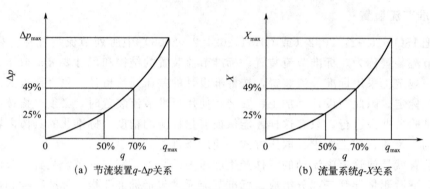

(a) 节流装置 q-Δp 关系　　(b) 流量系统 q-X 关系

图3-4　无开方器时各量关系

该测量系统的最终输出（显示）为:

$$X = K_1 K_2 K_3 q^2 = K q^2 \tag{3-5}$$

此式表明, Δp 与 q 的平方成正比,即流量 q 与 Δp 的平方根成正比,也就是:

当 $q=0$ 时,显示值 $X=0$;

当 $q=50\%q_{max}$ 时,显示值 $X=25\%X_{max}$;

当 $q=70\%q_{max}$ 时,显示值 $X=49\%X_{max}$;

当 $q=100\%q_{max}$ 时,显示值 $X=100\%X_{max}$。

(2) 有开方器情况　为了使流量测量系统的输入 q 和输出为线性,通常压差输出信号经开方器变成线性关系后,再送显示仪表进行显示,如图3-5、图3-6所示。

$$q^2 \rightarrow 节流装置 \xrightarrow{\Delta p=K_1 q^2} 差压变送器 \xrightarrow{I_0=K_2\Delta p} 开方器 \xrightarrow{I_0'=10\sqrt{I_0}} 显示仪 \xrightarrow{X=K_3 I_0'}$$

图3-5　差压式流量测量系统（有开方器）

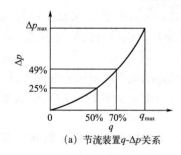 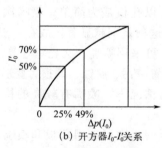 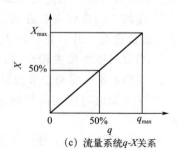

(a) 节流装置 q-Δp 关系　　(b) 开方器 I_0-I_0' 关系　　(c) 流量系统 q-X 关系

图3-6　有开方器时各量关系

此系统的最终输出为：

$$X = K_3 I_0' = 10K_3\sqrt{I_0} = 10K_3\sqrt{K_2 \Delta p} = 10K_3\sqrt{K_1 K_2 q^2} = Kq \tag{3-6}$$

【例 3-1】 某差压式流量计，检测流量上限为 $300\text{m}^3/\text{h}$，压差最大值为 1500Pa。问流量为 $150\text{m}^3/\text{h}$ 时，压差 Δp 为多少？差压变送器输出电流为多少（设变送器为 DDZ-Ⅲ 型仪表，不带开方器）？

解： 由题意可知，该流量计的输出信号与流量成非线性关系。即

$$\Delta p = \frac{\Delta p_{\max}}{q_{\max}^2} q^2 = \frac{1500}{300^2} \times 150^2 = 375 \text{ (Pa)}$$

$$I_0 = \frac{20-4}{1500-0} \times (375-0) + 4 = 8 \text{ (mA)}$$

【例 3-2】 在例 3-1 的流量检测系统中，若在差压变送器后加装一只开方器，问流量为 $150\text{m}^3/\text{h}$ 时，差压变送器输出电流为多少（设变送器为 DDZ-Ⅲ 型仪表）？

解： 由题意可知，变送器的输出信号与流量成线性关系，即

$$I_0' = \frac{20-4}{300-0} \times (150-0) + 4 = 12 \text{ (mA)}$$

常规差压式流量计设计时，把流量方程中的流量系数、膨胀校正系数和节流装置前的流体密度均作为不变常数来考虑，则被测量正比于压差的开方根。但在实际检测中，工艺过程参数压力和温度不可能完全符合标准装置的设计参数，这样就会引起较大的误差。为此，在要求较高的情况下，要对差压式流量计进行温度和压力补偿。

5. 差压式流量计的安装与应用

必须引起注意的是，差压式流量计不仅需要合理的选型、准确的设计和精密的加工制造，更要注意正确的安装与维护，满足要求的使用条件，才能保证流量计有较高的测量精度。差压式流量计如果设计、安装、使用等各环节均符合规定的技术要求，则其测量误差应在 1%～2% 范围以内。然而在实际工作中，往往由于安装质量、使用条件等造成附加误差，使得实际误差远远超出此范围，因此正确安装和使用是保证其测量精度的重要因素。

（1）差压式流量计的安装 流量测量精度和流量计安装是否符合要求有很大关系。为了确保流体流经节流装置时流动状态能够与实验条件相符，设计计算时预定的流量和压差之间的定量关系能够准确实现，安装节流装置时首先应保证使用条件与设计条件相一致。

① 应保证节流元件前端面与管道轴线垂直。
② 应保证节流元件的开孔与管道同心。
③ 密封垫片，在夹紧后不得进入管道内壁。
④ 节流元件的安装方向不得装反。
⑤ 节流装置前后应保证足够长的直管段。
⑥ 导压管路应按最短距离敷设，一般总长度不超过 50m，管径 10～18mm。
⑦ 取压位置对不同检测介质有不同的要求。测量液体时取压点在节流装置中心水平线下方；测量气体时取压点在节流装置上方；测量蒸汽时，取压点在节流装置的中心水平位置引出，如图 3-7 所示。
⑧ 导压管沿水平方向敷设时，应有大于 1：10 的倾斜度，以便排出气体（对液体介质）或凝液（对气体介质）。

⑨ 导压管应带有切断阀、排污阀、集气器、集液器、凝液器等必要附件,以备与被测管路隔离维修和冲洗排污用。

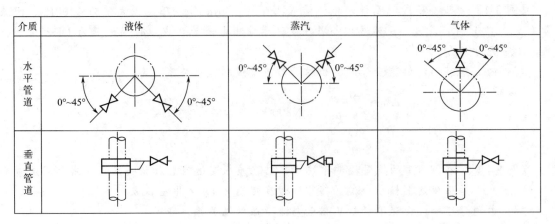

图 3-7 节流装置取压口方位图

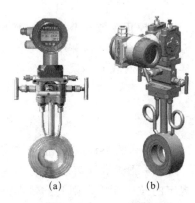

图 3-8 一体式孔板流量计

一体式差压流量计,将节流装置、导压管、三阀组、差压变送器直接组装成一体,省去了导压管线,现场安装简单方便,可有效减小安装失误带来的误差。有的仪表将温度、压力变送器整合到一起,可以测量孔板前的流体压力、温度,实现温度压力补偿;可以显示瞬时流量、累积流量,直接指示流体的质量流量。一体式孔板流量计如图 3-8 所示。

（2）差压式流量计的应用　差压式流量计具有结构简单、工作可靠、使用寿命长、测量范围广的特点;不足之处是测量精度不高,测量范围较窄［量程比（3∶1）～（4∶1）］,要求直管段长,压力损失较大,刻度为非线性。使用时应注意的问题如下。

① 应考虑流量计使用范围。

② 被测流体的实际工作状态（温度、压力）和流体性质（重度、黏度、雷诺数等）应与设计时一致,否则会造成实际流量值与指示流量值间的误差。

③ 使用中要保持节流装置的清洁。

④ 节流装置尤其是孔板,其入口边缘会由于磨损和腐蚀而变钝,引起仪表示值偏低,故应及时检查。

⑤ 导压管路接至差压计之前,必须安装三阀组,以便差压计的回零检查及导压管路冲洗排污用。

任务实施

在实训现场,结合所学知识,以小组为单位自主练习。有关差压变送器的原理,请参考项目一的有关内容。

1. 主要内容及要求

按照工程要求选择方法,选择合适的仪表,正确安装仪表。

① 认识节流装置的结构，了解节流装置的使用场合。
② 了解节流装置的取压方式，认识差压式流量计的各组成部分。
2．仪器设备和工具
差压式流量计（孔板）；安装流量计所用的工具。
3．训练步骤
① 拆装差压式流量计，观察基本组成，熟悉结构，理解原理。
② 记录训练用流量计铭牌上的名称、型号、规格、性能。
③ 按图 3-9（或图 3-10、图 3-11）完成差压变送器的安装。
④ 正确投运差压变送器。
⑤ 对于已经在流程上安装好的流量计，启动设备，改变流量，观察流量计指示流量及输出信号的变化情况。

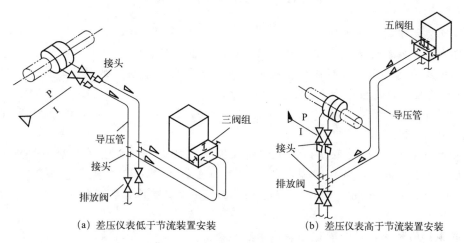

(a) 差压仪表低于节流装置安装　　(b) 差压仪表高于节流装置安装

图 3-9　测量液体流量管路连接图

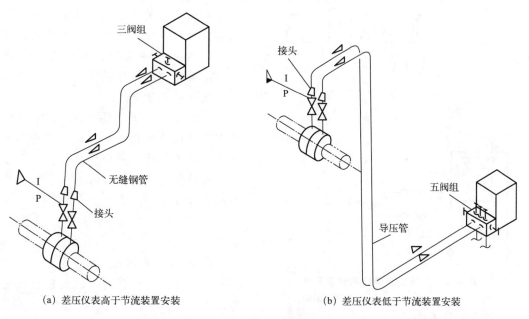

(a) 差压仪表高于节流装置安装　　(b) 差压仪表低于节流装置安装

图 3-10　测量气体流量管路连接图

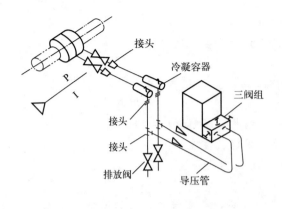 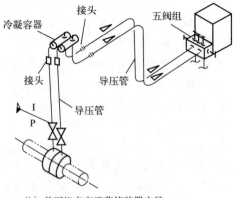

(a) 差压仪表低于节流装置安装　　　　(b) 差压仪表高于节流装置安装

图 3-11　测量蒸汽流量管路连接图

4. 节流装置安装注意事项

① 在水平和倾斜的管道上安装时，取压口的方位应符合规定。

② 孔板或喷嘴采用单独钻孔的角接取压时，上下游侧取压孔的轴线，分别与孔板或喷嘴上下游侧端面的距离应等于取压孔直径的 1/2。

③ 孔板采用法兰取压时，上下游侧取压孔的轴线与上下游侧端面的距离应等于 25.4mm±0.8mm。

④ 孔板采用 D 或 $D/2$ 取压时，上游侧取压孔的轴线与孔板上游侧端面的距离应等于 $D±0.1D$，下游侧取压孔的轴线与孔板下游侧端面的距离应符合要求，当 $β≤0.6$ 时，为 $0.5D±0.02D$；当 $β>0.6$ 时，为 $0.5D±0.01D$（$β$ 为节流件开孔直径 d 与工艺管道直径 D 之比）。

⑤ 取压孔的轴线，应与管道的轴线垂直相交。

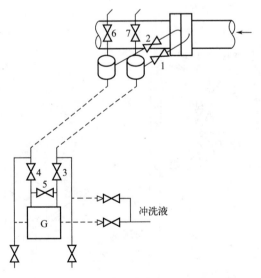

图 3-12　差压式流量计测量示意图
1, 2—导压口截止阀；3—正压侧切断阀；
4—负压侧切断阀；5—平衡阀；6, 7—排气

5. 差压式流量计的投运

差压式流量计在现场安装完毕，经检测和校验无误后，就可以投入使用。开表前，必须先使导压管内充满液体或隔离液，导压管中的空气要通过排气阀和仪表的放气孔排除干净。

在开表过程中，要特别注意差压计或差压变送器的弹性元件不能受突然的压力冲击，更不要处于单向受压状态。差压式流量计的测量示意图如图 3-12 所示，现将投运步骤说明如下。

① 打开节流装置导压口截止阀 1 和 2。

② 打开平衡阀 5，并逐渐打开正压侧切断阀 3，使差压计的正、负压室承受同样压力。

③ 开启负压侧切断阀 4，并逐渐关闭

平衡阀 5，仪表即投入使用。

仪表停运时，则与开表步骤相反，即先打开平衡阀 5，然后再关闭正、负压侧切断阀 3、4，最后再关闭平衡阀 5。

在运行中，如需在线校验仪表的零点，只需打开平衡阀 5，关闭切断阀 3、4 即可。

学习讨论

1. 差压式流量计由几部分组成？各部分有何作用？
2. 差压式流量计三阀组的作用是什么？投用时如何启动差压计？
3. 孔板方向装反了，仪表示值如何变化？

任务二 电磁流量计的安装及调试

电磁流量计可测量各种酸、碱、盐等腐蚀性介质的流量，也可测量脉冲流量；可测污水及大口径的水流量，也可测含有颗粒、悬浮物等物体的流量。它的密封性好，没有阻挡部件，是一种节能型流量计。它的转换简单方便，使用范围广，并能在易爆易燃的环境中广泛使用，是近年来发展较快的一种流量计。

电磁流量计是根据电磁感应原理工作的，用于测量导电液体（如工业废水，酸、碱、盐等腐蚀性介质）与浆液（泥浆、矿浆、煤水浆、纸浆及食品浆液等）的体积流量，广泛用于水利工程给排水、污水处理、石油化工、煤炭、矿冶、造纸、食品、印染等领域。

一、电磁流量计的工作原理

电磁流量计的外形及工作原理如图 3-13 所示，在磁感应强度为 B 的均匀磁场中，垂直于磁场方向放一个内径为 D 的不导磁管道，当导电流体在管道中以平均流速 v 流动时，导电流体就切割磁力线。B、D、v 三者互相垂直，在两电极之间产生的感应电动势为：

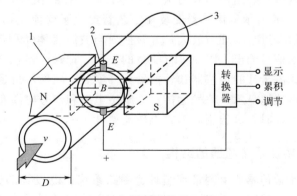

(a) 电磁流量计实物图　　　(b) 电磁流量计的原理示意图

图 3-13　电磁流量计
1—磁极；2—检测电极；3—测量管

$$E = BDv$$

式中　E——感应电动势；
　　　B——磁感应强度；
　　　D——管道内径；
　　　v——流体在管道中的平均流速。

由上式可推出被测流体的瞬时体积流量为：

$$q_v = \frac{\pi D}{4B} E \tag{3-7}$$

由式（3-7）可知，流体在管道中的体积流量与感应电动势成正比。在实际工作中由于永久磁场可导致电极极化或介质电解，引起检测误差，所以，工业用仪表中多使用交变磁场。

设交变磁场的磁感应强度为：

$$B = B_m \sin\omega t$$

式中　B_m——交变磁感应强度最大值；
　　　ω——励磁交流电流的角频率。

被测流体的体积流量可表示为：

$$q_v = \frac{\pi D E}{4B} \tag{3-8}$$

式中　E——交变感应电动势的有效值；
　　　B——交变磁感应强度的有效值。

当管道直径 D 和磁感应强度 B 不变时，感应电动势 E 与体积流量 q_v 成线性关系，而与流体的物性和工作状态无关。若在管道两侧各插入一根电极，就可引出感应电动势 E，测出此电动势，就可求得体积流量 q_v。

二、电磁流量计的结构类型与特点

1. 电磁流量计的类型

电磁流量计按结构形式可分为一体式和分体式两种，均由传感器和转换器两大部分组成，如图 3-14 所示。传感器安装在工艺管道上感受流量信号。转换器将传感器输出的毫伏级电动势信号进行处理与放大，并转换成与被测流体体积流量成正比的标准模拟电流信号、电压或频率信号输出，以便进行流量的显示、记录、累积或控制。

分体式流量计的传感器和转换器分开安装，转换器可远离恶劣的现场环境。一体式电磁流量计，可就地显示、信号远传，无励磁电缆和信号电缆布线，接线简单，价格便宜。现场环境条件较好时，可选用一体式电磁流量计。

2. 电磁流量传感器的结构

电磁流量传感器由测量管组件、磁路系统、电极等部分组成，如图 3-15 所示，测量管上下装有励磁线圈，通以励磁电流后产生磁场穿过测量管。一对电极装在测量管内壁与液体相接触，引出感应电动势。

3. 电磁流量计的特点

① 电磁流量计结构简单，无活动部件及阻流部件，几乎无附加压损，特别适用于要求

低阻力损失的大管径供水管道。

② 电磁流量计可用于各种导电液体流量的测量，尤其适用于脏污流体、腐蚀性流体及含固体颗粒和悬浮物的液固两相流体。

③ 电磁流量计的测量结果不受流体物性及工况条件变化的影响，因此只需经水标定后，就可用来测量其他导电液体的流量。

④ 电磁流量计输出信号只与被测流体的平均流速成正比，而与流体的流动状态无关。量程范围宽，可达 100∶1，满量程流速范围 0.3～12m/s。

⑤ 电磁流量计没有机械惯性，所以反应灵敏，可测量正反两个方向的流量，也可测量瞬时脉动流量。

⑥ 电磁流量计的口径范围大，测量管径从 6mm 到 2.2m。

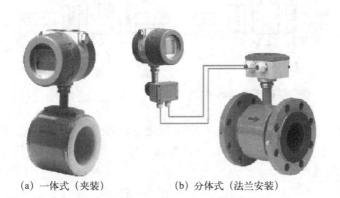

(a) 一体式（夹装）　　(b) 分体式（法兰安装）

图 3-14　电磁流量计外形图

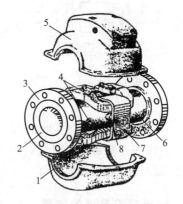

图 3-15　电磁流量传感器的结构示意图

1—下盖；2—内衬管；3—连接法兰；4—励磁线圈；
5—上盖；6—测量管；7—磁轭；8—电极

三、电磁流量计的安装与应用

1. 电磁流量计的安装

① 传感器的安装地点应远离大功率电机、大变压器、电焊机、变频器等强磁场设备，以免外部磁场影响传感器的工作磁场。

② 尽量避开强振动环境和强腐蚀性气体的场所，以免造成电极与管道间绝缘的损坏。

③ 对工艺上不允许流量中断的管道，在安装流量计时应加设截止阀和旁通管路，以便仪表维护和对仪表调零。在测量含有沉淀物流体时，为方便今后传感器的清洗可加设清洗管路。

④ 电磁流量传感器上游也要有一定长度的直管段，但其长度与大部分其他流量仪表相比要求较低。从传感器电极中心线开始向外测量，如果上游有弯头、三通、阀门等阻力件时，应有 $5D \sim 10D$ 的直管段长度。

⑤ 电磁流量传感器可以水平、垂直或倾斜安装，但要保证测量管与工艺管道同轴，并保证测量管内始终充满液体。水平或倾斜安装时两电极应取左右水平位置，否则下方电极易被沉积物覆盖，上方电极易被气泡绝缘。

⑥ 尽量避免让电磁流量计在负压下使用，因为测量管负压状态，衬里材料容易剥落。

⑦ 传感器的测量管、外壳、引线的屏蔽线，以及传感器两端的管道都必须可靠接地，

使液体、传感器和转换器具有相同的零电位,绝不能与其他电器设备的接地线共用,这是电磁流量计的特殊安装要求。

对于一般金属管道,若管道本身接地良好,接地线可以省略。若为非接地管道,则可用粗铜线进行连接,以保证法兰至法兰和法兰至传感器是连通的,如图 3-16(a)所示。对于非导电的绝缘管道,需要将液体通过接地环接地,如图 3-16(b)所示。对于安装在带有阴极防腐保护管道上的传感器,除了传感器和接地环一起接地外,管道的两法兰之间需用粗铜线绕过传感器相连,即必须与接地线绝缘,使阴极保护电流与传感器之间隔离开来,如图 3-16(c)所示。

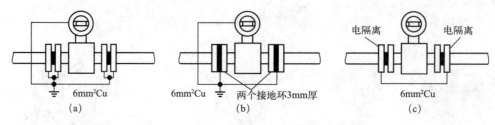

图 3-16 电磁流量计的接地

⑧ 分体式电磁流量计传感器与转换器之间接线,必须用规定的屏蔽电缆,不得使用其他电缆代替。而且信号电缆必须单独穿在接地保护钢管内,与其他电源严格分开。另外,信号电缆和励磁电缆越短越好。

2. 电磁流量计的使用

电磁流量计投入运行时,必须在流体静止状态下做零点调整。正常运行后也要根据被测流体及使用条件定期停流检查零点,定期清除测量管内壁的结垢层。

在使用电磁流量计时应注意以下几点。

① 为了避免磁力线被测量导管的管壁短路,并使测量导管在磁场中尽可能地降低涡流损耗,测量导管应由非导磁的高阻材料制成。

② 电磁流量计只能用来测量导电液体的流量,其电导率要求在 20~50μS/cm 以上,不能用来测量气体、蒸汽及石油制品等的流量。

③ 电磁流量计受内衬和电气绝缘材料的限制,不能用于测量高温液体,一般不能超过 120℃。

④ 由于液体中感应出的电动势值很小,所以很容易受电磁场干扰的影响,在使用不恰当时会很大程度地影响仪表的精度。

🕐 任务实施

在实训现场,结合所学知识,以小组为单位自主练习,完成电磁流量计的安装。

1. 主要内容及要求

① 认识电磁流量计的结构,了解电磁流量计的使用场合。

② 依据实际工况完成电磁流量计的安装。

2. 仪器设备和工具

电磁流量计;安装电磁流量计所用的工具。

3. 训练步骤

① 操作、观察电磁流量计，熟悉结构，理解原理。

② 记录训练用流量计铭牌上的名称、型号、规格、性能。

③ 根据现场情况选择电磁流量计的安装方式，并完成流量计的安装。

④ 对于已经在流程上安装好的流量计，启动设备，改变流量，观察流量计指示流量及输出信号的变化情况。

电磁流量计常用安装图如图 3-17～图 3-24 所示。

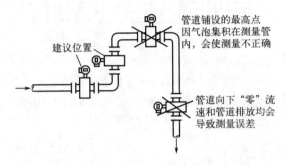

图 3-17　电磁流量计的优选安装位置

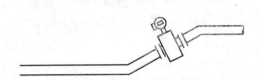

图 3-18　电磁流量计的安装示意图（一）

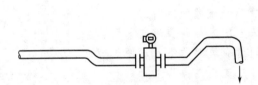

图 3-19　电磁流量计的安装示意图（二）

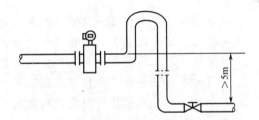

图 3-20　电磁流量计的安装示意图（三）

为避免因夹附空气和真空度降低损坏橡胶衬垫引起测量误差，可参照建议位置安装，见图 3-17。

水平管道安装电磁流量计时，应安装在有一些上升的管道部分，如图 3-18 所示。如果不可能，应保证足够的流速，防止空气、气体或蒸汽集积在流动管道的上部。

在敞开进料或出料时，流量计安装在较低的一段管道上，如图 3-19 所示。

当管道向下且超过 5m 时，要在下游安装一个空气阀（真空），如图 3-20 所示。

在长管道中，调节阀和节流阀始终应该安装在流量计的下游，如图 3-21 所示。

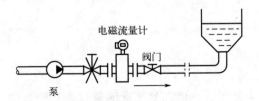

图 3-21　电磁流量计的安装示意图（四）

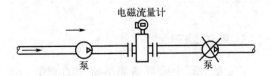

图 3-22　电磁流量计的安装示意图（五）

流量计绝不可安装在泵的吸口一端，如图 3-22 所示。

对重污染介质的测量，变送器应安装在旁路管道上，如图 3-23 所示。

流量计传感器接地如图 3-24 所示。

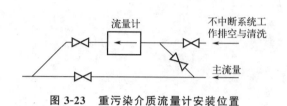

图 3-23　重污染介质流量计安装位置

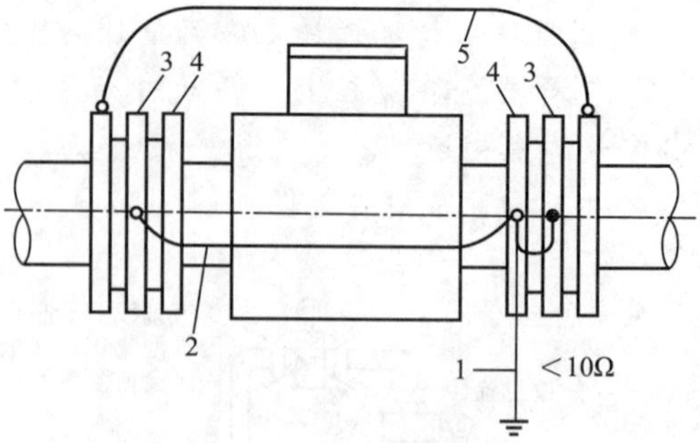

图 3-24　传感器接地图
1—测量接地线；2—接地线；3—接地环；4—螺栓
（安装时应与法兰相互绝缘）；5—连接导线

4. 电磁流量计安装的注意事项

① 电磁流量计，特别是小于 $DN100$ 的小流量计，在搬运时受力部位切不可在信号变送器的任何地方，应在流量计的本体上。

② 按要求选择安装位置，但不管位置如何变化，电极轴必须保持基本水平。

③ 电磁流量计的测量管必须在任何时候都是完全注满介质的。

④ 安装时，要注意流量计的正负方向或箭头方向应与介质流向一致。

⑤ 安装时要保证螺栓、螺母与管道法兰之间留有足够的空间，便于装卸。

⑥ 对于污染严重的流体的测量，电磁流量计应安装在旁路上。

⑦ 大于 $DN200$ 的大型电磁流量计要使用转接管，以保证对接法兰的轴向偏移，方便安装。

⑧ 最小直管段的要求为上游侧 $DN5$，下游侧 $DN2$。

⑨ 要避免安装在强电磁场的场所。

⑩ 电磁流量计的环境温度要求为：产品温度＜40℃时，环境温度＜40℃。

学习讨论

1. 电磁流量计在选型时应注意哪些问题？
2. 使用电磁流量计时有何要求？

知识拓展

一、转子流量计

在工业生产中经常遇到小流量的测量，因其流体的流速低，就要求测量仪表有较高的灵敏度，才能保证一定的精度。节流装置对管径小于 50mm、低雷诺数的流体的测量精度是不高的。而转子流量计则特别适宜于测量管径 50mm 以下管道的流量，测量的流量可小到每小时几升。

1. 转子流量计的工作原理

(1) 测量原理　转子流量计基本上由两个部分组成，一个是上宽下窄的锥形管（锥度为 $40'\sim3°$）；另一个是放在锥形管内可上、下移动的转子，如图 3-25 所示。

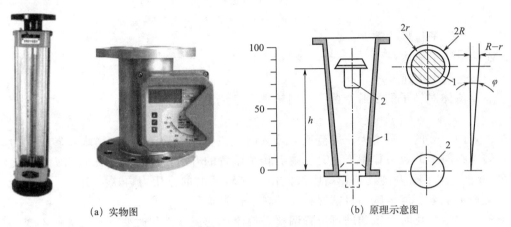

图 3-25　转子流量计

1—锥形管；2—转子

转子流量计垂直安装于测量管路上，被测流体（气体或液体）由锥形管下端进入，流过转子与锥形管之间的环隙，从锥形管上端流出。当流体流过锥形管时，位于锥形管中的转子受到向上的一个力，使转子浮起。当这个力正好等于浸没在流体里的转子重力（即等于转子重力减去流体对转子的浮力）时，则作用在转子上的上下两个力达到平衡，此时转子就停浮在一定的高度上。假如被测流体的流量突然由小变大，作用在转子上的向上的力就加大。因为转子在流体中受的重力是不变的，即作用在转子上的向下的力是不变的，所以转子就上升。由于转子在锥形管中位置的升高，造成转子与锥形管间的环隙增大，即流通面积增大。随着环隙的增大，流过此环隙的流体流速变慢，因而，流体作用在转子上的向上的力也就变小。当流体作用在转子上的力再次等于转子在流体中的重力时，转子又稳定在一个新的高度上。这样，转子在锥形管中的平衡位置的高低与被测介质的流量大小相对应。在锥形管上若以流量刻度，则从转子最高边缘所处的位置便知流量的数值。

转子流量计与差压式流量计在工作原理上是不相同的。差压式流量计，是在节流面积（如孔板流通面积）不变的条件下，以压差变化来反映流量的大小。而转子流量计，却是以压降不变，利用节流面积的变化来测量流量的大小，即转子流量计采用的是恒压降、变节流面积的流量测量方法。

被测流体由锥管下部进入、上部流出。当一定流量的流体稳定地流过转子与锥形管之间的环隙时，转子会稳定地悬浮在某一高度上。此时转子处于平衡，其受力有：转子自身的重力 G，方向向下；流体对转子作用的浮力 F_1，方向向上；流体对转子的向上黏滞摩擦力，方向向上；由于转子的节流作用产生的静压差的作用力和流体对转子的冲击力（动压力）F_2，方向向上，大小为：

$$F_2 = \xi \frac{1}{2} \rho v^2 A_r \tag{3-9}$$

式中　ξ——阻力系数；

ρ——被测流体密度；

v——流体在转子与锥管间的环形截面上的平均流速；

A_r——转子迎流面的最大横截面积。

转子自身的重力及流体对转子的浮力分别为：

$$G = V_r \rho_r g \tag{3-10}$$

$$F_1 = V_r \rho g \tag{3-11}$$

式中 ρ_r——转子材料的密度；

V_r——转子的体积；

g——重力加速度。

若忽略流体对转子的黏滞摩擦力，则转子在稳定流量下受力平衡：

$$G = F_1 + F_2 \tag{3-12}$$

如果被测流体的流量增大，即流速 v 增大时，流体作用力 F_2 随之增大，转子受力失去平衡，转子在向上的合力作用下上升。随着转子位置的升高，环形流通面积增大，v 逐渐减小，F_2 减小。当转子升高到某一高度，使作用在转子上的作用力再次平衡时，转子会在新的位置上稳定下来。流量减小时情况相反，转子位置降低。

当流量发生变化时，转子进行位置调整，使流体的流通面积改变，维持流速不变，其转子高度随之变化，因此由转子位置高度即可确定流量。

(2) 流量方程 转子稳定地悬浮在某一高度 h 时，转子受力平衡关系为：

$$\rho_r V_r g = \rho g V_r + \xi \frac{1}{2} \rho v^2 A_r \tag{3-13}$$

由上式可推出：

$$v = \frac{1}{\sqrt{\xi}} \sqrt{\frac{2V_r(\rho_r - \rho)g}{\rho A_r}} \tag{3-14}$$

由此可近似推出体积流量为：

$$q_v = 2\pi r \tan\varphi \times \alpha \sqrt{\frac{2V_r(\rho_r - \rho)g}{\rho A_r}} \times h = K_z \alpha \sqrt{\frac{2V_r(\rho_r - \rho)g}{\rho A_r}} \times h \tag{3-15}$$

式中，α 为流量系数，$\alpha = \frac{1}{\sqrt{\xi}}$，一般由实验确定。实际应用中，转子流量计选定后，$\alpha$ 在允许流量范围内基本不变。

对于选定的流量计和一定的被测流体，式（3-15）中的 V_r、A_r、ρ_r、φ 和 ρ 等均为常数，只要保持流量系数 α 为常数，流体的流量大小就与转子在锥形管中的平衡位置高度成线性正比关系。如果在锥形管外表面沿其高度刻上对应的流量值，那么根据转子所处平衡位置就可以直接读出流量值大小。

2. 转子流量计的指示值修正与量程修改

转子流量计的指示流量与被测流体的密度及流量系数有关。转子流量计是一种非标准化的仪表，为便于成批生产，转子流量计是在标准状态（20℃，101.325kPa）下用水或空气进行刻度的，即转子流量计标尺上的刻度值，对用于测量液体来讲是代表 20℃时水的流量值，对用于测量气体来讲则是代表 20℃、101.325kPa 压力下空气的流量值。所以，在实际使用时，如果被测介质不是水或空气，或工作状态不是在标准状态下，必须对流量指示值按照实际被测介质的密度、重力加速度、压缩系数、湿度、温度、压力等参数的具体情况进行修正。

(1) 液体流量的示值修正　根据基本流量公式，标准状态下用水标定时转子流量计的流量为：

$$q_{v0} = K_z \alpha \sqrt{\frac{2V_r(\rho_r - \rho_{w0})g}{\rho_{w0} A_r}} \times h \tag{3-16}$$

式中　q_{v0}——标准状态下用水标定时的流量（转子流量计的指示流量）；

ρ_{w0}——标准状态下水的密度，$\rho_{w0} = 998.2 \text{kg/m}^3$。

当被测液体的黏度与水的黏度相差不大（不超过 0.03Pa·s）时，可近似认为流量系数 α 和测水时的一样，则被测液体的实际流量为：

$$q_v = K_z \alpha \sqrt{\frac{2V_r(\rho_r - \rho)g}{\rho A_r}} \times h \tag{3-17}$$

式中　q_v——被测流体在工作状态下的实际流量值；

ρ——被测液体在工作状态下的实际密度。

由式（3-16）和式（3-17），经整理可得液体流量的修正公式：

$$q_v = q_{v0} \sqrt{\frac{(\rho_r - \rho)\rho_{w0}}{(\rho_r - \rho_{w0})\rho}} \tag{3-18}$$

【例 3-3】　用一个用水标定的转子流量计来测量苯的流量，流量计的读数为 30m³/h，已知转子由密度为 7920kg/m³ 的不锈钢制成，苯的密度为 0.831 kg/L，求苯的实际流量是多少？

解：已知 $\rho_{w0} = 1\text{kg/L}$，$\rho = 0.831\text{kg/L}$，$\rho_r = 7.92\text{kg/L}$，$q_{v0} = 30\text{m}^3/\text{h}$，代入修正公式可得：

$$q_{苯} = q_{v0} \sqrt{\frac{(\rho_r - \rho)\rho_{w0}}{(\rho_r - \rho_{w0})\rho}} = 30 \times \sqrt{\frac{(7.92 - 0.831) \times 1}{(7.92 - 1) \times 0.831}} = 30 \times 1.11 = 33.3 \text{ (m}^3/\text{h)}$$

所以苯的实际流量是 33.3m³/h。

(2) 气体流量的示值修正　由于气体介质的黏度很小，故而可以忽略黏度的影响，认为流量系数 α 和测空气时一样。考虑到气体介质密度远小于转子材料密度，可近似认为气体流量的修正公式为：

$$q_v \approx q_{v0} \sqrt{\frac{\rho_{a0}}{\rho}} \tag{3-19}$$

式中　q_{v0}——标准状态下用空气标定时流量（转子流量计的指示流量）；

ρ_{a0}——标准状态下空气的密度，$\rho_{a0} = 1.2046\text{kg/m}^3$；

q_v——被测气体在工作状态下的实际流量；

ρ——被测气体在工作状态下的实际密度。

气体密度与温度、压力的关系为：

$$\rho = \frac{pT_0 z_0}{p_0 Tz} \rho_0 \tag{3-20}$$

式中　ρ_0, p_0, T_0, z_0——被测气体在标准状态下的密度、绝对压力、热力学温度和压缩系数；

ρ, p, T, z——被测气体在工作状态下的密度、绝对压力、热力学温度和压缩系数。

由此可推出：

$$q_v = q_{v0} \sqrt{\frac{p_0 T z}{p T_0 z_0} \times \frac{\rho_{a0}}{\rho_0}} \tag{3-21}$$

式中，$p_0 = 101.325 \text{kPa}$；$T_0 = 293.15 \text{K}$。

实际应用中，由于气体的体积受温度和压力影响很大，在不同的温度和压力下，气体的体积流量根本不具有可比性，因此通常将工作状态下气体的实际流量换算成标准状态下的气体流量［单位为 m^3/h（标准状态）］，即：

$$q_{vn} = q_{v0} \sqrt{\frac{p T_0 z_0}{p_0 T z} \times \frac{\rho_{a0}}{\rho_0}} \tag{3-22}$$

式中　q_{vn}——将被测气体换算到标准状态下的流量值。

【例 3-4】　某厂用转子流量计来测量温度为 27℃，表压为 0.16MPa 的空气流量，问转子流量计读数为 35m^3/h（标准状态）时，空气的实际流量是多少？

解：已知 $q_{v0} = 35 m^3/h$（标准状态），$p = 0.16 + 0.10133 = 0.26133$（MPa），$T = 27 + 273 = 300$（K），$T_0 = 293$K，$p_0 = 0.10133$MPa，$\rho = \rho_0 = 1.2046 \text{kg}/m^3$。根据修正公式，不考虑压缩系数，有：

$$q_{vn} = q_{v0} \sqrt{\frac{p T_0 z_0}{p_0 T z} \times \frac{\rho_{a0}}{\rho_0}} = 35 \times \sqrt{\frac{0.26133 \times 293}{0.10133 \times 300} \times \frac{1.2046}{1.2046}} \approx 55.548 \; [m^3/h（标准状态）]$$

则空气的实际流量是 55.548m^3/h（标准状态）。

(3) 改变转子流量计的量程　由转子流量计的体积流量计算式可知，要改变量程，可采用改变转子密度、改变转子形状以及改变锥形管锥度等方法来实现，最方便的是改变转子密度，即采用同一结构尺寸的不同材料的转子。当改用密度较大的转子时，仪表量程就扩大；反之，量程就减小。改变量程之后的流量 q'_v 可用下式表示。

$$q'_v = q_v \sqrt{\frac{\rho'_r - \rho}{\rho_r - \rho}} \tag{3-23}$$

式中　ρ_r——原刻度时转子材料的密度；
　　　ρ'_r——改量程后转子材料的密度。

3. 转子流量计的结构类型与特点

(1) 转子流量计的结构与分类　转子流量计按锥形管材料可分为透明锥形管转子流量计和金属转子流量计两种。前者为就地指示型，后者多制成流量变送器。

透明锥形管多由硼硅玻璃制成，所以习惯上称为玻璃转子流量计。由于玻璃强度低，若无导向杆结构，玻璃锥形管容易被转子击破。目前，锥形管还常用透明的工程塑料，如聚苯乙烯、有机玻璃等材料制作。流量分度有直接刻在锥管外壁上的，也有在锥形管旁另装分度标尺的。

小口径（$DN4 \sim DN15$）转子流量计工作在压力较低的场合时一般为软管连接方式，如图 3-26（a）所示；螺纹连接方式一般用于口径 40mm 以下的转子流量计，如图 3-26（b）所示；较大口径（$DN15 \sim DN100$）转子流量计的连接方式多为法兰连接，应用最为普遍，如图 3-26（c）所示。

玻璃转子流量计一般由锥管，转子，与管路连接的上、下基座，密封垫圈，盖和上、下止挡等组成，其结构如图 3-27 所示。因为是就地指示式仪表，所以要求介质为干净透明的流体，且黏度要小，同时工作压力在 $1.96×10^6$ Pa 以下，温度在 $-20\sim+12℃$ 之内。

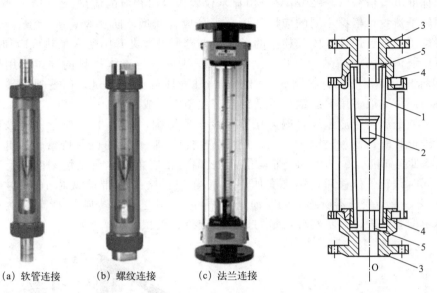

(a) 软管连接　　(b) 螺纹连接　　(c) 法兰连接

图 3-26　玻璃转子流量计的外形图

图 3-27　玻璃转子流量计的结构示意图

1—锥管；2—转子；3—上、下基座；
4—密封垫圈、盖；5—上、下止挡

玻璃转子流量计结构简单，价格便宜，使用方便，但玻璃强度低、耐压低，玻璃管易碎，多用于常温、常压、透明流体的就地指示，不宜制成电远传式。电远传式一般采用金属锥形管。

金属转子流量计结构如图 3-28 所示。公称直径一般为 $DN15\sim DN150$，连接方式多为法兰式连接。与玻璃转子流量计相比，金属转子流量计具有耐高压、高温、读数清晰等特点，并可适用于不透明介质和腐蚀性介质的流量测量。

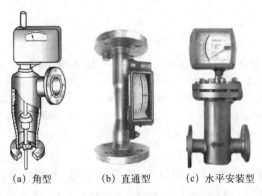

(a) 角型　　(b) 直通型　　(c) 水平安装型

图 3-28　金属转子流量计的外形结构图

金属转子流量计的结构有角型、直通型、水平安装型几种，如图 3-28 所示。不同型号的金属转子流量计其内部具体结构也不尽相同，但大体都由传感器和转换器两部分组成，传感器是由锥形管和转子组成的，转换器有就地指示和远传信号输出两大类型。传感器和转换器之间采用的是磁耦合的方式，将转子位置传送到转换器上。测量变送器中，浮子与差动变压器的铁芯连在一起,将流量所对应的浮子位置转换成变压器的输出电势,经转换器的作用,输出标准电流信号(4~20mA),由显示仪表指示出相应的流量。

金属转子流量计根据不同的应用环境,可分成普通型、防爆型、夹套型、耐腐型几种。其中防爆型用于有爆炸性气体或粉尘的场所;夹套型可在夹套中通入加热或冷却介质,给流体保温以免流体凝固、结晶、汽化;耐腐型转子流量计与流体接触的部位都用聚四氟乙烯F4、氟塑料F40等耐腐蚀材料制成,用于腐蚀性介质的流量测量;而普通型转子流量计与流体接触的部位一般多用普通钢、不锈钢或工程塑料制成。

电远传型金属转子流量计普遍采用差动变压器结构,如图3-29所示。当被测流体自下向上流过锥形管时,通过磁钢4、5的磁性耦合方式,将转子的位移传给转换部分,使杠杆7偏转,经四连杆机构9、10、11带动指针12偏转相应角度,在流量刻度盘上现场指示流量大小。同时,转子位移通过第二套四连杆机构13、14、15带动铁芯16相对差动变压器17产生位移,差动变压器所感应的差动电势 $e = e_1 - e_2$ 送至电转换器18转换为标准电流信号输出,由配套仪表进一步实现流量的显示、记录、累积。

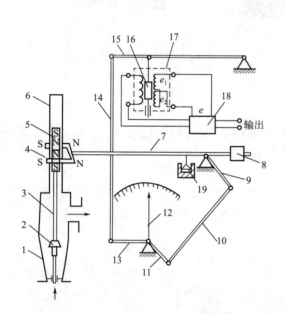
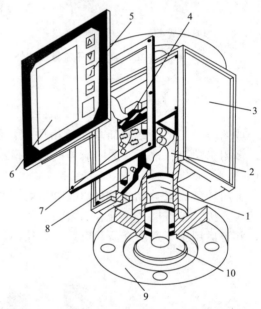

图3-29 金属转子流量计的传动原理图
1—锥管;2—转子;3—导杆;4—外磁钢;5—内磁钢;
6—测量管;7—杠杆;8—平衡锤;9~11—第一套四连杆机构;
12—指针;13~15—第二套四连杆机构;16—铁芯;
17—差动变压器;18—电转换器;19—阻尼器

图3-30 智能型转子流量计组成示意图
1—转子;2—不导磁锥形管;3—接线盒;
4—微处理器;5—薄膜按键;6—液晶显示;
7—双霍尔磁场传感器;8—电路板;
9—连接法兰;10—内衬管

智能型转子流量计的结构原理如图3-30所示。它采用微处理器控制、全数字显示,具有显示瞬时流量、累积流量,标准电信号输出,报警触点输出等功能。

当转子在某一位置平衡时,焊在转子壳体内的强磁体的磁场,穿过用不导磁材料制成的锥形管,辐射到转换器上。双霍尔磁场传感器测量转子磁场的垂直分量和水平分量,磁场的夹角决定了转子在锥管中的位置。测量结果在微处理器内与EPROM中的"磁场标定数据表"对比,即可确定转子的位置。同理,与"流量标定数据表"比较,即可确定流量。由于数据表中的标定数据是有限的,因此微处理器用内插法导出瞬时流量,并以工程单位在液晶显示器上显示。必要时，微处理器还可将流量转换成 4～20mA 信号输出或进行流量累积。

流量计前面板的按键，可用来设定报警点，调整累加器零点，选择瞬时还是累积显示，设置显示单位，进行零点、满度和时间常数的调整，重新刻度流量计以适应过程工况条件的变化。

这种智能型转子流量计口径为 15～150mm，流量量程比一般可达 10∶1，测量精度 ±1%。

（2）转子流量计的特点

① 适用于小管径和低流速测量。玻璃和金属转子流量计的最大口径分别为 100mm 和 150mm。

② 可用于低雷诺数流体测量。如果选用对黏度不敏感的转子形状，则临界雷诺数只有几十到几百，这比其他类型流量计的临界雷诺数要低得多。

③ 对上游直管段长度的要求较低。

④ 有较宽的流量范围度，量程比可达 10∶1。

⑤ 压力损失较低，玻璃转子流量计的压损一般为 2～3kPa，较高能达到 20kPa 左右；金属转子流量计一般为 4～9kPa，较高能达到 10kPa 左右。

⑥ 测量精度受被测流体密度和黏度影响，精度不高，一旦实际被测流体的密度和黏度与厂家标定介质的情况不同，就应对流量指示值进行修正。

4. 转子流量计的安装与使用

（1）转子流量计的安装

① 若介质中含有固体杂质，应在表前加装过滤器；若介质中含铁磁性物质，应在表前入口处安装磁过滤器。

② 若流体为不稳定的脉动流，为防止转子惯性造成指示振荡，可选用转子导杆上带阻尼器的转子流量计。

③ 若工艺上不允许流量中断，安装流量计时应加设截止阀和旁通管路以便仪表维护，如图 3-31 所示。

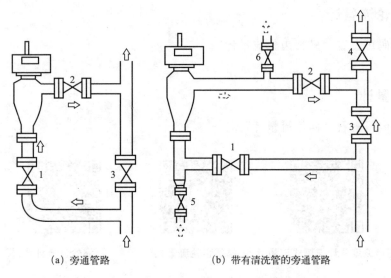

(a) 旁通管路　　　　(b) 带有清洗管的旁通管路

图 3-31　转子流量计旁通管路和清洗装置的配管图例

1, 2—截止阀；3—旁通阀；4—单向阀；5, 6—清洗阀门正常操作时，流体自入口经阀1、流量计、阀2和4流出；检修维护流量计时，阀1、2关闭，流体自入口经阀3、4流出；清洗流量计时，清洗介质经阀5、流量计、阀6流出。

④ 管路中有调节阀时，调节阀一般应安装在转子流量计的下游。另外，调节流量时不宜采用电磁阀等速开阀门，否则阀门迅速开启时，转子就会因骤然失去平衡而冲到顶部，损坏转子或锥形管。

⑤ 转子流量计要求垂直安装，流量计中心线与铅垂线的夹角最多不应超过5°，否则会带来测量误差。

⑥ 转子流量计对直管段长度要求不高，一般上游侧≥5D，下游侧≥250mm。

（2）转子流量计的使用

① 为保证测量精度，被测流体的正常流量值最好选在流量计上限刻度的1/3~2/3范围内。

② 搬动仪表时，应将转子顶住，以免转子将玻璃管打碎。

③ 转子流量计开启时，应缓慢地打开流量计上游的全开阀，然后用下游的流量调节阀调节流量。当流量计停止计量时，应先缓慢地关闭全开阀，然后再关流量调节阀，防止急开急关阀门造成水击而损坏玻璃锥管。

④ 当锥管和转子受到污染时，应及时清洗，以免影响测量精度。

⑤ 被测流体温度若高于70℃，应在流量计外侧安装保护套，以防玻璃管骤冷破裂溅液伤人。

⑥ 被测流体的状态参数与流量计标定时的状态不同时，必须对示值进行修正。

二、超声波流量计与靶式流量计

扫描二维码可查看"超声波流量计与靶式流量计"。

三、椭圆齿轮流量计

扫描二维码可查看"椭圆齿轮流量计"。

四、涡轮流量计

扫描二维码可查看"涡轮流量计"。

超声波流量计与靶式流量计

椭圆齿轮流量计

涡轮流量计

项目小结

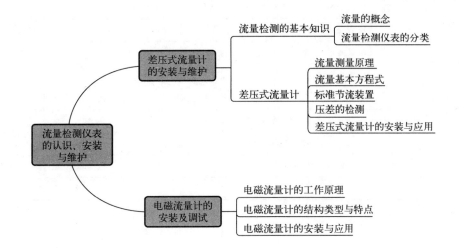

思考题

3-1 瞬时流量和累积流量是如何定义的？常用的流量单位有哪些？

3-2 差压式流量计测量流量的原理是什么？

3-3 什么叫标准节流装置？有几种形式？

3-4 我国的节流装置取压方式有哪些？

3-5 用一台DDZ-Ⅲ型差压变送器与节流装置配用测量流量，差压变送器的测量范围为0～25kPa，对应流量为0～600m^3/h，求输出为12mA时，压差是多少？流量是多少？

3-6 说明电磁流量计的工作原理及安装注意事项。

3-7 转子流量计测量流量的原理是什么？

3-8 转子流量计是如何刻度的？其指示值为什么需要修正？

3-9 转子流量计安装时有什么要求？

3-10 用一台液体转子流量计测量密度为791kg/m^3甲醇的流量，流量计的转子材料采用密度为7900kg/m^3的不锈钢，当流量计指示值为500L/h时，被测甲醇的实际流量为多少？

3-11 用一台气体转子流量计测量天然气的流量，工作压力为600kPa（表压），工作温度为55℃，当流量计的读数为100m^3/h时，天然气的实际流量和换算后的标准流量分别是多少？（不考虑压缩系数的影响，被测天然气在标准状态下的密度为0.755kg/m^3）

项目考核

项目实施过程考核与结果考核相结合，由项目委托方代表（教师或学生）对项目各项任务的完成结果进行验收、评分；学生进行"成果展示"，经验收合格后进行接收。

项目完成情况作为考核能力目标、知识目标、拓展目标的主要内容，具体包括：完成项目的态度、项目报告质量、资料查阅情况、问题的解答、团队合作、应变能力、表述能力、辩解能力、外语能力等。

完成情况考核评分表

评分内容	评分标准	配分	得分
仪表安装、操作	仪表安装：采取方法错误扣 5～30 分	30	
	仪表操作：不合适扣 10～30 分	30	
	成果展示：（实物或报告）错误扣 10～20 分	20	
知识问答、团结协作	知识问答全错扣 5 分；小组成员分工协作不明确，成员不积极参与扣 5 分	10	
安全文明生产	违反安全文明操作规程扣 5～10 分	10	
项目成绩合计			
开始时间		结束时间		所用时间	
评语			

项目四

温度检测仪表的认识、安装与维护

知识目标

- 掌握温度测量的基础知识。
- 掌握常用温度仪表的结构组成、工作原理。
- 掌握温度仪表的选择方法及校验方法。
- 了解新型显示仪表的发展概况。

能力目标

- 能根据要求选择合适的温度测量方法。
- 能根据要求选择合适的温度仪表,并正确校验。
- 能正确使用温度显示仪表。
- 能正确安装温度测量仪表。

素质目标

- 培养热爱科学、实事求是的学风。
- 培养创新意识和创新精神。
- 树立严肃认真、实事求是的科学态度和严谨的工作作风。
- 加强良好的职业道德和环境保护意识。

思政微课堂

【案例】

公元前2000年左右,古埃及人开始使用触感测温法。将手指触摸在物体上,通过感觉来判断物体的温度。公元前3世纪,希腊数学家阿基米德发明了水温计,他利用放大的气泡来测量温度变化。1593年,伽利略发明了第一个温度计,它由一根细长的玻璃管组成,玻璃管一端开口,另一端是鸡蛋大小的玻璃泡。1654年,发明了基于酒精的温度计,它用酒精代替水银,并能够读取负温度。20世纪初,人们开始使用电子元器件来制造数字测温仪器。在20世纪50年代,热敏电阻器(RTD)用于制造数字测温计。20世纪60年代,半导体温度传感器的发明使数字测温计更加便携、可靠和准确。20世纪80年代,红外线测温仪的出现使温度测量更加简单和准确,尤其是在难以接近的位置,这种仪器可以通过红外线感知温度,非常适用于高温、高压等工业环境。此后,随着红外线技术的进步,红外线测温仪的应用越来越广泛。

智能测温技术是一种计算机技术和传感器技术相结合的测量技术,它能够自动采集数据,进行分析和预测,并开发出智能控制系统,可以广泛应用于能源、钢铁、化工、建筑、交通、医疗等多个领域。

【启示】

随着科技的进步，人们在生产及生活实践中进行逐步改进，使得测温计的发展历程丰富多彩，从最简单的触感测温到智能化的数字化测量，不断创新和进步，为各行各业提供了更加精确和方便的温度测量手段。

【思考】

1. 联系实际讨论创新能力在日常生活中如何充分体现和提升？
2. 联系实际谈谈各种测温技术在环境工程中的应用。

在污水处理过程中，根据工艺需要在流程的关键位置设置一定数量温度的检测点，以保证处理工艺的实现和设备的正常运转，为实现污水处理厂的全自动控制提供条件，例如为了保证夏季曝气池的平稳运行，以保证污水处理的效果，需要检测曝气池的温度以便进行相关研究。

在水处理中与温度有关的工艺主要有絮凝、生化处理、厌氧处理，温度的检测大多数场合都采用接触式测量仪表，如双金属温度计、热电偶、热电阻等，它们具有简单、可靠、廉价、测量精度高的特点。一体化温度变送器、智能温度变送器应用也比较普遍，它们将输出信号送到DCS（分布式控制系统）或控制仪表中实现温度的自动控制。本项目主要学习温度传感器、温度变送器、显示仪表的结构、原理、操作及维护等知识与技能。

任务一 热电偶（阻）的认识及安装

在污水处理中的厌氧消化过程中常常需要实施温度控制，所以认识和掌握温度传感器的结构原理、安装调校非常重要。

一、温度检测的基本知识

温度检测方法按测温元件和被测介质接触与否可以分成接触式和非接触式两大类。

接触式测温时，测温元件与被测对象接触，依靠传热和对流进行热交换。接触式温度计结构简单、可靠，测温精度较高，但是由于测温元件与被测对象必须经过充分的热交换且达到平衡后才能测量，这样容易破坏被测对象的温度场，同时带来测温过程的滞后现象，不适于测量热容量小的对象、高温对象、处于运动中的对象，不适于直接对腐蚀性介质测量。

非接触式测温时，测温元件不与被测对象接触，而是通过热辐射进行热交换，或测温元件接收被测对象的部分热辐射能，由热辐射能大小推出被测对象的温度。从原理上讲，其测量范围从超低温到极高温，不破坏被测对象温度场。非接触式测温响应快，对被测对象干扰小，可用于测量运动的被测对象和有强电磁干扰、强腐蚀的场合，但缺点是容易受到外界因素的干扰，测量误差较大，且结构复杂，价格比较昂贵。

表 4-1 列出了常用温度检测仪表的种类及特点。

表 4-1　常用温度检测仪表的种类及特点

测温方式	温度计种类		常用测温范围/℃	优点	缺点
接触式测温仪表	膨胀式	玻璃液体	−50～600	结构简单，使用方便，测量准确，价格低廉	测量上限和精度受玻璃质量的限制，易碎，不能记录和远传
		双金属	−80～600	结构简单紧凑，牢固可靠	精度低，量程和使用范围有限
	压力式	液体 气体 蒸汽	−30～600 −20～350 0～250	耐震、坚固、防爆，价格低廉	精度低，测温距离短，滞后大
	热电偶	铂铑-铂 镍铬-镍铝 镍铬-考铜	0～1600 0～900 0～600	测温范围广，精度高，便于远距离、多点、集中测量和自动控制	需进行冷端温度补偿，在低温段测量精度较低
	热电阻	铂电阻 铜电阻 热敏电阻	−200～500 −50～150 −50～300	测量精度高，便于远距离、多点、集中测量和自动控制	不能测高温，须注意环境温度的影响
非接触式测温仪表	辐射式	辐射式 光学式 比色式	400～2000 700～3200 900～1700	测温时，不破坏被测温度场	低温段测量不准，环境条件会影响测量准确度
	红外线	热敏探测 光电探测 热电探测	−50～3200 0～3500 200～2000	测温时，不破坏被测温度场，响应快，测温范围大，适于测量温度分布	易受外界干扰，标定困难

温度指示系统根据指示显示的位置，有不同的选择。如果是现场指示，可以选用膨胀式、压力式的温度计，控制室指示一般采用热电偶、热电阻式温度计。红外线式是一种非接触式的温度检测仪表，有现场型的也有远传型的。

扫描二维码可查看"辐射高温计""光电高温计"。

辐射高温计　　　　　　光电高温计

玻璃温度计、温包式温度计和双金属温度计，一般都用于现场温度指示，当温度测量信号需要在控制室集中指示或控制时，要选用能够将温度测量值远传的仪表。热电阻和热电偶式温度计是工业中最常用的温度检测仪表。几种典型温度计的外形如图 4-1 所示。

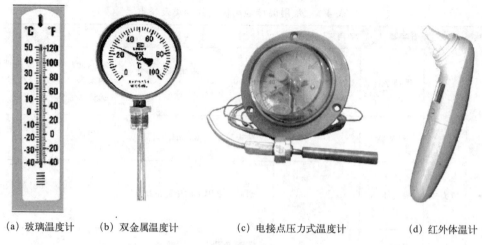

(a) 玻璃温度计　　(b) 双金属温度计　　(c) 电接点压力式温度计　　(d) 红外体温计

图 4-1　几种典型温度计外形图

二、热电偶传感器

1. 热电偶测温原理

热电偶的测温原理是基于热电偶的热电效应。热电偶回路如图 4-2（a）所示，将两种不同材料的导体或半导体 A 和 B 连在一起组成一个闭合回路，而且两个接点的温度 $t \neq t_0$，则回路内将有电流产生，电流大小正比于接点温度 t 和 t_0 的函数之差，而其极性则取决于 A 和 B 的材料。显然，回路内电流的出现，证实了当 $t \neq t_0$ 时内部有热电势存在，即热电效应。图 4-2（a）中 A、B 称为热电极，A 为正极，B 为负极。放置于被测介质中温度为 t 的一端，称工作端或热端；另一端称参比端或冷端（通常处于室温或恒定的温度之中）。在此回路中产生的热电势可用下式表示：

$$E_{AB}(t, t_0) = E_{AB}(t) - E_{AB}(t_0) \tag{4-1}$$

式中　$E_{AB}(t)$——工作端（热端）温度为 t 时在 A、B 接点处产生的热电势；

$E_{AB}(t_0)$——参比端（冷端）温度为 t_0 时在 A、B 另一端接点处产生的热电势。

为了达到正确测量温度的目的，必须使参比端温度维持恒定，这样一定材料的热电偶总热电势 E_{AB} 便是被测温度的单值函数了。

$$E_{AB}(t, t_0) = f(t) - C = \varphi(t) \tag{4-2}$$

此时，只要测出热电势的大小，就能判断被测介质温度。

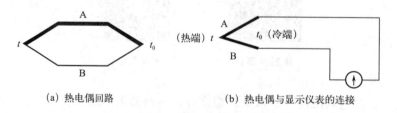

(a) 热电偶回路　　　　(b) 热电偶与显示仪表的连接

图 4-2　热电偶测温原理

在热电偶测量温度时，要想得到热电势数值，必定要在热电偶回路中引入第三种导体，接入测量仪表。根据热电偶的"中间导体定律"可知，热电偶回路中接入第三种导体后，只要该导体两端温度相同,热电偶回路中所产生的总热电势与没有接入第三种导体时热电偶所产生的总热电势相同;同理,如果回路中接入更多种导体,只要同一导体两端温度相同,也不影响热电偶所产生的热电势值。因此热电偶回路可以接入各种显示仪表、变送器、连接导线等,热电偶与显示仪表的连接如图 4-2 (b) 所示。

在参比端温度为 0℃ 的条件下,常用热电偶热电势与温度一一对应的非线性关系都可以从标准数据表中查到,这种表称为热电偶的分度表,见附录中常用热电偶的分度表。与分度表所对应的用一个大写字母表示的该热电偶的代号则称为分度号。

扫描二维码可查看"普通热电偶"。

2. 常用热电偶的类型与结构

几种工业常用热电偶的测温范围和使用特点列于表 4-2 中。

工业常用热电偶外形结构基本上有以下几种。

普通热电偶

(1) 普通型热电偶 普通型热电偶主要由热电极、绝缘管、保护套管、接线盒组成,见图 4-3。

在普通型热电偶中,绝缘管用于防止两根热电极短路,其材质取决于测温范围。保护套管的作用是保护热电极不受化学腐蚀和机械损伤,其材质要求耐高温、耐腐蚀、不透气和具有较高的热导率等。不过,热电偶加上保护套管后,其动态响应变慢,因此要使用时间常数小的热电偶保护套管。接线盒主要供热电偶参比端与补偿导线连接用。

表 4-2 工业常用热电偶

热电偶名称	分度号	测温范围/℃		特点
		长期	短期	
铂铑$_{30}$-铂铑$_6$	B	0~1600	1800	① 热电势小,测量温度高,精度高 ② 适用于中性和氧化性介质 ③ 价格高
铂铑$_{10}$-铂	S	0~1300	1600	① 热电势小,精度高,线性差 ② 适用于中性和氧化性介质 ③ 价格高
镍铬-镍硅 (镍铬-镍铝)	K	0~1000	1200	① 热电势大,线性好 ② 适用于中性和氧化性介质 ③ 价格便宜,是工业上最常用的一种
镍铬-康铜	E	0~550	750	① 热电势大,线性差 ② 适用于氧化及弱还原性介质 ③ 价格低

(2) 铠装热电偶 用金属套管、陶瓷绝缘材料和热电极组合加工而成,其结构如图 4-4 所示。铠装热电偶具有能弯曲、耐高压、热响应时间快和坚固耐用等优点,可适应实际中各种复杂结构的安装要求。

(3) 多点式热电偶 多点式热电偶是将多支不同长度的热电偶感温元件,用多孔的绝缘管组装而成。适合于化工生产中反应器不同高度的几点温度测量,如测合成塔不同位置的温度。

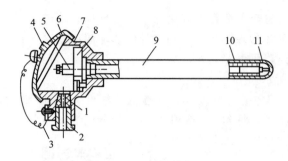 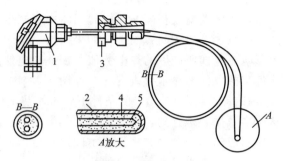

图 4-3 普通型热电偶基本结构图

1—出线孔密封圈；2—出线孔螺母；3—链条；4—面盖；
5—接线柱；6—密封圈；7—接线盒；8—接线座；
9—保护管；10—绝缘子；11—热电偶

图 4-4 铠装热电偶

1—接线盒；2—金属套管；3—固定装置；
4—绝缘材料；5—热电极

（4）隔爆型热电偶　隔爆型热电偶基本参数与普通型热电偶一样，区别在于采用了防爆结构的接线盒。当生产现场存在易燃易爆气体时必须使用隔爆型热电偶。

（5）表面型热电偶　表面型热电偶是利用真空镀膜法将两电极材料蒸镀在绝缘基底上的薄膜热电偶，专门用于测量各种形状的固体表面温度，反应速度极快，热惯性极小。它作为一种便携式测温计，在纺织、印染、橡胶、塑料等工业领域中广泛应用。

3. 热电偶的冷端温度补偿

（1）补偿导线　热电偶测温时要求参比端温度恒定。由于热电偶工作端与参比端靠得很近，热传导、辐射会影响参比端温度；此外，参比端温度还受到周围设备、管道、环境温度的影响，这些影响很不规则，因此参比端温度难以保持恒定。这就希望将热电偶做得很长，使参比端远离工作端且进入恒温环境，但这样做要消耗大量贵重的电极材料，很不经济。因此使用专用的导线，将热电偶的参比端延伸出来，以解决参比端温度的恒定问题。这种导线就是补偿导线。

补偿导线如图 4-5 所示。补偿导线在选材上，一方面要考虑价格，同时还要保证热电特性在 0～100℃ 范围内与所连接的热电偶近似相同。在使用补偿导线时，要注意与热电偶的匹配，不同热电偶必须采用不同的补偿导线。热电偶与补偿导线的正负极要正确对接，且接点温度要相同。所以使用补偿导线犹如将热电偶延长，把热电偶的参比端延伸到离热源较远、温度较恒定又较低的地方。

使用了补偿导线构成的测温系统连接图如图 4-6 所示。

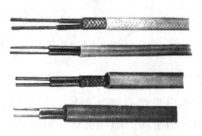 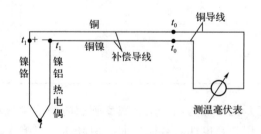

图 4-5 热电偶的补偿导线　　图 4-6 补偿导线连接图

图 4-6 中热电偶原来的参比端温度很不稳定，使用补偿导线后，将参比端转移到温度比较稳定的 t_0 处（一般指控制室内）。常用补偿导线见表 4-3。

表 4-3 常用热电偶的补偿导线

补偿导线型号	配用热电偶的分度号	补偿导线材料		绝缘层着色	
		正极	负极	正极	负极
SC	S（铂铑$_{10}$-铂）	铜	铜镍	红	绿
KC	K（镍铬-镍硅、镍铬-镍铝）	铜	铜镍	红	蓝
EX	E（镍铬-康铜）	镍铬	康铜	红	棕

注：C—补偿型；X—延伸型。

（2）热电偶参比端温度补偿　使用补偿导线只解决了参比端温度比较恒定的问题，但是在配热电偶的显示仪表上面的温度标尺分度或温度变送器的输出信号都是根据分度表来确定的，分度表是在参比端温度为 0℃ 的条件下得到的，由于工业上使用的热电偶其参比端温度通常并不是 0℃，因此测量得到的热电势如不经修正就输出显示，会带来测量误差。测量得到的热电势必须通过修正，即参比端温度补偿，才能使被测温度与热电势的关系符合分度表中热电偶静态特性关系，以使被测温度能真实地反映到仪表上来。

参比端温度补偿原理可以这样理解：当热电偶工作端温度为 t，参比端温度为 t_0 时，热电偶产生的热电势：

$$E(t, t_0) = E(t) - E(t_0) = E(t, 0) - E(t_0, 0) \tag{4-3}$$

也可写成：

$$E(t, 0) = E(t, t_0) + E(t_0, 0) \tag{4-4}$$

这就是说，要使热电偶的热电势符合分度表，只要将热电偶测得的热电势加上 $E(t_0, 0)$ 即可。各种补偿方法都是基于此原理得到的。参比端温度补偿方法如下。

① 计算法　根据补偿原理计算修正。根据式（4-4），将热电偶测得的热电势 $E(t, t_0)$ 加上根据参比端温度查分度表所得的热电势 $E(t_0, 0)$，得到工作端温度相对于参比端温度为 0℃ 对应的热电势 $E(t, 0)$，再查分度表得到工作端温度 t。计算法由于要查表计算，使用时不太方便，因此仅在实验室或临时测温时采用，但是在智能仪表和计算机控制系统中可以通过事先编写好的查分度表和计算的软件程序进行自动补偿。

【例 4-1】　S 型热电偶在工作时参比端温度 $t_0 = 30℃$，现测得热电偶的热电势为 7.5mV，试求被测介质的实际温度。

解：已知热电偶测得的热电势为 $E(t, 30)$，即 $E(t, 30) = 7.5\text{mV}$，其中 t 为被测介质温度。

由附表 2 可查得 $E(30, 0) = 0.173\text{mV}$，则根据式（4-4）可知：

$E(t, 0) = E(t, 30) + E(30, 0) = (7.5 + 0.173)\text{mV} = 7.673\text{mV}$

再由 S 型热电偶分度表可查得：$E(t, 0) = 7.673\text{mV}$ 对应的温度为 830℃。

答：被测介质的实际温度为 830℃。

【例 4-2】　今用一只镍铬-镍硅热电偶，测量小氮肥厂中转化炉的温度，已知热电偶工作端温度为 800℃，自由端（冷端）温度为 30℃，求热电偶产生的热电势 $E(800, 30)$。

解：由附表 4K 型热电偶分度表可以查得：

$E(800, 0) = 33.277 \text{ (mV)}$

$E(30, 0) = 1.203 \text{ (mV)}$

将上述数据代入式（4-3），即得：

$E(800, 30) = E(800, 0) - E(30, 0) = 32.074 \text{ (mV)}$

② 冰浴法 将热电偶的参比端放入冰水混合物中，使参比端温度保持0℃。这种方法一般仅用于实验室。

③ 机械调零法 一般仪表在未工作时指针指在零位（机械零点）。在参比端温度不为0℃时，可以预先将仪表指针调到参比端温度处。如果参比端温度就是室温，那么就将仪表指针调到室温，但若室温不恒定，则也会带来测量误差。

④ 补偿电桥法 在温度变送器、电子电位差计中采用补偿电桥法进行自动补偿。补偿电桥法是利用参比端温度补偿器产生的不平衡电势去补偿热电偶因温度变化而引起的热电势变化值的。

三、热电阻传感器

1. 热电阻测温原理

金属热电阻测温原理是基于导体的电阻会随温度的变化而变化的特性。因此只要测出感温元件热电阻的阻值变化，就可测得被测温度。热电阻传感器的外形图如图4-7（a）所示，热电阻测温系统图如图4-7（b）所示。

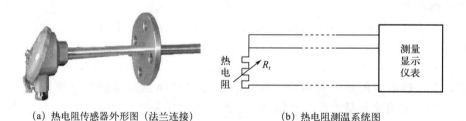

(a) 热电阻传感器外形图（法兰连接）　　(b) 热电阻测温系统图

图4-7 热电阻传感器

大多数金属导体的电阻值都随温度而变化（即热阻效应），其电阻-温度特性方程为：

$$R_t = R_0(1 + \alpha t + \beta t^2 + \cdots) \tag{4-5}$$

式中　R_t，R_0——分别为金属导体在t℃和0℃时的电阻值；
　　　α，β——金属导体的电阻温度系数。

对于绝大多数金属导体，α、β等并不是一个常数，而是温度的函数，但在一定的温度范围内，α、β等可近似地视为一个常数。不同的金属导体，α、β等保持常数所对应的温度范围不同。

2. 常用热电阻的种类与结构

工业上常用的热电阻是铜电阻和铂电阻两种，见表4-4。

表4-4 工业常用热电阻

热电阻名称	0℃时阻值/Ω	分度号	测温范围/℃	特点
铂电阻	50	Pt50	−200～500	① 精度高，价格贵 ② 适用于中性和氧化性介质
	100	Pt100		
铜电阻	50	Cu50	−50～150	① 线性好，价格低 ② 适用于无腐蚀性介质
	100	Cu100		

工业用热电阻的结构形式有普通型、铠装型和专用型等。普通型热电阻一般包括电阻体、绝缘子、保护套管和接线盒等部分，它同热电偶外形一致。图 4-8 为普通型热电阻的结构图。

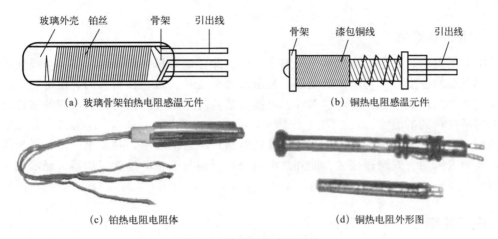

图 4-8　普通型热电阻结构

铠装热电阻将电阻体预先拉制成型并与绝缘材料和保护套管连成一体，直径小，易弯曲，抗震性能好。

专用热电阻用于一些特殊的测温场合。如端面热电阻由特殊处理的线材绕制而成，与一般热电阻相比，能更紧地贴在被测物体的表面；轴承热电阻带有防震结构，能紧密地贴在被测轴承表面，用于测量带轴承设备上的轴承温度。

四、热电偶、热电阻的选用

1. 选择

热电偶和热电阻都是常用的工业测温元件，一般热电偶用于较高温度的测量，在500℃以下（特别是300℃以下）用热电偶测温就不十分妥当，原因主要有：

① 在中低温区，热电偶输出的热电势很小，对测量仪表放大器和抗干扰要求很高。

② 由于参比端温度变化不易得到完全补偿，在较低温度区内引起的相对误差就很突出。

在中低温区应采用热电阻进行测温。另外，选用热电偶和热电阻时，应注意工作环境，如环境温度、介质性质（氧化性、还原性、腐蚀性）等，选择适当的保护套管、连接导线等。

2. 安装

① 选择有代表性的测温点位置，测温元件应有足够的插入深度。测量管道流体介质温度时，应迎着流动方向插入，至少与被测介质正交。测温点应处在管道中心位置，且流速应最大。图 4-9 是测温元件安装示意图。

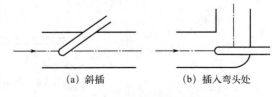

图 4-9　测温元件安装示意图

② 热电偶或热电阻的接线盒的出线孔应朝下，以免积水及灰尘等造成接触不良，防止引入干扰信号。

③ 检测元件应避开热辐射强烈影响处。要密封安装孔，避免被测介质逸出或冷空气吸入而引入误差。

3. 使用注意事项

热电偶测温时，一定要注意参比端温度补偿。除正确选择补偿导线，正、负极性不能接反外，热电偶的分度号应与配接的变送、显示仪表分度号一致。在与采用补偿电桥法进行参比端温度补偿的仪表（如电子电位差计、温度变送器等）配套测温时，热电偶的参比端要与补偿电阻感受相同的温度。

使用热电阻时为了消除连接导线阻值变化对测量结果的影响，除要求固定每根导线的阻值外，还要求采用三线制连接法。此外热电阻分度号要与配接的温度变送器、显示仪表分度号一致。

任务实施

在实训现场，结合所学知识，以小组为单位自主练习。

1. 主要内容及要求

① 通过实训能从外表辨认热电偶、热电阻的材质及分度号，了解其结构；辨认补偿导线的材质和分度号。

② 认识温度变送器及各种显示仪表。

③ 构成及运行温度检测系统。

2. 仪器设备和工具

① 热电偶（型号任选）一只。

② 热电阻（Cu50）一只。

③ DDZ-Ⅲ温度变送器一台。

④ 配用热电偶、热电阻的ER180系列指示记录仪及其他显示仪表各一台。

⑤ 补偿导线（与热电偶配套）。

⑥ 带恒温控制的管式加热炉一套。

3. 训练步骤

① 根据工艺要求、安装条件、介质性质选择合适的温度测量仪表。

② 按图4-10和图4-11组成温度控制系统，运行操作，观察指示记录仪随温度变化的情况。

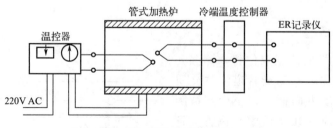

图 4-10　热电偶测温系统

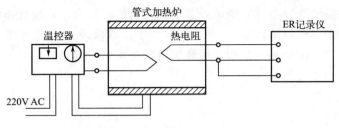

图 4-11　热电阻测温系统

4．操作要求

① 文明操作，爱护设备、工具及仪表。
② 保持清洁，工具使用后要放回原位。
③ 严禁擅自拆卸仪表、设备。
④ 锻炼团队合作能力。

学习讨论

1．热电偶与热电阻测温原理有什么不同？热电偶、热电阻测温系统分别如何构成？
2．用热电偶构成的测温系统必须要考虑什么问题？用热电阻构成的测温系统必须要考虑什么问题？

任务二　一体化温度变送器的认识与校验

一、一体化热电偶温度变送器

一体化热电偶温度变送器（SBWR）是国内新一代超小型温度检测仪表。它主要由温度传感器（热电偶）和热电偶温度变送器模块组成，包括普通型和防爆型产品。一体化热电偶温度变送器可以对各种固体、液体、气体温度进行检测，应用于温度自动检测、控制的各个领域，适用于与各种仪器以及计算机系统配套使用。

一体化温度变送器的主要特点是将传感器与变送器融为一体。变送器的作用是对传感器输出的表征被测变量变化的信号进行处理，转换成相应的标准统一信号输出，送到显示、运算、调节等单元，以实现生产过程的自动检测和控制。

一体化热电偶温度变送器的变送器模块，对热电偶输出的热电势经滤波、运算放大、非线性校正、V/I 转换等电路处理后，转换成与温度成线性关系的 4～20mA 标准电流信号输出。其原理构成如图 4-12 所示。

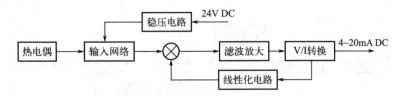

图 4-12　一体化热电偶温度变送器构成框图

一体化热电偶温度变送器的变送单元置于热电偶的接线盒中,取代接线座。安装后的一体化热电偶温度变送器外观结构如图 4-13 所示。变送器模块采用航天技术电子线路结构形式,减少了元器件;采用全密封结构,用环氧树脂浇注,抗震动、防潮湿、防腐蚀、耐温性能好,可用于恶劣的使用环境。

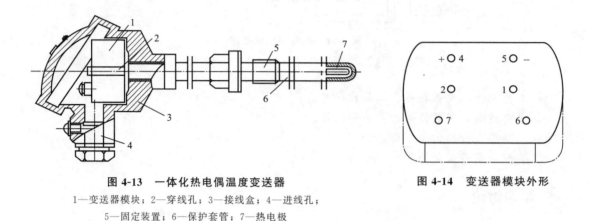

图 4-13　一体化热电偶温度变送器
1—变送器模块；2—穿线孔；3—接线盒；4—进线孔；
5—固定装置；6—保护套管；7—热电极

图 4-14　变送器模块外形

变送器模块外形如图 4-14 所示。图中"1""2"分别代表热电偶正负极接线端；"4""5"为电源和信号线的正负极接线端；"6"为零点调节；"7"为量程调节。一体化热电偶温度变送器采用两线制,即电源和信号共用两根线,在提供 24V 供电的同时,输出 4~20mA 电流信号。

两根热电极从变送器底下的两个穿线孔中穿上,在变送器上面露一点再弯下,对应插入"1"和"2"接线柱,拧紧螺钉。将变送器固定在接线盒内,接好信号线,封接线盒盖,则一体化温度变送器组装完成。

变送器在出厂前已经调校好,使用中一般不必再做调整。若使用中产生了附加误差,可以利用零点调节和量程调节进行微调。在单独校验变送器时,用精密信号源提供 mV 信号,多次重复调整零点和量程即可达到要求。

一体化热电偶温度变送器的安装与其他热电偶的安装基本相同,特别要注意感温元件与大地间应保持良好的绝缘,不然将直接影响测量结果的准确性,严重时甚至会影响仪表的正常运行。

二、一体化热电阻温度变送器

与一体化热电偶温度变送器一样,一体化热电阻温度变送器将热电阻与变送器融为一体；将温度值经热电阻测量后,再转换成 4~20mA 的标准电流信号输出。变送器原理框图如图 4-15 所示。

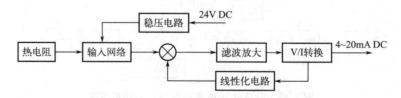

图 4-15　一体化热电阻温度变送器原理框图

一体化热电阻温度变送器的变送器模块与一体化热电偶温度变送器一样，都置于接线盒中，其外形简图如图 4-16 所示。传感器与变送器融为一体组装，消除了常规测温方法中连接导线所产生的误差，提高了抗干扰能力。

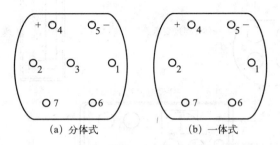

图 4-16 变送器模块外形

图 4-16 中，1、2 为热电阻引出线接线端，3 为热电阻三线制输入的引线补偿端接线柱，4、5 为输出信号端子，6 为量程调节，7 为零点调节。若采用引出线二线输入，则 3 和 2 必须短接，即实现一体化安装。分体式安装如图 4-16（a）所示，提供三线制接法。

任务实施

1. 主要内容及要求

用手动电位差计输出标准电势代替热电势，作为变送器输入，以检查变送器输出。通过调节零点电位器、量程电位器使变送器的输出满足要求，再按温度变送器量程（800℃）的 0%、25%、50%、75%、100% 五处检验点校验线性，以便确定其性能。

2. 仪器设备和工具

① 直流电位差计。
② 五位数字电流表。
③ 24V 直流电源。
④ 数字显示仪。
⑤ 一体化温度变送器。

3. 训练步骤

（1）校验接线　按图 4-17 所示的校验接线图接好线，由实训台为一体化温度变送器提供 24V 电源，并将标准电流表、数字显示仪（负载）串接在电路中。

检查正确后通电预热 10min，就可进行校验。

（2）热电偶变送器校验

① 查热电偶分度表，列出温度-毫伏对照表，用精密玻璃温度计测量环境温度 T_0，并查出对应毫伏值 $E(T_0, 0)$（对于 K 型热电偶 $T_0=25℃$ 时为 1mV）。将变送器量程上限温度按 0%、25%、50%、75%、100% 五挡确定校验温度 T_n（即 0℃、200℃、400℃、600℃、800℃）。查热电偶分度表得到冷端为 0℃ 时的校验电势 $E(T_n, 0)$（对于 K 型热电偶分别为 0mV、8.137mV、16.395mV、24.902mV、33.277mV），减去环境温度对应毫伏值，得到各校验温度下的输入毫伏值 $E_x = E(T_n, T_0) = E(T_n, 0) - E(T_0, 0)$，填入校验表中。

② 校验零点：输入零点信号，观察电流表的示值是否为 4mA，调节零点电位器使输出

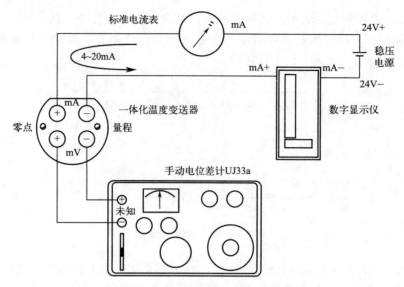

图 4-17 热电偶温度变送器校验接线图

为 4mA。

③ 校验量程：输入满度信号，观察电流表的示值是否为 20mA，调节量程电位器使输出为 20mA。

反复调节零点、量程电位器使输出均满足精度要求。

④ 线性校验：分别输入满量程的 25%、50%、75% 所对应的毫伏信号，记录输出电流值，计算测量误差。

(3) 数据处理　将以上校验数据填入表 4-5 中，计算误差，给出校验结论。

引用误差：

$$E_q = \frac{e_a}{S_p} \times 100\% = \frac{I_x - I_t}{16} \times 100\%$$

变差：

$$E_h = \frac{e_h}{S_p} \times 100\% = \frac{I_上 - I_下}{16} \times 100\%$$

式中　I_x——输出实测值；

I_t——标准输出值；

$I_上$——上行程输出实测值；

$I_下$——下行程输出实测值。

表 4-5　温度变送器调校记录表

仪表名称		仪表型号		仪表位号	
制造厂家		出厂编号			
量程范围		精度等级		允许误差	
输出信号	4～20mA	T_0		$E(T_0, 0)$	
标准仪表	仪表名称		仪表名称		
	量程精度		量程精度		

续表

输入校验值				标准输出 I_t	输出实测值				
%	℃	$E(T_n, 0)$ /mv	E_x /mV	mA	上行程输出 /mA	引用误差 /%	下行程输出 /mA	引用误差 /%	变差 /%
0	0	0		4					
25	200	8.137		8					
50	400	16.395		12					
75	600	24.902		16					
100	800	33.277		20					

最大引用误差：　　　　　　　　　　最大变差：

检验结论：
　　实校零点：　　　　　　　量程：
　　最大变差：　　　　　　　出现在　　　　　　处
最大引用误差：　　　　出现在　　　　处
本仪表经校验合格/不合格

 学习讨论

为什么要进行冷端温度补偿？

任务三　常用温度显示仪表的认识与使用

在工业生产中，不仅需要测量出生产过程中的各个参数量的大小，而且还要求把这些测量值进行指示、记录，或用字符、数字、图像等显示出来。这种显示被测参数测量值的仪表称为显示仪表。

显示仪表接收检测元件、变送器或传感器的输出信号，然后经测量线路的显示装置，把被测参数进行显示，以便提供生产所必需的数据，让操作者了解生产过程进行情况，更好地进行控制和生产管理。

显示仪表按显示方式可分为模拟显示、数字显示和图像显示三大类。

一、数字式显示仪表

1. 数字式显示仪表的分类

数字式显示仪表与各种传感器、变送器相配，可以对压力、物位、流量、温度等进行测量，并直接以数字形式显示被测结果。数显仪表的分类方法较多。

① 按仪表功能划分，可分为显示型、显示报警型、显示调节型和巡回检测型四种。
② 按输入信号形式划分，可分为电压型和频率型两类。所谓电压型是指输入信号是电压或电流，而频率型是指输入信号是频率、脉冲或开关信号。

③ 按输入信号的点数划分，可分为单点和多点两种。

④ 按显示位数划分，可分为三位半和四位半等多种。所谓半位的显示，是指最高位是1或为0。

⑤ 按测量速率划分，可分为低速型（每秒钟测量零点几次）、中速型（每秒钟测量十几次到几百次）和高速型（每秒钟测量千次以上）。

2. 数字式显示仪表的主要技术指标

（1）显示位数　数字仪表以十进制显示的位数称为显示位数，工业上常用三位、四位，高精度的数字仪表目前可达五位半。

（2）精度　数字显示仪表的精度表示方法有三种：①满度的$\pm a\%\pm n$字；②读数的$\pm a\%\pm n$字；③读数的$\pm a\%\pm$满度的$b\%$。系数a是由仪表中的内附基准电压源和测量线路的传递系数不稳定所决定的，系数b是由放大器的零点漂移、热电势和量化误差等引起的；系数n是显示读数最末一位数字变化，一般$n=1$。

（3）分辨力和分辨率　分辨力是指数字仪表在最低量程上最末位数字改变一个字时所对应的物理量数值，它表示了仪表能够检测到的被测量中最小变化的能力。数字仪表能稳定显示的位数越多，则分辨力越高。但是，数字显示仪表的分辨力高低应与其精度相适应。仪表的精度较高，而分辨力不够，则其精度不真实；反之，若仪表的精度较低而分辨力过高，那么会将较高的分辨力白白浪费掉。分辨率是指数字仪表显示的最小数和最大数的比值。例如一台四位数字仪表，其最小显示是0001，最大显示是9999，它的分辨率就是1/9999，即约为1/10000或0.01%。显然把分辨率与最低量程相乘即可得分辨力。例如一台数字电压表的分辨率是0.01%，最低量程电压是100mV，则其分辨力就是10μV；又如一台0～999.9℃的数字温度仪表，分辨率约为0.01%，则分辨力约为$0.01\%\times999.9\approx0.1℃$。

（4）输入阻抗　它一般指仪表工作状态下，在仪表两个输入端子间所呈现的等效阻抗，数字仪表是一种高输入阻抗的仪表，输入阻抗高达$10^{12}\Omega$。

（5）采样周期　数据采集系统将所有信号采集一遍所需的时间称为采样周期。从测量失真度考虑，采样周期越短越好，但是仪表采样周期的缩短受到了抗干扰性、模/数转换器速度和器件成本的限制。

（6）示值波动性　仪表示值的波动会直接影响测量的精确度，严重时会无法读数。通常，数字仪表示值波动性指标为±1字，即允许仪表在测量值不变时，其最末位数按计数顺序（增或减）做1字波动，而任何间隔跳动都是不允许的，如从1不经过2直接到3。

3. 数字式显示仪表的主要组成部分

在工业生产过程中，大量的工艺参数（如压力、流量、物位及温度等），经变送器变换后，多数是转换成相应的模拟信号。因此对数字显示仪表所要求的模/数转换装置，一般都以电压信号为其输入量，由此可见数字式显示仪表实际上是以数字式电压表为主体组成的仪表。模/数转换是数字显示仪表的重要组成部分，模/数转换的任务是使连续变化的模拟量转换成与其成比例的、断续变化的数字量，便于进行数字显示。

在实际测量中，大多数被测参数与显示值之间成非线性关系，例如常用的热电偶。这种非线性关系，对于模拟式仪表，可以将标尺刻度按对应的非线性划分，但是，在数字式显示仪表中，由于经模/数转换后直接显示被测变量的数值，为了消除非线性误差，必须在仪表中加入线性化器进行非线性补偿。

数字式显示仪表还必须设置一个标度变换环节，才能将数字式显示仪表的显示值和被测变量统一起来。标度变换实质的含义就是比例尺的变更。测量值与工程值之间往往存在一定的比例关系，测量值必须乘上某一常数，才能转换成数字式仪表所能直接显示的工程值。

由此可见，一台数字式显示仪表一般由模/数转换、非线性补偿、标度变换及数字显示部分等组成。

二、新型显示仪表

1. 无纸记录仪

图像显示是随着超大规模集成电路技术、计算机技术、通信技术和图像显示技术的发展而迅速发展起来的一种显示方式。它将过程变量信息按数值、曲线、图形和符号等方式显示出来。目前图像显示主要分两类，即计算机控制系统中的CRT彩色图像显示和无纸记录仪的液晶（LCD）显示。

无纸记录仪采用常规仪表的标准尺寸，是简易的图像显示仪表，属于智能仪表范畴。它以CPU为核心，内有大容量存储器RAM，可以存储多个过程变量的大量历史数据。它能够直接在屏幕上显示出过程变量的百分值、工程单位当前值、变量历史变化趋势曲线、过程变量报警状态、流量累积值等，提供多个变量值显示的同时，还能够进行不同变量在同一时间段内变化趋势的比较，便于进行生产过程运行状况的观察和故障原因的分析等。无纸记录仪内置有大容量RAM，存储大量瞬时值和历史数据，可以与计算机连接，将数据存入计算机，进行显示记录等。

下面以SmeR系列无纸记录仪为例，简要介绍它的技术特点及使用方法。

（1）SmeR系列无纸记录仪的特点　SmeR系列无纸记录仪如图4-18所示。SmeR系列无纸记录仪集显示、处理、记录、存储、报警、转存和配电等功能于一身，采用基于ARM内核的高档处理器，实现高速信息采集和处理，大容量闪存芯片可实现超长时间数据存储，可以输入标准电流、标准电压、热电偶、热电阻等信号；具有传感器隔离配电、继电器输出、流量计算、温压补偿、热能计算、PID调节、历史数据转存及通信功能，同时采用U盘作为外部转存介质，可将数据转存到计算机上，实现数据永久保存、分析和打印功能。

图4-18　SmeR系列无纸记录仪外形图

① SmeR系列无纸记录仪的性能见表4-6所示。
② 万能输入类型量程表见表4-7所示。

（2）SmeR系列无纸记录仪的使用

①使用环境　仪表使用环境应符合以下要求：工作环境温度，0～50℃；工作环境湿度10%～85%（无结露）；震动较小、空气流通的环境；不易产生冷凝液、无腐蚀气体或易燃气体的环境；无强烈的感应干扰，不易产生静电、磁场或噪声干扰的环境。

表 4-6　SmeR 系列无纸记录仪的性能

模拟输入			
通道数	最多 16 通道万能信号输入	精度	±0.5%f.S（热电偶不含冷端补偿误差）
输入信号类型	（1）标准Ⅱ型信号：0～10mA、0～5V DC （2）标准Ⅲ型信号：4～20mA、1～5V DC （3）热电偶：K、E、J、T、S、B、R、F2、WR25 （4）热电阻：Pt100、Cu50 （5）根据用户要求定制	输入阻抗	标准电压信号：输入阻抗为 1MΩ 其他信号输入大于 100kΩ
		隔离	通道间完全隔离，隔离电压大于 1000V
		冷端补偿范围及误差	范围：-25～85℃，误差±3℃
		断偶检测	走向始点，走向终点，保持三种处理方式
其他参数			
供电	电压：170～264V AC；频率：50Hz±5%；最大功耗：30W	通信接口	提供 RS232、RS485 两种接口，但使用 RS485 时需外接接口转换模块
配电规格	每通道 50mA, 24V DC 最多 8 路输出	记录间隔	1～300s 任意设定，或者 1～240s 任意设定
报警输出	每路规格 250V AC、3A（阻性负载），默认为常开触点 最多 8 路输出	记录时间	记录时间长短与存储容量、记录间隔及通道数有关 记录时间（d）≈ $\dfrac{24 \times 记录间隔}{通道数}$
硬件看门狗	CPU 集成，保证主机长期安全可靠	环境条件	工作：温度 0～50℃，相对湿度 10%～85%（无结露） 运输和存储：-20～70℃，相对湿度 5%～95%（无结露） 海拔高度：小于 2000m
实时时钟	CPU 集成，断电后由锂电池供电		
掉电保护	所有数据保存在 FLASH 存储器中，掉电后数据不会丢失		

表 4-7　SmeR 系列无纸记录仪的万能输入类型量程表

输入类型		最大量程范围/℃	
标准Ⅱ型信号：0～10mA、0～5V		-3000～30000（小数位数为 0 时）	
标准Ⅲ型信号：4～20mA、1～5V		-3000～30000（小数位数为 0 时）	
热电偶 （不含冷端误差）	K 型	-50.0～1300.0	
	E 型	-50.0～700.0	
	J 型	-50.0～600.0	
	T 型	-200.0～400.0	
热电阻	Pt100	-200.0～600.0	
热电偶 （不含冷端误差）	S 型	-50.0～1600.0	
	B 型	400.0～1800.0	
	R 型	0.0～1600.0	
	WR25 型	200.0～2300.0	
热电阻	Cu50	-50.0～150.0	

② 安装及接线　拧下记录仪卡条固定螺钉，取下固定卡条；将仪表推入仪表安装孔；上好仪表固定卡条；将卡条固定螺钉拧上，拧紧；仪表安装完毕，即可进行接线。

a. 端子说明　SmeR3000 系列端子接线图如图 4-19 所示。

b. 接线　电源线的连接：仪表在 170～264V AC 范围内可正常工作。仪表后面板电源接口上 N、L 接交流电源；把 GND（FG）接到大地可有效地防止静电干扰。

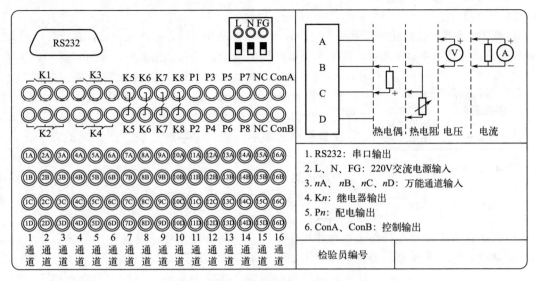

图 4-19　SmeR3000 系列端子接线图

信号线的连接：如图 4-20 所示。

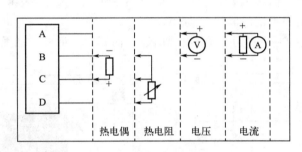

图 4-20　输入信号接线图

（a）热电偶接线方法。热电偶正端接仪表通道 C 端子，负端接仪表通道 B 端子。

（b）热电阻接线方法。电阻一端接仪表通道 D 端子，另外两端接仪表通道 B、C 端子。

（c）线性电压 0～5V 或 1～5V 接线方法。电压正端接仪表通道 A 端子，负端接仪表通道 B 端子。

（d）线性电流 0～10mA 或 4～20mA 接线方法。仪表通道 A、B 端子之间并联 500Ω 或 250Ω 的标准电阻，使线性电流转换为线性电压，剩下的接法同线性电压。

通信线的连接：

（a）RS232 通信线的连接。RS232 通信接口位于仪表的背面，它不仅可以和计算机之间进行通信，还可以和串行打印机等外设进行通信。通信线长度不能超过 10m。

（b）RS485 通信线的连接。RS485 通信线请使用屏蔽双绞线，通信线长度不能超过 1000m。在通信线长度大于 100m 的条件下进行通信时，为减少反射和回波，必须增加阻值为 120Ω 的终端匹配电阻，终端匹配电阻应加在 RS485 通信线的最远两端。

③操作说明

a. 操作面板　在显示屏最下面每个界面都会有按键功能说明，包括使用到的按键以及按钮的功能图形表示，从最左边的按键开始，具体按键功能如下。

▤：【主菜单键】；◀：【左移键】；▶：【右移键】；▲：【增大键】；▼：【减小键】；

⏎：【确定键】

b. 操作主菜单　无纸记录仪开机上电后，出现欢迎使用界面，停留几秒后，系统自动进入实时曲线显示界面或数字显示界面，按下主菜单键▦，就会显示操作主菜单，如图 4-21 所示。

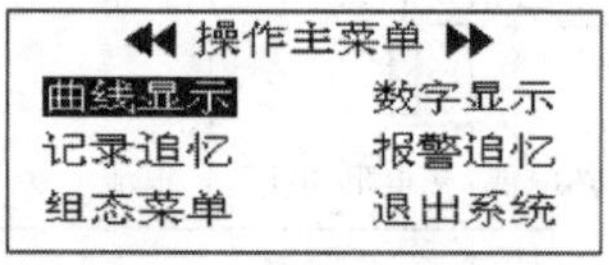

操作主菜单显示无纸记录仪的选项功能：曲线显示、数字显示、记录追忆、报警追忆、组态菜单、退出系统。

当需要选择某项功能时，通过◀或▶按钮，使光标反显在该选项上，然后按⏎键，将进入该功能界面。

注意：无纸记录仪工作过程中，如果突然断电可能会造成最近几分钟记录数据的丢失。为保证数据安全，在停止使用仪表时，必须把光标反显在"退出系统"选项，再按⏎键退出系统。

图 4-21　SmeRH（B）系列操作主菜单

c. 曲线显示界面　在操作主菜单中，通过◀或▶按钮使光标反显在"曲线显示"选项上，按⏎键，进入曲线显示通道数据的界面，如图 4-22 所示。

曲线显示界面显示的内容有：时间、当前通道、实时测量值、单位、界面切换方式、曲线时间跨度、曲线、屏幕曲线数值范围等信息。时间是指最左边一点所对应的时间；实时测量值是反映某一通道当前实时测量的数值，反映在曲线的最左边一点上；屏幕曲线数值范围是反映某一通道当前屏幕曲线的数值范围。屏幕右下角的"4m"表示一屏幕内曲线的时间跨度。这个时间跨度是根据记录间隔自动计算的。

在实时曲线界面中按⏎键，屏幕会出现曲线界面属性对话框，如图 4-23 所示。

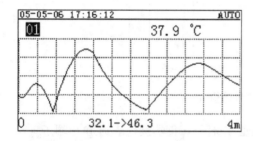

图 4-22　SmeRH（B）系列曲线显示界面

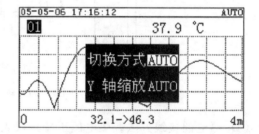

图 4-23　SmeRH（B）系列曲线界面属性对话框

切换方式是指自动切换（AUTO），还是手动切换（MANU）。自动切换（AUTO）模式下，每隔 8s 自动切换到另一通道并显示相应的数据曲线。如果选择手动切换（MANU），则实时界面停留在某个通道，不自动切换。

Y 轴缩放如果是"AUTO"方式，那么曲线会自动根据这段曲线的最大最小值自动调整曲线显示幅度，这种方式下用户能够观察到细微的温度变化；Y 轴缩放如果是"MANU"方式，那么曲线会自动根据该通道设定的量程上限及下限调整曲线显示幅度，这种方式下用户能够观察到测量值在测量量程内的相对百分比。要修改以上设置值，均可通过◀或▶按钮，使得光标停留在修改位置，再通过▲或▼按键修改设置值。按主菜单键，界面返回操作主菜单。

d. 数字显示　在操作主菜单中，通过◀或▶按钮使光标反显在"数字显示"选项上，按⏎键，进入数字显示通道数据的界面，如图 4-24 所示。

该界面显示每个通道的实时测量值，每个通道测量值的更新频率根据各自通道的记录间隔而定。该界面显示每个通道的信号输入类型、单位、实时测量值以及时间、通道号等信息。

如果仪表通道多于8个，在数显界面无法同时显示所有通道的信息，仪表会自动把通道信息分为两个页面显示，第一个页面显示前8个通道的信息，剩下几个通道的信息在另外一个页面显示，两个页面间的切换通过▲或▼切换，如图4-25所示。

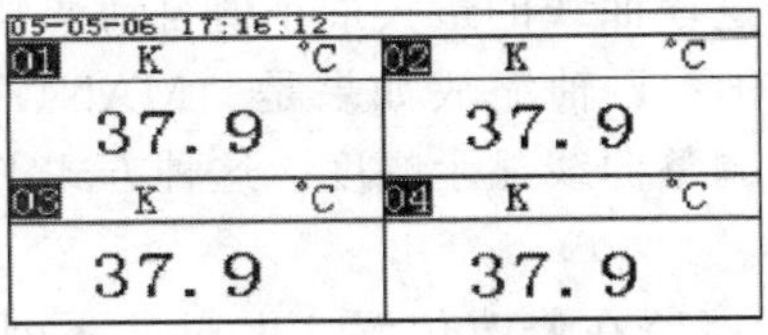

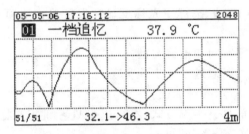

图4-24　SmeRH（B）系列数字显示界面

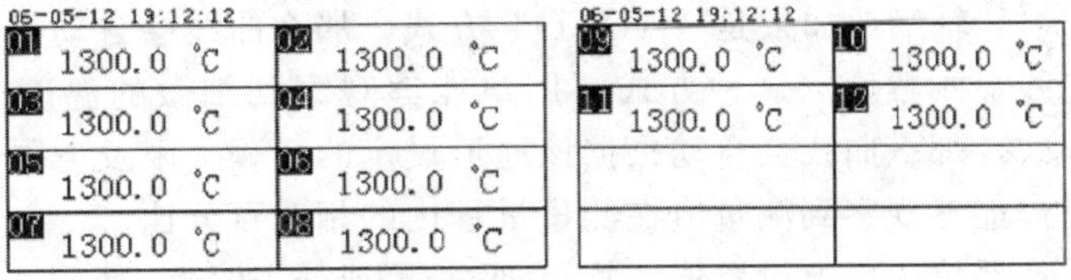

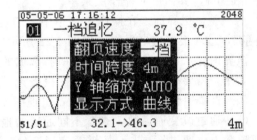

图4-25　仪表自动把通道信息分页面显示

e. 记录追忆界面　在操作主菜单中，通过◄或►按钮使光标反显在"记录追忆"选项上，按↵键，进入追忆功能界面，如图4-26所示。

图4-26　SmeRH（B）系列记录追忆界面　　图4-27　SmeRH（B）系列记录追忆属性设置界面

该界面显示每个通道所有的历史信息，界面显示曲线最左边对应点测量值、曲线最左边对应点的时间、当前屏幕显示曲线最大值及最小值、追忆速度以及屏幕显示曲线的时间跨度等信息。

通过◄或►按键可以查看该通道整个记录数据的曲线。如果需要快速找到你所关注的时间段的数据，先按一下↵键，出现属性设置界面，按◄或►按键，使光标停留在翻页速度上，通过▲或▼按键，使追忆速度从一挡追忆到五挡追忆循环变化。一挡追忆的追忆方式是逐点追忆，二挡追忆是逐页追忆，三挡追忆是跳跃十页，四挡追忆是跳跃五十页，五挡追忆是跳跃一百页。通过不同的追忆方式，用户可以快速地找到其关注的时间段进行查看。

屏幕左下角"51/51"表示"当前页/该通道总共已经记录的页数"。屏幕右下角的"4m"表示一屏幕内曲线的时间跨度。

如果用户希望查看某一时间点开始到以后的某段时间跨度内的曲线趋势，可以通过如下方法实现。

（a）按一下↵键，屏幕出现如图4-27所示的记录追忆属性设置界面。

（b）选择适当的翻页速度，可以快速地移动到所关注的时间点，一旦确定翻页速度后再按一下↵键，注意这时翻页速度变成了刚才选择的速度，然后通过◄或►按键查找时间点。

（c）找到时间点后，再按一下↵键，又出现黑屏部分，把光标移动到时间跨度上，通过▲或▼按键可以选择相应的时间跨度。注意修改时间跨度时，屏幕右下角同时显示相同的跨度时间，时间跨度的大小跟时标以及记录间隔有关系。1类时标以1、2、3、4倍数变化；2类时标以1、2、4、8倍数变化；3类时标以1、4、8、16倍数变化；4类时标以1、4、16、64倍数变化。时间跨度变化规律是这样的：

SmeRH（B）系列：

$$时间跨度＝记录间隔×2.5×时间倍数$$

（d）确定时间跨度后，按一下⏎键，黑屏消失，同时屏幕上出现选定的某一时间点开始到选定的时间跨度内的曲线。

Y轴缩放如果是"AUTO"方式，那么曲线会自动根据这段曲线的最大最小值自动调整曲线显示幅度。这种方式下用户能够观察到细微的温度变化；Y轴缩放如果是"MANU"方式，那么曲线会自动根据该通道设定的量程上限及下限值调整曲线显示幅度。这种方式下用户能够观察到测量值在测量量程内的相对百分比。

要修改以上设置值，均可通过◀或▶按键，使得光标停留在修改位置，再通过▲或▼按键修改设置值。

显示方式有曲线显示和列表方式两种。列表方式显示数据时，通过▲或▼按键，数据以16个数据为一页翻页，通过◀或▶按键，数据以选定的翻页速度翻页。

如果需要改变通道，在曲线显示方式下通过▲或▼按键，可以切换到所关注的通道。

按▤键，界面返回操作主菜单。

f. 报警追忆界面　在操作主菜单中，通过◀或▶按键使光标反显在报警追忆选项上，按⏎键，进入报警追忆界面，如图4-28所示。

该界面显示每个通道在某页上所有数据的报警时间和报警类型。

如用户需要查看某一段时间内的报警记录，可以通过以下步骤实现。

（a）报警追忆界面中，按⏎键，出现图4-29所示的对话框。

（b）通过改变通道数，查看不同通道的报警信息。实现方式：通过◀或▶键把光标停在通道数上，通过▲或▼按键改变通道数，再次按⏎键即可。

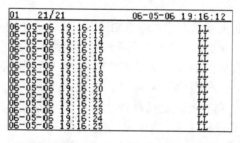 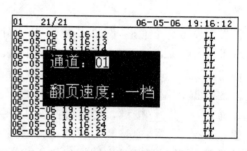

图4-28　SmeRH（B）系列报警追忆界面　　图4-29　SmeRH（B）系列报警追忆界面属性对话框

（c）翻页速度含义跟数据追忆的翻页速度一样，一挡追忆的追忆方式是逐点追忆，二挡是逐页追忆，三挡是跳跃十页，四挡是跳跃五十页，五挡是跳跃一百页。通过改变翻页速度，用户可以快速地找到其关注的时间段进行查看。

（d）找到你所关注的时间后，把翻页速度变为一挡，按◀或▶键即可查看报警追忆。

用户通过▲或▼键可以逐点查看报警信息。

④ 组态菜单设置　在操作主菜单中，通过◀或▶按键使光标反显在组态菜单选项上，按⏎键，进入组态密码验证界面，进入组态之前，需要验证密码，密码由6个0～9的数字组成。当密码输入完毕后，按⏎键，如果密码错误，界面仍停留在密码验证界面，如果密码正确，则进入组态设置界面进行各种组态参数的修改设置，如图4-30所示。

组态设置界面可以进行系统组态、通道组态、报警组态、通信组态等参数设置。通过◀或▶按键，使得光标反显在所需选项上，按⏎键，即可进入相应组态。

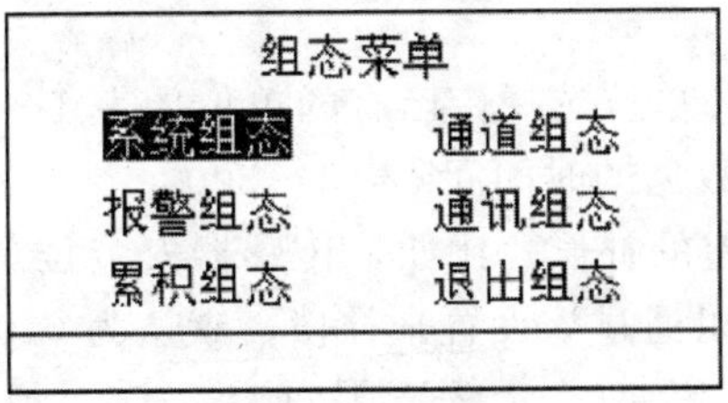

图 4-30 SmeRH（B）系列组态菜单界面

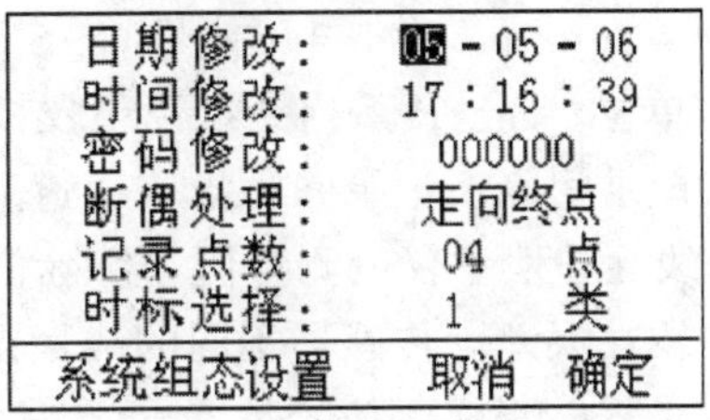

图 4-31 SmeRH（B）系列系统组态设置界面

a. 系统组态设置 选择"系统组态"选项，按 ↵ 键，即可进入系统组态设置，如图 4-31 所示。

参数说明如下：

（a）日期修改。仪表有内部时钟，当仪表断电时，内部时钟依然工作，由电池供电。当仪表工作很长时间后，需要更换电池，这时要对仪表日期进行重新设置。日期格式为年-月-日。

（b）时间修改。时间格式为时：分：秒。

（c）密码修改。可以对仪表密码进行重新设置，仪表出厂密码是"000000"。密码是该仪表参数安全的唯一保障，用户必须妥善设置保管。

（d）断偶处理。断偶处理即热电偶在断开时记录仪显示值设置，有三种设置值，分别是保持、走向始点、走向终点。

保持。当传感器断开后，仪表的显示值保持住断开前的测量值。

走向始点。当传感器断开后，仪表的显示值为该传感器测量范围内最小可测量值。

走向终点。当传感器断开后，仪表的显示值为该传感器测量范围内最大可测量值。

（e）记录点数。用户可以选择记录点数来确定该仪表的记录通道数。

（f）时标选择。时标选择有 4 类。1 类时标以 1、2、3、4 倍数变化；2 类时标以 1、2、4、8 倍数变化；3 类时标以 1、4、8、16 倍数变化；4 类时标以 1、4、16、64 倍数变化。

要修改以上设置值，可通过 ◀ 或 ▶ 按键，使得光标停留在修改位置，再通过 ▲ 或 ▼ 按键修改设置值。光标反显在"取消"或"确定"上，按 ↵ 按键，界面返回组态菜单。

b. 通道组态设置 光标反显在通道组态选项上，按 ↵ 键，即可进入通道组态设置，如图 4-32 所示。

该界面显示每个通道的参数：通道、滤波常量、输入、记录间隔、单位、线性补偿、量程、精度、打印以及累积。用户可以根据需要来设定通道参数。参数说明如下：

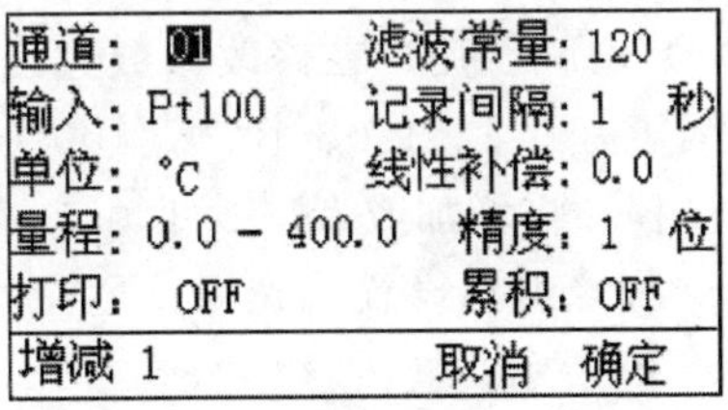

（a）通道。选择要设置的通道序号，通道数根据用户的配置而定，最多可以达到 16 路。

图 4-32 SmeRH（B）系列通道组态设置界面

（b）滤波常量。该记录仪采用多种数字滤波方法，如一阶滞后滤波法等，其主要功能是消除外界干扰，使采用信号更接近真值。滤波常量可设置范围为 20~250，当设置为 20 时，滤波作用最弱，滤波常量越大，显示的测量值越稳定，但同时仪表的响应速度越滞后。默认为 120。

（c）输入。SmeR 系列无纸记录仪采用万能输入模块，允许多种类型的信号输入，包括：热电偶 K、E、J、T、S、B、R、F2、WR25；热电阻 Pt100，Cu50；标准电流信号 0～10mA、4～20mA；标准电压信号 0～5V、1～5V。

(d) 单位。SmeR 系列无纸记录仪提供了丰富的单位选择，已有的单位如表 4-8 所示。

(e) 记录间隔。记录间隔指该通道采集并记录数据的时间间隔；1～300s。

(f) 线性补偿。仪表测量值和实际值的线性误差的补偿。比如，传感器安装位置和时间测量点的线性误差，传感器不同的线性误差等均可以通过该设置来补偿，默认为 0.0。

(g) 量程。当输入信号是"0～5V"或"1～5V"时，量程下限对应"0V"或"1V"，量程上限对应"5V"。比如压力传感器的测压量程是 0～100MPa，其输出是 4～20mA，那么在输入端连接一个 250Ω 的标准电阻，就是"1～5V"输入。把量程下限设置为 0，量程上限设置为 100.0，那么在该量程间，仪表做线性处理。

表 4-8 SmeR 系列无纸记录仪工程单位选择表

工程单位类别	工程单位符号
温度	℃,℉, K
压力	Pa, kPa, MPa, bar, mmbar, mbar, mmHg, mHg, mmH_2O, mH_2O, kgf/m^2
电量	μA, mA, A, kA, μV, mV, V, kV
功和功率	W, kW, MW, kW·h, W·h, N·m, kJ
频率	Hz, kHz, MHz
百分比	%, ‰, ppm, $ppmO_2$, $ppmH_2$, $\%O_2$, %LEL
长度	μm, mm, cm, m
热量	MJ, GJ
质量	g, kg, t
流量	kg/s, L/s, m^3/s, t/s, kg/min, L/min, m^3/min, t/min, kg/h, L/h, m^3/h, t/h
其他单位	pH, RH, rpm, m/s, m/min, r/min

(h) 精度。SmeR 系列无纸记录仪的精度为 0～3 位。标准电压、标准电流输入信号的最大有效范围为 -3000～30000（精度为 0 位时），小数点后最多可以设置 3 位（此时最大有效范围为 -3.000～30.000）。

(i) 打印。仪表可外接微型打印机，OFF 为关闭微型打印机，ON 为打开。

(j) 增减。用户在修改参数过程中，比如修改量程上限，按 ⏎ 按键可以改变增减因子，增减因子有 0.1、1.0、10.0、100.0 四挡，比如当增减因子为 100.0 时，通过 ▲ 或 ▼ 按键修改量程，将增加或者减少 100.0。该功能可以使用户非常方便快速地修改各种参数。

c. 报警组态设置 光标反显在"报警组态"选项上，按 ⏎ 键，即可进入报警组态设置，如图 4-33 所示。

报警组态参数包含报警边限、触点和回差等。

(a) 报警边限。报警边限分为上上限（HH）、上限（H）、下限（L）、下下限（LL）。

报警组态必须遵循的原则：量程下限≤报警下下限≤报警下限≤报警上限≤报警上上限≤量程上限。

(b) 回差。当采样值在报警点附近波动时，仪表会不断进入和退出报警状态，这样输出触点会频繁跳动，导致外部联锁装置产生故障。SmeR 系列无纸记录仪具有报警回差功能，可以避免这种情况。

对于上限和上上限报警，如报警数值设置为300，报警回差为2，当采样值大于300时，触点处于报警状态，当采样值减小并稍小于300时，触点依然处于报警状态，而直到采样值小于298时，触点才退出报警。

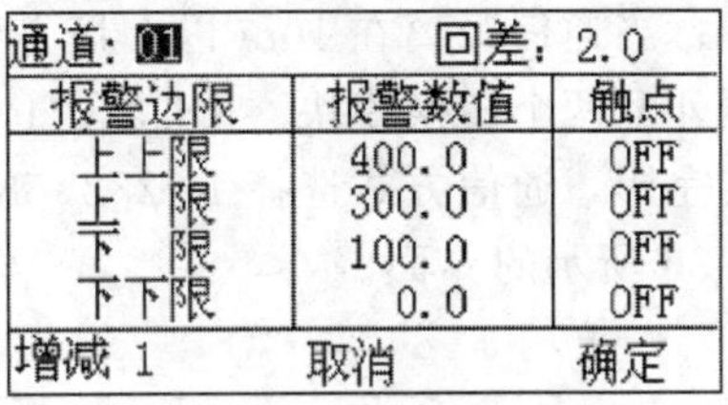

通道：01		回差：2.0
报警边限	报警数值	触点
上上限	400.0	OFF
上　限	300.0	OFF
下　限	100.0	OFF
下下限	0.0	OFF
增减 1	取消	确定

图 4-33　SmeRH（B）系列报警组态设置界面

同样对于下限和下下限报警，如报警数值设置为100，报警回差为2，当采样值小于100时，触点处于报警状态，当采样值增大并稍大于100时，触点依然处于报警状态，而直到采样值大于102时，触点才退出报警。

(c) 触点。SmeR 系列无纸记录仪提供了报警触点输出功能，报警触点是为仪表带继电器报警输出功能准备的。如果该仪表不带报警输出功能，那么所有报警触点均为关闭（OFF）状态。如果仪表带 4 个继电器报警输出，那么触点变化在 OFF、1、2、3、4 状态之间。仪表的报警规则如图 4-34 所示。

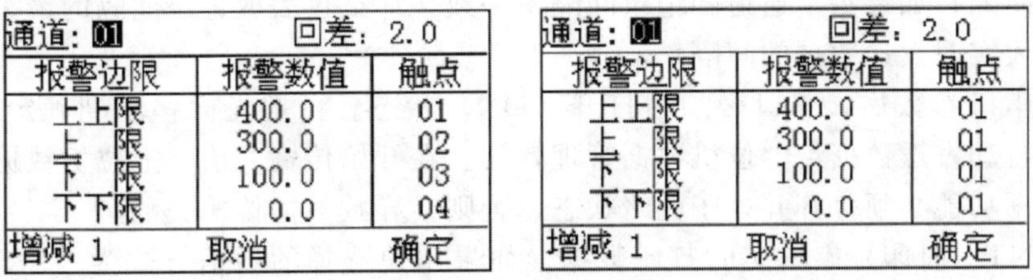

通道：01		回差：2.0
报警边限	报警数值	触点
上上限	400.0	01
上　限	300.0	02
下　限	100.0	03
下下限	0.0	04
增减 1	取消	确定

(a)

通道：01		回差：2.0
报警边限	报警数值	触点
上上限	400.0	01
上　限	300.0	01
下　限	100.0	01
下下限	0.0	01
增减 1	取消	确定

(b)

图 4-34　仪表的报警设置

图 4-34（a）中：$t \geq 400$ 时，01、02 触点报警；$400 > t \geq 300$ 时，02 触点报警；$300 > t > 100$ 时，不报警；$100 \geq t > 0$ 时，03 触点报警；$t \leq 0$ 时，03、04 触点报警。用户可以随意组合，如图 4-34（b）所示。

d. 通信组态设置　光标反显在通信组态选项上，按 ↵ 键，即可进入通信组态设置，如图 4-35 所示。

该界面显示通信组态的参数。通过 ◀ 或 ▶ 按键可以改变光标反显位置，通过 ▲ 或 ▼ 按键可以修改光标反显处的数值。修改完毕后，把光标反显在"确定"选项上，按 ↵ 按键，则所有修改数值生效。修改完毕后，如果把光标反显在"取消"选项上，按 ↵ 按键，则所有修改无效。

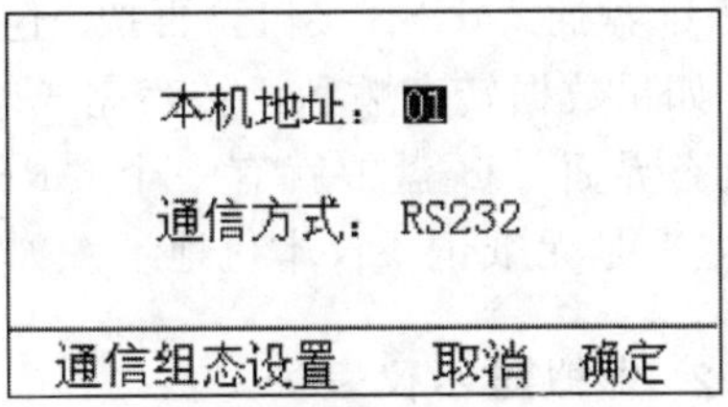

本机地址：	01
通信方式：	RS232
通信组态设置	取消　确定

图 4-35　SmeRH（B）系列通信组态界面

通信组态的参数有：本机地址、通信方式。

(a) 本机地址。如以 01 作为本机地址，U 盘数据转存时，保存在 U 盘中的文件名则为 RECORD01（本机地址是 02，则文件名是 RECORD02）；联网时，以便区别不同仪表。

(b) 通信方式。SmeR 系列无纸记录仪提供如下通信方式：RS232、RS485、PRINT（打印）、USB（数据备份转存）。

• RS232、RS485 串口实时传输。当仪表与计算间距离在 10m 之内时，可采用 RS232

接口；当通信距离在 10m 以上且小于 1000m 时，可采用 RS485 接口。采样 RS485 接口时，必须外配两个转换模块。RS232、RS485 通信方式可以实现实时传送数据功能。当串口线路连接完毕，通信方式选择 RS232、RS485 时，把光标放在"确定"上，按⏎按键，出现如图 4-36 所示的界面。

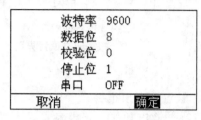

图 4-36　串行通信设置

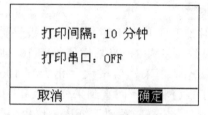

图 4-37　打印设置

波特率可以进行选择，其他参数均不可变化。实时传送数据的时间间隔取决于每个通道的记录间隔。如果每个通道采样数据的记录间隔是一致的，那么这个记录间隔就是仪表实时发送数据的间隔；如果每个通道的记录间隔不一致，那么仪表取记录间隔的最大值，这个最大值即为仪表实时发送数据的间隔。

设置完串口参数后，串口必须为打开（ON）状态。再把光标移动到确定上，按下⏎键，仪表会自动发送数据给上位机数据管理软件。在开始传输之前，上位机数据管理软件的串口读取数据功能必须打开并处于就绪状态，否则会导致数据传输失败。

• PRINT（打印）串口实时打印数据。如果用户选择的通信方式为"PRINT"，通过外接微型打印机可实时打印数据，设置如下。

选择通信方式为"PRINT"，确定以后出现如图 4-37 所示界面。

打印间隔以分为单位，打印串口选择 ON 状态，再把光标移动到确定上，按下⏎键，仪表会按设置的打印间隔时间通过微型打印机打印每个通道的测量值。

需要注意的是，用户选择打印功能时，在通道组态中每个通道的打印功能也必须打开，如果某个通道的打印功能关闭，那么该通道的测量数据将不被打印。

• U 盘转存数据。如果用户选择的通信方式为"USB"，可以实现 U 盘数据转存功能。先把 U 盘插入 USB 接口，再按下⏎按键，出现正在传输数据的界面。

如果数据转存顺利，转存完成时，将会出现数据传输完成界面。按⏎按键即可返回通信组态界面。U 盘中就有一个"RECORD××"的文件（文件后缀为 bin、his 等），其中"××"是无纸记录仪本机地址。如果出现传输失败界面，则表示数据转存未能完成。

2. 虚拟显示仪表

虚拟显示仪表是利用计算机强大的功能来完成显示仪表所有的工作的。虚拟显示仪表硬件结构简单，仅由原有意义上的采样、模数转换电路通过输入通道插卡插入计算机即可。虚拟显示仪表的显著特点是在计算机屏幕上完全模仿实际使用中的各种仪表，如仪表面盘、操作盘、接线端子等。用户通过计算机键盘、鼠标或触摸屏进行各种操作。

由于显示仪表完全被计算机所取代，除受输入通道插卡性能的限制外，其他各种性能如计算速度、计算的复杂性、精确度、稳定性、可靠性等都大大增强。此外，一台计算机中可以同时实现多台虚拟仪表集中运行和显示。

任务实施

在实训现场,结合所学知识,以小组为单位自主练习。

一、数字式显示仪表的认识与校验

1. 主要内容及要求

① 了解数字式显示仪表 XMTA-9000 的使用调整方法。
② 掌握 XMTA-9000 数字显示仪表技术性能基本指标的测试方法。

2. 仪器设备和工具

① XMTA-9000 数字式显示仪表一台。
② 信号发生器一台。
③ 标准电阻箱(0.02级)一台。
④ 电子电位差计一台。
⑤ 万用表一块,旋具一把,验电笔一支。

3. 训练步骤

(1) 接线 训练装置连接如图 4-38 所示。

(2) 外观检查 观察仪表外观:仪表应密封良好,安装牢固;仪表外露件无松动、损坏,仪表厂家、编号、型号应有明确标记。

(3) 开启电源,仪表通电,显示测量值 按一下 SET 键,进入设定准备状态,显示 SP1 或 End。再按一下 MAN 键,仪表上排显示 SEL,下排显示 555。此时通过面板上位移键、加、减键,将 555 改为 485,再按一下 SET 键,则进入 B 菜单操作程序。

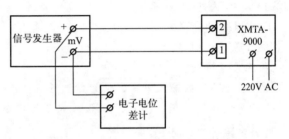

图 4-38 XMTA-9000 校验连接图

(4) 零位与满刻度调整

① 输入零位所对应的电量值(毫伏值),用 B 菜单调整零位使仪表显示为 0。
② 输入满刻度所对应的电量值(毫伏值),在设定状态将 SEL 菜单 555 改为 159,则可进入 E 菜单调整量程,使仪表显示满刻度值。

(5) 示值校验 取量程的零点、25%、50%、75%和100%点进行正、反行程校验,记下数据。

(6) 分辨力测试 校验点取量程的 25%、50%、75%、100%点,输入校验点标准电量值 X_1,单向变化输入信号使仪表最末位数字发生一个字的变化,此时仪表输入信号电量值为 X_2,则 $|X_2-X_1|$ 数值折合为对应的显示单位即为仪表在该点的分辨力。例如某台数字仪表,分度号为 Pt100,量程为 0~199.9℃,标称分辨力为 0.1℃,现校验该表在 50%(即100℃)点的分辨力:当输入为 138.50Ω 时,显示为 100℃,当调节标准电阻箱使仪表显示 100.1℃时,此时输入电量值(标准电阻箱读数)为 138.54Ω,即输入信号差值为 0.04Ω,折合为 0.1℃,故此仪表在该点的分辨力符合要求。

(7) 数据处理 将配热电偶的数字仪表实训数据填入表 4-9,并计算仪表的允许基本误差、变差及分辨力,进而判断被校仪表是否合格。

表 4-9　热电偶的数字仪表实训数据

被校分度线	0%	25%	50%	75%	100%
名义电量值/mV					
正向/mV					
正向误差/mV					
反向/mV					
反向误差/mV					
基本误差/%					
变差/%					
分辨力					
精度					

若是配热电阻的端子，实验数据表可参照上表。

二、无纸记录仪的认识、组态和操作

1. 主要内容及要求

(1) 训练内容

① 实时单通道显示。

② 八通道棒图显示。

③ 四通道校验。

(2) 选择不同的输入方式，通过对无纸记录仪的各通道进行组态，熟练掌握其组态方法。

(3) 通过对记录仪的操作和认识，充分了解该类仪器的先进性和操作方便等特点，从感性上认识新型仪表的优越性。

(4) 通过各通道记录特性的实际操作和观察，学会该类仪表的检定方法。

2. 仪器设备和工具（准备）

① 无纸记录仪一台，型号 JL-22a。

② 标准电阻箱一只，推荐型号 ZX/38a。

③ 精密直流手动电位差计一台，推荐型号 UJ33a 或 UJ36 型。

④ 可调直流电流源一台，相应的电流指示仪表一块。

⑤ 可调直流电压源一台，相应的电压指示仪表一块。

3. 训练步骤

校验装置连接图如图 4-39 所示。

(1) 进入组态界面　在表芯的右侧面板上有一个"组态/显示"切换插针（亦称为跳线），当用短路片将左边的两个插针短路时，该仪表即进入了组态界面，利用该界面可对本仪表进行各种不同形式的组态。组态完毕后将短路片拔下，仪表即进入显示界面。

(2) 组态主菜单　进入组态界面后，仪表即时显示组态主菜单，利用"↓""↑"键可将光标任意移至某一个组态号上，然后按回车键即可进入该号所代表的下一级组态菜单。

① 时间及通道组态。在组态主菜单中将光标移至"组态1"，按回车键即可进入组态1画面进行日期、时钟、记录点数及采样周期的组态。

② 第一通道信息组态。

③ 第二通道信息组态。

④ 第三通道信息组态。

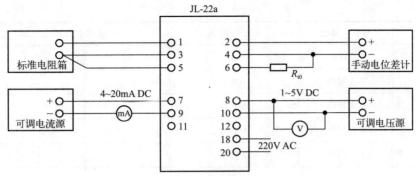

图 4-39 校验装置连接图

⑤ 第四通道信息组态。

(3) 各通道指示及记录准确性的校验

① 第一通道校验。仪表通电后便自动进入实时单通道显示界面,进入该画面后按下述步骤进行实验。

用"←"键将手动/自动翻页标志设定为"M",即手动翻页状态。从略低于 100Ω 的限值开始,顺序增大接入第一通道的电阻箱阻值,使记录仪显示界面上的工程量实时数据分别为各校验分度点(不得少于5个),读取各校验点所对应的电阻箱阻值、实时棒图显示值,在表 4-10、表 4-11 中的相应栏目内进行记录,并观察实际趋势曲线的变化情况。各点的校验操作均完成后,按"翻页"键进入第二通道。

② 第二通道校验。仪表仍处于实时单通道显示界面,手动翻页状态,从 0mV DC 开始,顺序增大接入第二通道的电位差计输出值,使记录仪显示界面上的工程量实时数据分别为各校验分度点(不得少于5个),读取各校验点所对应的毫伏值、实时棒图显示值,在表 4-10、表 4-11 中的相应栏目内进行记录,并观察实时趋势曲线的变化情况。

表 4-10 无纸记录仪校验记录表

被校仪表型号		工程量显示精度		曲线显示精度	
实时棒图精度		标准电阻箱型号		电位差计型号	
电流源型号		电流表指示精度		电压源型号	
电压表指示精度		八通道棒图显示精度			
通道	校验点参数	标准信号值		被校表显示	误差
第一通道	0℃	100Ω			
	75℃	128.98Ω			
	150℃	157.31Ω			
	225℃	184.99Ω			
	300℃	212.02Ω			
第二通道	0℃	0mV			
	150℃	6.138mV			
	300℃	12.209mV			
	450℃	18.516mV			
	600℃	24.905mV			

续表

通道	校验点参数	标准信号值	被校表显示	误差
第三通道	0MPa	4mA		
	0.4 MPa	8mA		
	0.8 MPa	12mA		
	1.2 MPa	16mA		
	1.6 MPa	20mA		
第四通道	0kg/h	1V		
	1.25kg/h	2V		
	2.5kg/h	3V		
	3.75kg/h	4V		
	5kg/h	5V		

由于在线路连接时第二通道的4、6端子间接入了19Ω的固定电阻，在此不必考虑冷端温度补偿的问题，故实验过程中不考虑室温。

各点的校验操作均完成后，按"翻页"键进入第三通道。

③ 第三通道校验。仪表进入第三通道后，从略低于4mA DC的电流值开始，顺序增大接入第三通道可调电流源的输出电流值，使记录仪显示界面上的工程量实时数据分别为各校验分度点（表示压力，不得少于5个），读取各校验点所对应的实时工程量（压力）数据、实时棒图显示值，在表4-10、表4-11中的相应栏目内进行记录，并观察实时趋势曲线的变化情况。各点的校验操作均完成后，按"翻页"键进入第四通道。

④ 第四通道校验。进入第四通道后，从略低于1V DC的电压值开始，顺序增大接入第四通道可调电压源的输出电压值，使记录仪显示界面上的工程量实时数据分别为各校验分度点（表示流量，不得少于5个），读取各校验点所对应的实时工程量（流量）数据、实时棒图显示值，在表4-10、表4-11中的相应栏目内进行记录，并观察实时趋势曲线的变化情况。各点的校验操作均完成的，再次按"翻页"键仪表便回到第一通道。

(4) 数据处理 上述操作完成后，按一下"功能"键，仪表便进入八通道棒图显示界面，由于只设置了四个通道，在该显示界面内可看到前四个通道变量值在同一显示界面内以百分比形式的棒图共同显示。对各通道分别加入信号，使各自的棒图分别指示0%、20%、40%、60%、80%、100%，测取相应的电量值，将实验结果填入表4-11，并与实时单通道显示界面下的各测量结果进行比较。

表4-11 无纸记录仪棒图显示校验记录表

被校仪表型号		工程量显示精度		曲线显示精度	
实时棒图精度		标准电阻箱型号		电位差计型号	
电流源型号		电流表指示精度		电压源型号	
电压表指示精度		八通道棒图显示精度			

续表

通道	校验点参数	标准信号值	被校表棒图显示/%	误差
第一通道			0	
			25	
			50	
			75	
			100	
第二通道			0	
			25	
			50	
			75	
			100	
第三通道			0	
			25	
			50	
			75	
			100	
第四通道			0	
			25	
			50	
			75	
			100	

学习讨论

1. 数字式显示仪表由哪几部分组成？各部分有何作用？
2. 无纸记录仪的组态包括哪些内容？

项目小结

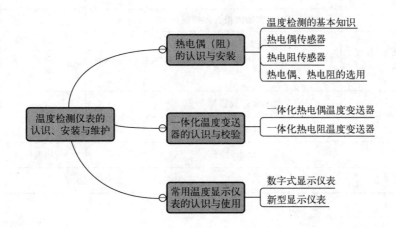

思考题

4-1 温度检测主要有哪些方法？叙述它们的作用原理和使用场合。

4-2 热电偶测温时，为什么要参比端温度补偿？参比端补偿方法有哪几种？为什么热电偶不适用于测量低温？

4-3 热电阻测温时，为什么要采用三线制接法？应怎样连接保证确实实现了三线制连接？若在导线敷设至控制室后再分三线接入仪表，是否实现了三线制连接？

4-4 用分度号 Pt100 的热电阻测温，却错查了 Cu100 的分度表，得到的温度是 100℃，问实际温度是多少？

4-5 已知分度号为 S 的热电偶冷端温度为 $t_0=20℃$，现测得热电势为 11.710mV，求热端温度为多少？

4-6 现用一只镍铬-康铜热电偶测温，其冷端温度为 30℃，动圈仪表（未调机械零位）指示 450℃。则认为热端温度为 480℃，对不对？为什么？若不对，正确温度值应为多少？

4-7 什么是铠装热电偶？它有哪些特点？

4-8 一支测温电阻体，分度号已经看不清楚，试用简单的方法鉴别出电阻体的分度号。

 项目考核

项目实施过程考核与结果考核相结合，由项目委托方代表（教师或学生）对项目各项任务的完成结果进行验收、评分；学生进行"成果展示"，经验收合格后进行接收。

项目完成情况作为考核能力目标、知识目标、拓展目标的主要内容，具体包括：完成项目的态度、项目报告质量、资料查阅情况、问题的解答、团队合作、应变能力、表述能力、辩解能力、外语能力等。

完成情况考核评分表

评分内容	评分标准	配分	得分
操作技能、现场情况、准备工作等（仪表选择、调校、安装、组态）	仪表安装：采取方法错误扣 5~30 分	30	
	仪表校验：不合适扣 10~30 分	30	
	成果展示：（实物或报告）错误扣 10~20 分	20	
知识问答、工作态度、团结协作	知识问答全错扣 5 分；小组成员分工协作不明确，成员不积极参与扣 5 分	10	
安全文明生产	违反安全文明操作规程扣 5~10 分	10	
项目成绩合计			
开始时间	结束时间	所用时间	
评语			

项目五

污染物成分自动分析仪表的认识

知识目标

- 掌握成分分析仪表的作用。
- 掌握 pH 计的类型、结构组成和工作原理。
- 掌握气相色谱仪的结构组成和工作原理。
- 了解水质分析仪（工业电导仪、COD 测定仪和氨氮分析仪等）的工作原理。
- 了解气体分析仪（红外线气体分析仪、烟气分析仪和甲醛分析仪等）的工作原理。

能力目标

- 能根据要求选择适宜的成分分析仪表。
- 能正确安装 pH 计。
- 能正确使用气相色谱仪。
- 能准确识读水质检测仪和气体检测仪。

素质目标

- 安全重于泰山，树立安全意识、纪律意识。
- 培养细致认真的职业素养以及健康向上的绿色环保意识。

思政微课堂

【案例】

2005 年 11 月 13 日，某厂苯胺车间发生爆炸事故。事故产生约 100 吨苯、苯胺和硝基苯等有机污染物流入松花江。由于苯类污染物是对人体健康有危害的有机物，导致松花江发生重大水污染事件。哈尔滨市政府随即决定，关闭松花江哈尔滨段取水口，停止向市区供水，哈尔滨市的各大超市无一例外地出现了抢购饮用水的场面。

爆炸起因是硝基苯精制岗位操作人员违反操作规程，在粗硝基苯进料过程停止后，未关闭预热器蒸气阀门，导致预热器内物料气化；恢复硝基苯精制单元生产时，再次违反操作规程，先打开了预热器蒸气阀门加热，后来又启动粗硝基苯进料泵进料，引起进入预热器的物料突沸并发生剧烈振动，使预热器及管线的法兰松动、密封失效，空气吸入系统，由于摩擦、静电等原因，导致硝基苯精馏塔发生爆炸，并引发其他装置、设施连续爆炸。

此次爆炸事故，造成 8 人死亡、60 人受伤。爆炸发生后，约 100 吨苯类物质（苯、硝基苯等）流入松花江，造成了江水严重污染，沿岸数百万居民的生活受到影响。爆炸导致松花江江面上产生一条长达 80 公里的污染带，主要由苯和硝基苯组成。污染带通过哈尔滨市，该市经历长达五天的停水，是一起工业灾难。

【启示】

1. 重大安全生产事故大多是由生产车间安全管理不善，执行规章制度不严，技术操作人员违规操作,安全防范措施不力导致的,因此在建立安全规章制度之后,还应严格执行,落实各级安全责任,加强安全监督管理。

2. 我国面临水污染的严峻形势,政府针对水污染现状制定相应的污水处理技术标准,并将其不断完善。

【思考】

1. 联系实际讨论为何要遵守安全操作规程?
2. 联系实际谈谈成分分析仪表在环境保护中的应用。

在环境污染治理过程中,除了对压力、流量和液位等参数测量外,更重要的是还需对污染源成分、治理后排放物成分进行检测,以确定污染源是否超标排放,以及污染治理设施的运行效果。这些都需要进行成分分析,而随着现代仪器仪表工业和自动控制技术的发展,越来越多地使用了在线监测仪表,使得分析的结果更加及时和准确。另外,成分在线检测仪表在环境质量评价、污染事故预报和预警以及污染治理设施运行工况分析等方面的应用也越来越多,实现环境监测和污染治理的及时化、信息化和自动化。

本项目主要学习污染物成分分析仪表的结构、原理、安装、操作及维护等知识与技能。

任务一 工业 pH 计的认识与调校

在环境污染治理中,首先需要对污染源的成分进行分析,明确污染源的污染物类型与浓度,以便能判断污染的程度和提出合适的污染治理措施。

一、成分分析仪表的基本知识

成分分析仪表是对物质的成分及性质进行分析和测量的仪表。如大气污染监测中,需要测定烟尘、SO_2 和 NO_x 浓度,以及分析是否含有重金属及其浓度等;在水污染监测中,需测定污水中的 COD、BOD_5、SS 和 pH,有时还需要测未知污染物的类型和浓度;在治理设施运行中,需要分析影响工艺正常运行的参数,如烟气脱硫过程,需测定吸收塔中的 pH;在废水生物处理中,需要实时测定曝气池中溶解氧、pH 和污泥浓度等运行控制参数;另外,处理完的烟气、污水也需要再次测定主要污染物,以判断是否达标排放。

1. 成分分析方法及分类

(1) 成分分析方法 成分分析的方法主要有实验室分析和利用在线仪表的现场分析。实验室分析主要通过到采样现场采样,然后到实验室分析,分析可以采用化学分析和仪器分析的方法;在线仪表分析则可以直接利用在线监测仪表直接获取样品的成分。用于实验室分析的仪器称为实验室分析仪器,用于生产过程的成分监测仪器或仪表称为过程在线分析仪器,亦称流程分析仪器。

(2) 成分分析仪表分类 按仪表的测量原理,成分分析仪表可以分为以下几种形式:电化学式(电导式、电量式和电位式等)、热学式(热导式、热谱式、热化学式)、磁学式(核磁共振分析仪、磁性氧量分析仪)、射线式(X射线分析仪、微波分析仪)、光学式(红外、紫外等吸收式光学分析仪,光散射、干涉式光学分析仪)、电子光学式和离子光学式(电子探针、离子探针)、色谱式(气相和液相色谱仪)、物性测量仪表(水分计、黏度计、密度计、湿度计)和其他形式的仪表(晶体振荡式分析仪、半导体气敏传感器)。其中只有部分类型可以实现自动分析功能。

2. 自动分析系统的构成

各类成分分析仪表尽管工作原理不同,结构复杂程度也不完全相同,但都是由一些共同的基本环节组成的,见图5-1所示,一般由采样、预处理及进样系统,分析器,显示及数据处理装置等组成。系统采样分为连续采样和间歇采样两种,做引入样品用,包括引入、引出导管、测量室和过滤器等;分析器,即检测元件,根据所分析的成分物理、化学特性,来确定待分析的组分含量,传递出相应大小的电信号;显示及数据处理装置等主要是把分析器传出来的信号加以处理和放大,并在显示盘或计算机上显示出来。

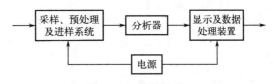

图 5-1 自动分析系统构成

二、工业 pH 计

pH 计作为湿法脱硫工艺控制流程中重要的测量仪表,可应用于吸收塔石膏浆液酸碱度测量上,其测量值和准确性直接影响脱硫效率以及整个系统安全、经济运行。合适的 pH 值可让整个脱硫系统中的脱硫剂结晶成型,通过真空皮带机和压滤机等的处理,形成块状石膏,便于回收利用。

通常,湿法脱硫吸收塔系统中设置2台 pH 计,正常运行时,一般取它们测量值的平均值,并参与吸收塔石灰石浆液加料的闭环控制。在不同脱硫方法中所采用的 pH 设定值差别不大,一般把吸收塔 pH 值设在 5.0~6.0,系统比较测量值与设定值的大小,如果测量 pH 值小于设定 pH 值,则需加大进入吸收塔石灰石浆液流量,即增加石灰石浆液进吸收塔调节阀的开度,适当增大实际 $CaCO_3$ 质量需要;反之,如果测量 pH 值大于设定 pH 值,则需减小进吸收塔石灰石浆液流量,即减小石灰石浆液进吸收塔调节阀的开度,适当减少实际 $CaCO_3$ 质量需要。

pH 是表征溶液酸碱度的重要参数,被定义为氢离子活度的负对数,它是环境检测最常用和最重要的参数之一。

$$pH = -\lg [H^+] \tag{5-1}$$

pH 的测定方法有 H^+ 试剂分析法、电化学分析法和传感器分光光度法等,而在线检测应用较多的是基于电化学的分析法。电化学测定法的基本原理是在被测溶液中插入两个不同的电极,其中一个电极的电势随溶液氢离子浓度的改变而变化,称为工作电极;另一个电极具有固定的电势,称为参比电极。这两个电极形成一个原电池,原电池电动势的大小取决于氢离子的浓度,即取决于被测溶液的酸碱度。电化学测量可靠性和稳定性好,精度高。

电化学方法的 pH 计可分为电极部分和电计两部分。在实际测量中,电极浸入待测溶液中,将溶液中的 H^+ 浓度转换成毫伏级电压信号,送入电计。电计将该信号放大,并经过对数转换转为 pH 值,然后由显示仪表显示出 pH 值,pH 计结构组成如图5-2所示。

电化学分析法中常用的电极有玻璃电极、复合电极和锑电极等。玻璃电极法应用广泛,产品选择范围大,价格较低,缺点是需要定时清洗和更换电极。而锑电极法仪器价格较高,

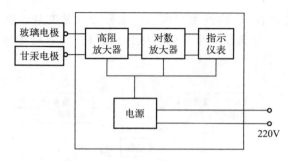

图 5-2 电位测量法 pH 计结构组成

测量精确性和重现性差,一般仅应用在不适于应用玻璃电极(如含氢氟酸溶液)的场合。

1. 玻璃电极法

(1) 玻璃电极 玻璃电极是工业上最通用的一种测量电极,当玻璃电极与被测物料接触时,由于水化作用,其膜与水接触形成水合胶层,每当氢离子进入或离开玻璃膜时,胶层的电中性会被破坏,这样,在界面上就会形成电势,该电势的大小取决于溶液胶层中氢离子的活度。同时,参比电极与溶液接触产生一个近似恒定的电势。这样,与溶液接触的一对电极便存在一个电势差 E,其大小与 H^+ 的活度呈对应关系。玻璃电极在使用时受温度影响比较大,故一般工业使用时都要同时插入热电阻,把测得的温度值(即电阻值)接入测量电路,以补偿温度对 pH 测量的影响。

甘汞内极的玻璃电极由于内藏汞化合物,易引起环境污染,现在多使用氯化银内极的玻璃电极,见图 5-3。

(2) 参比电极 与玻璃电极组合在一起的参比电极,其内极与玻璃电极的内极相同,电极内充液为浓度适当的氯化钾溶液。在参比电极的端部,为了与检测溶液进行电联系,有一个液接部。液接部的形式有多种,图 5-4 所示为常用的形式。从液接部有微量的内部液渗出,于是与检测溶液接通电路,但是若液接部受到污染则将产生堵塞,使液间电势差增大,因而产生检测误差。

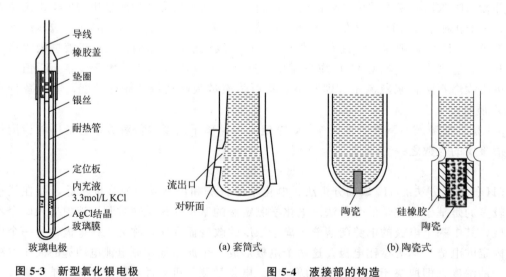

图 5-3 新型氯化银电极   图 5-4 液接部的构造

(3) 复合电极 测定 pH 时,玻璃电极必须和参比电极配合使用,现在已有电极紧凑合为一体的复合电极。外壳为玻璃的称为玻璃 pH 复合电极,外壳为塑料的称为塑料 pH 复合电极。复合电极的最大优点是合二为一,使用方便。pH 复合电极主要由电极球泡、玻璃支撑杆、内参比电极、内参比溶液、外壳、液接部、电极帽、电极导线和插口等组成。由于玻璃电极的电势差随温度变化，所以测定时要把温度补偿电阻考虑进去，参见图 5-5 和图 5-6。

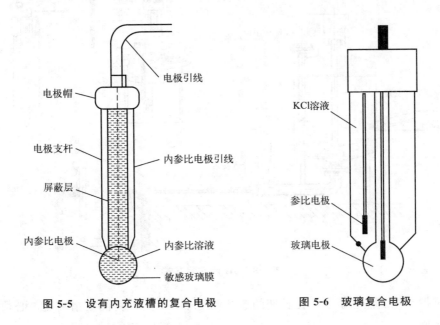

图 5-5　设有内充液槽的复合电极　　　图 5-6　玻璃复合电极

（4）检测仪器　测定玻璃电极和参比电极之间的电势差时，唯一的方法是使用指示 pH 的直流电位差计。由于玻璃电极的内阻很大（一般几十到几百兆欧），因此必须使用特殊设计的、具有高输入阻抗的检测仪器。

为了方便使用，这类检测仪器除台式的以外还有用于生产过程的表盘式、安全防爆式（石油化工测定排水 pH 值时使用）、防滴式等类型，另外还有与电极夹和显示仪表组合在一起的检测仪器。检测仪器见图 5-7。

图 5-7　检测仪器/变送器

（5）安装方式　安装方式有侧壁安装、法兰式安装、管道安装、顶插式安装、流通式安装和沉入式安装等形式，见图 5-8。

（6）操作　测定前先校正仪器，校正的方法是将电极插入中性磷酸盐缓冲溶液中，同时测定液温，调节按钮，使显示仪表的指针读数与标准缓冲溶液的 pH 相符，用蒸馏水清洗电极后将其浸入到邻苯二甲酸氢钾标准溶液中，同样按照此液温下的 pH，用按钮进行调整。标定结束后，调节按钮不应再动，直至下一次标定。校正之后，即可用仪器测量试样的 pH 值。测定方法参见《pH 水质自动分析仪技术要求》（HJ/T 96—2003）。

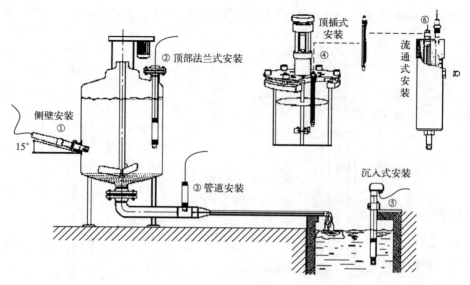

图 5-8 pH 计安装方式

（7）维护及测定注意事项 在长期的连续测定中，为了保持测定精确度，必须定期对仪器进行维护。

① 内充液的补充 参比电极的内充液从液接部渗出来，当内充液减少到一定程度时需要补加，为补加方便，设有能大量输液的储存容器或在电极夹本体上设内充液槽以扩大储存量和减小补加频度。

② 电极清洗 参比电极的液接部毛孔经常会被堵塞，电极阻抗增高，往往引起指示值波动，在这种情况下，应及时刮去积垢或更换电极。只有在液接部不被玷污和保持畅通的情况下，才能保持其正确测量。

当用 pH 计检测介质时，随着长期使用，污染物会附着在玻璃电极上，将会影响玻璃电极产生的电势，进而影响到 pH 计的示值，使灵敏度和测量精度降低，甚至失效。因此对于 pH 计在实际使用中的抗污性，人们一直在不断研究中。又因 pH 计使用范围广泛，pH 计测量的介质情况不同，pH 计电极受污染程度也不一样，所以 pH 计电极采用的清洗方法也不尽相同。对在线 pH 计，若测量介质较为干净（如锅炉给水为无盐水）或对 pH 计污染程度较轻，可根据经验定期取出电极进行清洗。但这种方法在在线检测中越来越少被采用，因人工清洗不但费工、费时，而且会使测量中断，影响自动检测，所以在线 pH 计宜采用自动清洗。清洗的方法主要有超声波清洗、溶液清洗、空气清洗、机械刷洗和复合清洗等。

a. 超声波清洗。在 pH 计探头附近安装一个可以发生超声波的装置，由它发出超声波对 pH 电极进行自动清洗。超声波的强弱通过调节超声波的振荡频率实现。它的安装采取了纵向方式，即超声波的探头安装在电极的下方。超声波清洗效率高、效果好、使用寿命长、成本低，但不适合清洗胶状溶液污垢。日本 DKK-TOA 公司已有带超声波清洗的电极夹套，对电极实现了在线清洗，它多应用于污水处理行业。

b. 溶液或空气喷射清洗。在电极组件的附近装有清洗喷头，根据清洗要求，喷头定期喷水、其他溶液（如低浓度的盐酸、硝酸溶液）或压缩空气，以冲刷或溶解的方式除去电极上的污染物。溶液的喷射由程序控制器控制。在喷射时，pH 计需能控制输出保持在清洗前的值不变，即此时锁定仪表输出，待清洗完毕，溶液的 pH 值稳定后，pH 计再进行检测输出。瑞士梅特勒公司和 E+H 公司生产的伸缩式电极护套，在清洗时，电极被拉入清洗腔，对电极进行溶液或空气清洗。

总之，采用超声波清洗和溶液喷射清洗组合的方式对pH电极进行清洗，效果较好。组合清洗系统如图5-9所示。

③ 日常维护　为了保证pH计正常使用，日常维护工作也很重要，应注意以下几点。

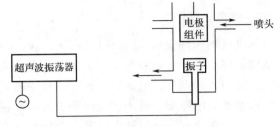

图5-9　电极组合清洗系统

a. 检定测量时，应先在蒸馏水中（或去离子水）洗净，并用滤纸吸干水分，防止杂质带进被测液中，电极球泡和液接部应完全浸在被测液内。

b. 玻璃电极是目前最稳定的离子敏感元件，在工业中，大部分pH值检测采用这种器件，而玻璃易碎，在安装、清洗电极时，注意不要碰撞。

c. 氢氟酸会腐蚀玻璃，当被测溶液中含有氢氟酸时，不能采用玻璃电极，而要用锑电极或钨电极。

d. 电极接上仪表后，执行校正工作之前请将仪器通电预热30min。

e. 检定前请务必使用生料带（3/4螺纹处）做好防水封闭工作，避免水进入pH电极中，造成pH电极电缆线短路。

f. 执行校正工作电极标定时，应注意电极不能平放，要垂直放置（请将电极玻璃球泡朝下），防止电极数据偏离。

g. 玻璃电极受温度的影响较大，可采用温度补偿电阻接入测量电路，以补偿温度对pH值的影响。被测的介质温度应低于规定值，否则，必须在分析仪前加仪表冷却器，降低温度，以保证分析仪的测量精度和寿命。

h. 电极不用时应洗净，插进加有饱和氯化钾溶液的保护套，或将电极插进加有饱和氯化钾溶液的容器；应避免长期浸泡在蒸馏水中，并防止与有机硅油脂接触。

i. 传感器和变送器之间需用特殊的高阻高频专用电缆，若改用普通电缆，则灵敏度会下降，误差增大。

j. 仪表常见故障与排除方法见表5-1。

表5-1　仪表常见故障与排除方法

现象	可能原因	排除方法
仪表无显示	电源没接通	检查仪表背面电源接线端有无220V电压
	仪表故障	请厂家专业人员维修或换货
显示不稳定	电极接线有误	检查电极插头是否接触牢固
	管路中有气泡	整改管路或另选测量点
	水质不稳定	
	电源有强干扰	用缓冲溶液测量排除仪表原因
		视原因对电源采取措施
	流速过快	控制流速
读数误差大，电极反应慢	电极电势变化	重新清洗电极
	电极超保质期	更换新电极
	电极有污染物	对电极进行清洗

2. 锑电极法

锑电极是一种金属-金属氧化物电极，以甘汞电极作为参比电极，以金属锑为测量电极。其电极电势产生于金属与覆盖其表面上的氧化物之界面上。锑电极主要应用于含有氟离子的污染介质中，如钢铁、电镀废水治理过程中测定 pH，以及含油等易引起玻璃电极结垢和污染等影响玻璃电极测定精确度的污染源监测和污染治理场合测定 pH 值。

(1) 工作原理　金属锑电极是一种氧化还原电极，当金属锑表面与被测溶液接触后，表面被氧化生成 Sb_2O_3，金属锑与氧化物之间的电势差取决于 Sb_2O_3 的浓度，而 Sb_2O_3 的浓度与溶液中的氢离子浓度有关，因此，可以通过测量 Sb-Sb_2O_3 之间的电势差来测量溶液的 pH 值，其化学反应如下：

$$2Sb^{3+} + 3H_2O \longrightarrow Sb_2O_3 + 6H^+ \tag{5-2}$$

$$Sb_2O_3 + 6H^+ \longrightarrow 2Sb^{3+} + 3H_2O \tag{5-3}$$

从以上化学反应中可知，要能连续测量溶液的 pH 值，应随时对与被测溶液接触的金属锑电极表面的污垢和氧化物进行清洗，以保持金属锑电极的新鲜表面，满足纯锑表面与被测溶液接触，从而再形成一层新 Sb_2O_3 的薄面，如此周而复始，以保持溶液 pH 值的测量精度及可靠性。清洗可以使用清洗刷或玛瑙刀。

(2) 电极特性　金属锑电极制造简单，响应快，便于在线测量，在含有氰化物、硫化物、还原性糖、生物碱、含水酒精溶液中也可应用，缺点是金属锑电极的测量精度不高，易受草酸盐、偏磷酸盐损害。金属锑电极在碱性溶液中测量误差较大，而且随温度增加，测量误差增大。研究表明，这主要是由于 Sb_2O_3 电势受温度影响较大，而且在不同温度下影响程度不一样。因此，不仅需要对温度进行补偿，还需要对温度变化系数进行补偿。由于金属锑电极具有很强的温度效应且没有固定的理论公式，所以用计算机进行数据处理时，力求通过各种补偿方式来尽量准确地反映真实值，用能斯特公式计算后，配合温度的补偿，可以比较容易地得出溶液的 pH 值。

(3) 测定时注意事项

① pH 与电势的关系　测定前用标准溶液校正检测仪器，这一点与玻璃电极相似。但是锑电极的电势变化与 pH 并不完全成线性关系。而且因锑的材料不同，它的电势也不一样。因此在使用锑电极测量 pH 之前，有必要先用两三种 pH 标准溶液做成检测线，或进行分度校正。锑电极的测定范围较窄，有的在 2~12 之间，具体因生产厂家不同而异。

② 电极纯度　锑电极内含有的不纯物，往往影响到电极电势。如果不纯物是 Fe、As、Pb、Cu 和 Sn 等，即使有 0.01%，对于 pH 值也会产生 0.1~0.2 的误差。更换电极时必须注意其纯度。

③ 电极表面状况　在电极清洗研磨过程中，由于研磨电极表面，促使其电势发生变化，所以必须对电极表面状况进行检测。现在已经有一种装设在自动研磨装置上的设备，可以对电极表面边研磨边检测。

④ 共存金属离子的影响　如在试样中含有铜离子这样比锑的离子化趋势更小的金属，在锑电极上就会有铜析出，即部分地形成铜电极，导致检测误差。

3. 差分电极法

(1) 电极　差分电极以美国哈希公司（HACH）生产应用的较多，见图 5-10。
HACH 生产的 pHD 差分 pH/ORP 传感器采用该公司差分电极测量专利技术，用三传感器取代传统的 pH 传感器的双电极，具有优异的准确度和可靠性。传感器电子元件被包裹在 PEEK 或 Ryton 壳体内，PEEK 或 Ryton 材料有良好的耐腐蚀性能，内置欧姆电热调节器，用于自动补偿因温度变化引起的 pH 读数变化。盐桥可以更换，延长了传感器的使用寿命。其有专门针对含氢氟酸介质的特殊结构玻璃电极；安装简便，可以采用三通管道、活接头和浸入式等安装方式。

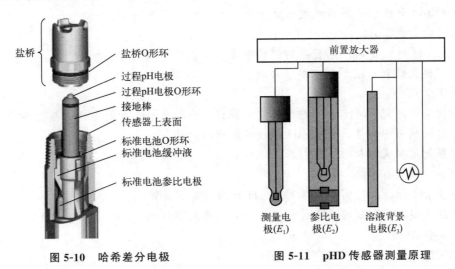

图 5-10　哈希差分电极　　　图 5-11　pHD 传感器测量原理

（2）测量原理　差分电极不是使用 KCl 溶液中的参考电极，而是使用两个玻璃电极来测得测定值相对于第三个金属电极的差分值。第一个玻璃电极浸泡在充满 pH 值为 7 的缓冲溶液的小室中构成标准电极组，如图 5-11 所示，内部小室与一个盐桥小室之间通过一个陶瓷塞形成电化学连接；而第二个玻璃电极则放在待测液体中；同时利用放大器来放大每个电极的输出，降低整个系统的阻抗。pH 与电极电势之间的运算关系如下：

$$\mathrm{pH} = K\left[(E_1 - E_3) - (E_2 - E_3)\right] = K(E_1 - E_2) \tag{5-4}$$

（3）检查与维护　为了维持测量准确度，应周期性地清洁传感器，清洗的时间间隔（几天、几星期等）受测量溶液性质的影响，并且要靠操作经验来确定清洗时间间隔。

① 用软布小心擦拭传感器的整个测量末端（过程电极、盐桥和接地电极）去除积累的污染物，然后用温热清水漂洗。

② 用温水和不含羊毛脂的洗洁精（以防覆盖玻璃电极表面，影响传感器测试）或无研磨剂的肥皂，准备出温和的肥皂液。

③ 将传感器浸泡在肥皂液中 2～3min。

④ 用小的鬃毛刷擦洗传感器的整个测量末端，彻底清洗其表面。如果清洗剂不能除去表面的沉积物，那么使用盐酸（或其他稀酸）溶解这些沉积物，此酸液应尽可能稀，但必须满足清洗要求，具体浓度可根据经验或根据厂家的指导确定。将传感器浸泡在稀释酸液中不超过 5min。用干净温热的水冲洗传感器后将传感器浸在温和的肥皂液中 2～3min 以中和残留的酸。

⑤ 再次用干净温热的水冲洗传感器。

⑥ 清洗后一定要校准测量系统。

任务实施

在实训室或校企合作实训基地，以小组为单位，在教师的指导下完成实训任务。

1. 主要内容及要求

正确使用 pH 计测量介质的 pH 值。

① 了解仪表的正确安装方式。
② 会校准 pH 计。
③ 会使用 pH 计。
④ 能对 pH 计进行日常清洗和维护。

2. 仪器设备和工具

① 在线 pH 计一台，厂家相应的清洗装置一套。
② 厂家提供或自配用于校准的缓冲液。

3. 训练步骤

① 阅读实训中使用 pH 计的说明书，对照说明书熟悉 pH 计的各部分组成和使用要求。
② 参照说明书中的要求配置 pH 计校准的标准溶液。
③ 按照使用步骤和校准方法校准 pH 计。
④ 测量待测液 pH 值。
⑤ 清洗 pH 计，依据实训中使用的 pH 计的清洗方式清洗。
⑥ 训练完成后，需要将 pH 计检查维护好，存放实训室。

4. 操作要求

① 文明操作，按照操作规范使用 pH 计。
② 配置校准液及校准时应认真、仔细。
③ 电极玻璃部分易碎，使用时要轻拿轻放，切勿猛烈撞击。
④ 安全操作，使用电器、药品时注意人身安全。

学习讨论

1. 使用 pH 计应做哪些检查，校准时应注意哪些事项？
2. pH 计的清洗方法有哪些？

任务二　工业气相色谱仪的认识与调校

工业气相色谱仪亦称流程气相色谱仪。自 20 世纪 50 年代初期，气相色谱仪问世后不久，人们就试图将气相色谱仪用于工业生产流程中来，进行现场在线分析。1955 年 Perkin Elmer 公司推出了世界上第一台商品化的工业色谱仪。由于工业气相色谱仪可对气态、液态样品进行多流路、多组分分析而且具有较高的灵敏度，因而得到迅速发展和应用。工业气相色谱仪主要用于实时连续的区域环境监测、废气监测、废水和冷却水等环境监测中，也可用于化工、天然气和工业气体的组分检测中。图 5-12 是西门子公司生产的 MAXUM Ⅱ 过程气相色谱仪，图 5-13 是瑞士 ABB 公司 PGC2000 在线过程气相色谱仪。

对于实验室气相色谱仪来说，可以配备多种检测器和附件，可以安装各种类型、规格的色谱柱，可以分析多种样品，但其动作要由人工逐一操作进行。而工业气相色谱仪的功能是单一的，检测器、色谱柱、样品和系统动作是固定的，要求能够自动连续可靠地重复运行。工业色谱仪安装在取样点附近，在结构上要适合现场的要求，在爆炸危险场合要安装防爆型色谱仪。此外，工业色谱仪要有一套取样和样品预处理系统，为其连续提供适合要求的工艺流程样品。工业色谱仪的所有部件均在控制单元的统一指挥下，自动完成取样分析和测量信号的处理，最后将样品组分浓度标准信号输出到控制系统或记录仪。

图 5-12　西门子过程气相色谱仪　　图 5-13　PGC2000 在线过程气相色谱仪

工业气相色谱仪是一种重要的在线分析仪表，作为工艺操作开环指导或直接参与闭环控制，在污染治理、环境监测和其他领域都有着广泛的应用，如某污水处理厂设有一级消化池 4 座、二级消化池 1 座，一级消化池采用中温和沼气搅拌的厌氧消化，每座消化池的进泥、循环、搅拌各自独立，自成系统。经检测发现，4 座一级消化池产生的沼气量并不完全相同。沼气成分及含量采用气相色谱技术进行分析，仪器采用 TDX-01 高分子材料填柱，工作参数分别为柱温 80℃、检测室温度 140℃、进样室温度 120℃、桥电流 90mA。

经分析可知，甲烷和二氧化碳是沼气的主要成分，两者含量大于 95%，因此主要从甲烷和二氧化碳的角度进行分析。由于甲烷和二氧化碳中的碳来源于污泥中有机物的分解，因此，只要检定污泥中的有机碳含量，就可以推算出理论产气量，计算公式为：

$$V = TOC \times (1/C) \times 消化率 \tag{5-5}$$

式中　V——产气率；

　　　TOC——污泥中的有机碳，若无检测条件，可用污泥量的 55% 近似表示；

　　　$1/C$——分解 1g 污泥有机碳产生的气量，$C = 0.5367X + 0.5395Y$，其中 0.5367、0.5395 分别为甲烷和二氧化碳的气体密度，X、Y 则为甲烷和二氧化碳的含量。

式（5-5）中的消化率可以根据莫开泊和埃根菲尔得关系图，通过污泥有机分查到。

当处理系统中产气率降低时，产生的原因及解决方法有以下几方面。

① 投加的污泥浓度低，应提高投配污泥浓度；

② 消化污泥排放量过大，应减少排放量；

③ 消化池温度降低，应设法保持消化温度；

④ 有机酸积累，碱度不够，应减少有机酸投配量，提高碱度。

根据产气率的公式和影响产气率的原因及采取的方法，利用气相色谱仪数据处理器的编程功能编制程序，输入甲烷、二氧化碳、污泥浓度、污泥有机分和消化率的数据后，可以直接得到产气率。该程序计算的产气率虽高于实际产气率，但实践证明，这套程序在生产中发挥了积极作用，不仅提高了分析速度，而且给出了量化数据，使污泥处理工艺得以在最佳条件下运行。

一、工业气相色谱仪的分析原理

1. 工业气相色谱仪的组成

工业气相色谱仪主要由样气预处理系统、载气预处理系统、取样装置、色谱柱、检测器、信号处理系统、记录显示器、程序控制器等组成，其系统框图见图5-14。它的工作过程是工艺气体经取样和预处理装置变成洁净、干燥的样品连续流过定量管，取样时定量管中的样品在载气的携带下进入色谱柱系统。样品中的各组分在色谱柱中进行分析，然后依次进入检测器。检测器将组分的浓度信号转换成电信号。微弱的电信号经放大电路后进入数据处理部件，最后送主机的液晶显示器显示，并以模拟或数字信号形式输出。程序控制器按预先安排的动作程序控制系统中各部件自动、协调、周期性地工作。恒温控制器对恒温箱温度进行控制。

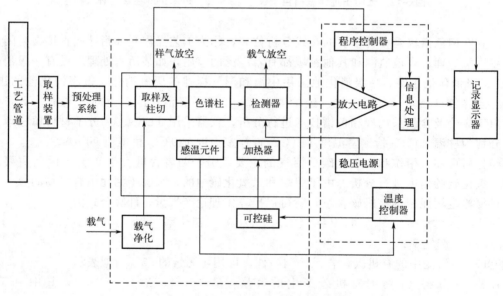

图 5-14　工业气相色谱仪系统框图

2. 工业气相色谱的分离原理

气-液色谱中的固定相是涂在惰性固体颗粒（称为担体）表面的一层高沸点的有机化合物的液膜，这种高沸点的有机化合物称为"固定液"。担体仅起支撑固定液的作用，对分离不起作用，起分离作用的是固定液。分离的根本原因是混合气体中的各个待测组分在固定液中有不同的溶解能力，也就是各待测组分在气、液两相中的分配系数不同。

当被分析样品在载气的带动下，流经色谱柱时，各组分不断被固定液溶解、挥发、再溶解、再挥发，由于各组分在固定液中溶解度有差异，溶解度大的组分较难挥发，向前移动速度慢些，停留在柱中的时间就长些，而溶解度较小的组分易挥发，向前移动速度快些，停留在柱中的时间短些，不溶解的组分随载气首先流出色谱柱。这样，经过一段时间样品中各组分就被分离。

如图 5-15 所示为 A、B 两组分混合物在色谱柱中的分离过程示意图。

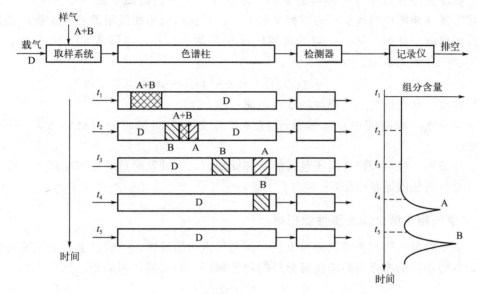

图 5-15　A、B 两组分混合物在色谱柱中的分离过程

设样品中仅有 A 和 B 两种组分，并设 B 组分的溶解度大于 A 组分的溶解度。t_1 时刻样品被载气带入色谱柱，这时它们混合在一起，由于 B 组分较 A 组分溶解度大，B 组分向前移动的速度比 A 组分小，在 t_2 时刻可以看出 A 组分超前、B 组分滞后，随着时间增长，两者的距离逐渐拉大，最后得以分离。两组分在不同时间先后流出色谱柱，再进入检测器，随后记录仪记录下相应两组分的色谱峰。

设某组分在气相中浓度为 C_G，在液相中的浓度为 C_L，则它的分配系数 K 为：

$$K = C_L / C_G \tag{5-6}$$

各个气体组分的分配系数是不一样的，是某种气体区别于其他气体特有的物理性能。分配系数越大的组分溶解于液体的性能越强，因此在色谱柱中流动的速度就越小，越晚流出色谱柱；反之，分配系数越小的组分，在色谱柱中流动的速度越大，越早流出色谱柱。这样，只要样品中各组分的分配系数有差异，通过色谱柱就可以被分离。

3. 色谱常用术语及定义

图 5-16 是典型的色谱图，是定性和定量分析的依据。

(1) 基线　只有载气通过检测器时所得到的信号线。它应该是一条平行于时间轴的直线，是考验仪器稳定性的一个重要指标（OA 段）。

(2) 峰　试样通过检测器时所得到的信号-时间曲线（ADB 段）

(3) 峰底　峰下面的基线（AB 段）。

(4) 峰宽　又称"极限宽度"，指从峰的拐点（又称弯曲点，对于正态分布曲线来说，

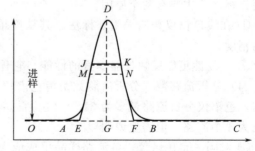

图 5-16　典型色谱图

在其 0.607 倍处）作切线与峰底相交的点之间的距离（EF 段）。

（5）标准偏差（σ） JK 距离的一半，即 0.607 倍峰高时峰宽的一半。W、σ、$2\Delta t_{1/2}$ 称为区域宽度（即峰形的宽窄）的三种表示方法，是色谱流出曲线很重要的参数。其大小反映所选择的色谱条件的好坏，一般总希望区域宽度越小越好。三种表示方法中 W、$2\Delta t_{1/2}$ 使用较多，三者的关系为：

$$2\Delta t_{1/2}=2\sigma\sqrt{2\ln 2}=2.354\sigma \qquad W=4\sigma \tag{5-7}$$

（6）峰高　峰的最高点与峰底的垂直距离（DG 段）。

（7）半峰宽　峰高的中点作峰底平行线与峰交点之间的距离（MN 段），一般可用 $2\Delta t_{1/2}$ 表示。

（8）峰面积　峰与峰底之间所包括的全部面积，人工计算时通常可用峰高×半峰宽来近似得到（是色谱法的定量指标）。

4. 工业气相色谱仪的主要性能指标

（1）测量对象　气相色谱仪的对象是气体和可汽化的液体，一般以沸点来说明可测物质的限度，可测物质的沸点越高说明可分析的物质越广，目前能达到的指标见表 5-2。

表 5-2　工业气相色谱仪的测量对象

炉体类型	最高炉温	可测物质最高沸点
热丝加热铸铝炉	130℃	150℃
空气浴加热炉	225℃	270℃
程序升温炉	320℃	450℃

高沸点物质的分析以往在实验室色谱仪上完成，现在这些物质的分析也可以在过程色谱仪上完成，但分析周期较长，通常的在线分析还是局限于低沸点物质。

（2）测量范围　这是一个很重要的性能指标，能充分体现仪表的性能，测量范围主要体现在分析下限，即 10^{-6}（ppm）或 10^{-9}（ppb）级的含量可否分析。目前下限指标为：TCD 检测器的分析下限一般为 10×10^{-6}；FID 检测器的分析下限一般为 1×10^{-6}；FPD 检测器的分析下限一般为 0.05×10^{-6}。

（3）重复性　重复性也是过程色谱仪的一项重要指标。对于色谱仪而言，有重复性而无精度指标，这主要有两个原因。

① 在线色谱仪普遍采用外标法，其精度依赖于标准气的精度，色谱仪仅仅是复现标准气的精度。

② 重复性更能反映仪器本身的性能，它体现了色谱仪的稳定性。

（4）分析流路数　分析流路数是指色谱仪具备分析多少个采样点（流路）样品的能力。目前，色谱仪分析流路最多为 31 个（包括标定流路），实际使用一般为 1~3 个流路，少数情况为 4 个流路，但需要说明以下几点。

① 对同一台色谱仪，各流路样品组成应大致相同，因为它们采用同一套柱子进行分析。

② 分析某一流路的间隔时间是对所有流路分析一遍所经历的时间，所以多流路分析是以加长分析周期时间为代价的。当然也可根据需要对某个流路分析的频率高些，对其他流路频率低一些。总之，多流路的分析会使分析频率降低，以致不能保证 DCS 对分析时间的要求。

③ 一般推荐一台色谱仪分析一个流路，当然对双通道的色谱仪（有两套柱系统和检测器）来说，其本身具有两台色谱仪的功效，可按两台色谱仪考虑。

（5）分析组分数　是指单一采集点（流路）中可分析的组分数，或者说软件可处理的色谱峰数，这也不是一个很重要的指标。通常的分析不会需要太多的组分，而只对工艺生产有指导意义的组分进行分析，分析组分太多会使柱系统复杂化，分析周期加长。目前，色谱仪测量组分数最多的为恒温炉 50～60 个，程序升温炉 255 个，实际使用中一般不超过 6 个组分。

（6）分析周期　分析周期是指分析一个流路所需要的时间，从控制的角度讲，分析周期越短越好。色谱仪的分析周期一般为：填充柱，无机物 4～6min，有机物 8～12min；毛细管柱，1min。

5. 工业气相色谱仪定量校正因子

工业气相色谱定量的依据是在一定的条件下组分的峰面积与其进样量成正比。但因检测器对不同物质的响应值不同，故相同质量的不同物质通过检测器时，产生的峰面积不等，因而不能直接应用峰面积计算组分含量。为此，引入"定量校正因子"以校正峰面积，使之能真实反映组分含量。

已知 $m_i = f_i A_i$，则：

$$f_i = \frac{m_i}{A_i} = \frac{1}{S_i} \tag{5-8}$$

式中，f_i 为绝对校正因子，其含义是与单位峰面积相当的物质量，但它不易准确测定，在定量分析中常用相对校正因子，即组分的定量校正因子与标准物质的绝对校正因子 f_s 之比。

$$f' = \frac{f_i}{f_s} = \frac{m_i/A_i}{m_s/A_s} = \frac{A_s}{A_i} \times \frac{m_i}{m_s} \tag{5-9}$$

式中　A_i，A_s——组分和标准物质的峰面积；

m_i；m_s——组分和标准物质的量。

当 m_i、m_s 用质量单位时，所得的相对校正因子称为相对质量校正因子，用 f'_w 表示。m_i、m_s 用摩尔为单位时，所得相对校正因子称为相对摩尔校正因子，用 f'_M 表示。应用时常将"相对"二字省去。校正因子可从文献查到，也可自行测定。

相对质量校正因子的测定方法是，准确称取一定量的待测组分的纯物质（m_i）和标准物质的纯物质（m_s）混合后，在实验条件下注入色谱仪，出峰后分别测量峰面积 A_i、A_s，由上式计算出校正因子。

二、色谱柱

色谱柱是色谱分析仪表的核心部件，它的作用是把混合气体分离成各个单一的组分气体。它的质量好坏，对整个仪表的性能具有重要作用。不同的分析对象，对色谱柱的形式、填充材料，以及柱子尺寸的要求是不同的。

1. 对色谱柱的要求

① 样品中的所有要分离的组分在每一个分析周期内通过色谱柱后都能被分离，并且各组分都能从柱中流出，因为任何留在柱中的组分，积累起来都会改变柱子的性能或在下一个

周期中流出而影响测定。

② 色谱柱的分离作用既要适用于正常的工作状态,也应适用于非正常条件,即在生产不正常的条件下,也能够提供可靠的生产数据。

③ 色谱柱必须防止不可逆或具有过强吸附能力的组分进入。

④ 色谱柱的稳定性要好,寿命要长,对于连续工作的工业色谱仪这一点更为重要。

⑤ 柱系统要尽量简单,以便调整维护方便。

⑥ 为了便于柱温控制,色谱柱的柱子工作温度要大于20℃。

常用色谱柱的柱管采用对所要分离的样品不具有活性和吸附性的材料制造。一般采用不锈钢或铜做柱管,内径4~6mm。柱长主要由分配系数决定,分配系数越接近的物质所需的柱越长,长度为0.5~15m。为了便于柱温控制和节省空间,色谱柱做成螺旋状,螺旋状柱管的曲率半径为0.2~0.25m。

用固定液作固定相的色谱柱称为气液色谱柱,简称气液柱。气液柱的固定相由担体和涂覆在载体上的高沸点有机化合物(固定液)组成。

2. 载体(担体)

载体是用来支撑固定液的多孔固体颗粒,对载体的要求如下。

① 有比较大的化学惰性表面,孔径要均匀。

② 表面吸附性能很弱。

③ 有一定的机械强度和均匀粒度。

依据上述要求,常用的载体有硅藻土型载体和非硅藻土型载体两类。硅藻土型载体是用天然硅藻土煅烧制成的。工业气相色谱柱中所用的载体主要是硅藻土型载体,如红色载体6102、201,白色载体101等。载体的选用要依据被分析的物质,如红色载体适用于分析无极性或弱极性的物质,白色载体适用于分析极性物质。

3. 固定液

在气液柱中,其固定相是涂在载体表面的一层很薄的高沸点有机化合物的薄膜,这种有机化合物薄膜就称为固定液,对固定液的要求如下。

① 在操作条件下,有很高的化学稳定性和热稳定性。

② 对被分离的物质,应具有较高的选择性。

③ 蒸气压要低,一般要求小于1.3Pa。若蒸气压高,会造成固定液流失严重,影响柱的寿命。

三、检测器

气相色谱检测器的作用是检测从色谱中随载气流出来的各组分的含量,并把它们转换成相应的电信号,以便测量和记录。根据检测原理的不同,检测器可分为浓度型检测器和质量型检测器两种。

浓度型检测器测量的是载气中某组分浓度瞬间的变化,即检测器的响应值和组分的浓度成正比,如热导检测器和电子捕获检测器等。

质量型检测器测量的是载气中某组分进入检测器的速度变化,即检测器的响应值和单位时间进入检测器某组分的量成正比,如氢火焰离子化检测器和火焰光度检测器。

在工业气相色谱仪中主要用热导式检测器（TCD）和氢火焰离子化检测器（FID）。ABB 热导检测器如图 5-17 所示。

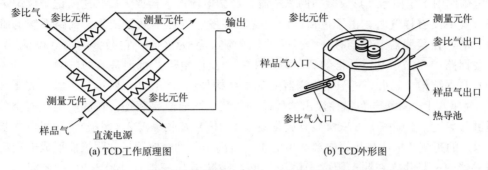

图 5-17　ABB 热导检测器（TCD）工作原理示意图和外形图

1. 热导式检测器

热导式检测器是在气相色谱中使用最早、应用最广泛的一种通用型检测器，其特点是结构简单、稳定性好、线性范围宽、灵敏度较高。

热导式检测器是通过测量混合气体的热导率来确定气体组分含量的。如果某一组分的含量发生变化，会引起混合气体热导率改变，由此可以检测某组分含量的大小。由于气相色谱仪中，色谱柱流出的气体是某个单组分与载气的混合气，载气的浓度及热导率一定，故可以较好地完成含量检测。

2. 氢焰离子检测器

氢火焰离子化检测器简称氢焰离子检测器。这种检测器对大多数有机化合物具有很高的灵敏度，比热导式检测器的灵敏度高约 3～4 倍，是色谱仪的一种常备检测器，其主要特点是结构简单、灵敏度高、线性范围宽、响应速度快、恒温要求不高等，但其不能检测无机物。

（1）工作原理　氢气在空气中燃烧会产生少量的带电粒子，将其置于较高电压的两个极板之间时，能产生微弱的电流，一般在 10^{-12} A 左右。如果在火焰中引入含碳的有机物，产生的电流会急剧增加，且与火焰中有机物含量成正比。

氢焰离子检测器一般用不锈钢制成，如图 5-18 所示，主要由火焰喷嘴、收集极、发射极（极化极）、点火装置及气体引入孔道组成。

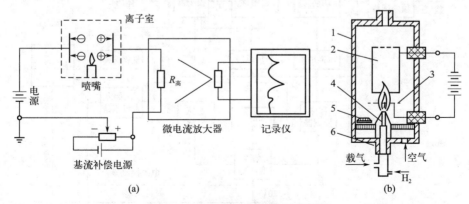

图 5-18　检测器的结构原理示意图

1—外壳；2—收集极；3—极化极；4—喷嘴；5—点火线圈；6—底座

氢焰离子检测器的主体为离子室，室内有一个喷嘴，载气、样气和氢气由此喷出燃烧，并产生电离，两电极间加一直流电压形成收集离子的静电场。与样气组分含量有关的正、负离子，在电场作用下定向运动形成微弱的离子流，经微电流放大器放大后，送入记录仪记录。

当载气中没有样气时，由于色谱柱内固定液挥发、气体中微量杂质、气路系统的脏污等因素的影响，在检测器上仍会有一个微弱的电子流，称为基流，它会影响信号电流的测量。因此，在回路中引入了基流补偿装置，以产生一个反向电流，抵消基流的影响。

（2）基本结构　氢火焰离子化检测器的基本结构如图 5-18（b）所示。金属外壳 1 和喷嘴 4 固定在底座 6 上，喷嘴与色谱柱流出的气体和氢气引入管直接相连。在底座上还有空气供给管，提供助燃气。在喷嘴上方依次装有极化极 3（阳极）及收集极 2（阴极），阳极与阴极分别与极化电源的正、负极相连接，电离产生的正、负离子分别奔向阳极和阴极而形成电子流。

检测器的电场建立在阴、阳两个电极之间，极化电压一般在 100～300V 之间。电极常用铂、镍或不锈钢制成。极化极（阳极）呈圆环状，收集极（阴极）的形状一般是圆筒形、平板形或盘丝形。

离子室内装有点火线圈（加热丝）5，通入电流只需热丝加热至发红即可点燃氢气。

氢焰离子检测器对待分析的样品来说，它的电离效率很低，约为十万分之一，所得到的离子流的强度同样很小，因此形成的电流很微弱，并且输出阻抗很高，需用一个具有高输入阻抗的转换器放大后，才能在记录仪上得到色谱峰。由于电离产生的离子数目与单位时间内进入火焰的碳原子总质量有关，所以称为质量型检测器。

四、SQG 系列工业气相色谱仪

1. SQG 色谱仪的组成

SQG 色谱仪由样气预处理系统、载气预处理系统、分析器、电源控制器和显示仪表五部分构成。其组成方框图如图 5-19 所示。

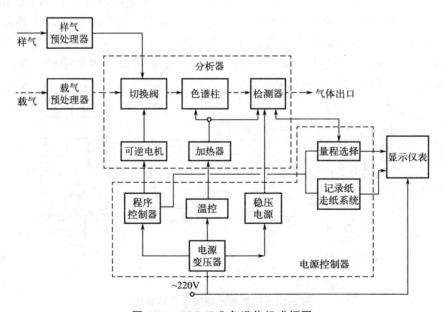

图 5-19　SQG 工业色谱仪组成框图

SQG 色谱仪的气体流程如图 5-20 所示。试样经预处理系统除尘、净化、干燥、稳压和恒流处理，进入取样切换阀。而载气经减压、净化、恒流处理，以稳定的压力、恒定的流速，通过切换阀携带样气进入色谱柱。在程序控制器的控制下，样气随载气在色谱柱中分离，分离后的组分随载气依次进入检测器。检测器将各组分的浓度变化转化为电信号，经放大后，由记录仪记录下来，获得色谱图。

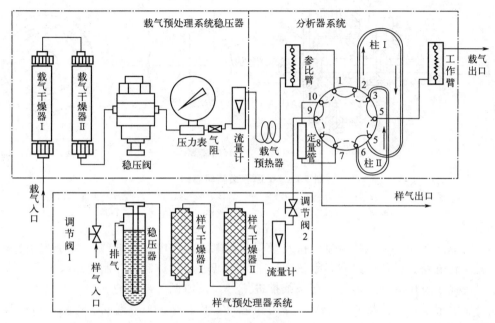

图 5-20 气体流程

扫描二维码可查看"SQG 色谱仪的气体流程"。

(1) 样气预处理系统　样气预处理系统用于样气除尘、净化、干燥，稳定样气压力和调节样气的流量，由针形调节阀 1、2，稳压器，干燥器Ⅰ、Ⅱ和转子流量计等组成。

SQG 色谱仪的气体流程

调节阀 1 用于调节稳压器的气体泄放量；调节阀 2 用于调节样气的流量，使样气流量计指示在规定的刻度线上。稳压器内盛机油或甘油，用于稳定样气的压力。干燥器Ⅰ内装有无水氯化钙对样气进行脱水处理；干燥器Ⅱ内装颗粒为 10~20 目的电石，进一步对样气进行干燥处理。干燥器的两端均填有脱脂棉（或玻璃棉）和过滤片，用于除去尘埃，防止细微固体颗粒带到气路中。

(2) 载气预处理系统　载气预处理系统用于载气稳压、净化、干燥和流量调节，由干燥器Ⅰ、Ⅱ，稳压阀，压力表，气阻和转子流量计组成。干燥器内装 F-10 型变色分子筛，对载气进行脱水干燥处理。稳压阀用于稳定载气压力，设置气阻的目的是提高柱前压力。

(3) 分析系统　分析系统是色谱仪的主体，用于对样气取样、分离和检测。它包括十通平面切换阀取样系统、色谱柱分离系统和组分检测系统。

色谱柱采用孔径为 3mm，壁厚为 1mm 的聚四氟乙烯管，内装有固定相。

组分检测器采用热导检测器，它采用直通式气路，因此仪表响应快，灵敏度高。检测元件有四个检测器，组成双臂测量电路。测量电桥将各组分浓度的变化转换成电压信号，经量程选择电路分压获得同一量程范围输出给显示仪表。

在工业气相色谱仪中，要求待分析样品能自动、周期性地定量送入色谱柱，这个任务由取样阀来完成。取样阀主要有直线滑阀、平面转阀和膜片阀等。SQG系列工业气相色谱仪取样阀为十通平面转阀结构，如图5-21所示。阀盖用改性聚四氟乙烯制成，阀座为不锈钢，两者接触平面是经过精密研磨而成的。

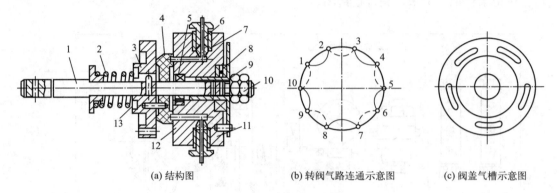

(a) 结构图　　　　　(b) 转阀气路连通示意图　　　　(c) 阀盖气槽示意图

图5-21　十通平面转阀结构

1—阀杆；2—弹簧；3—压圈；4—阀盖；5—轴承；6—螺纹套；7—紫铜密封垫圈；
8—轴承；9—定位套；10—螺母；11—阀体；12—销；13—圆柱销

(4) 电源控制器　它包括测量电桥及量程选择电路、程序控制电路、平面转阀的驱动电路、恒温控制电路、稳压电路和显示仪表记录纸走纸电路。控制器控制色谱仪的全部动作过程，按预定程序发出取样、进样、记录纸推进信号，以协调各部分的工作。

(5) 显示记录仪　采用0～5mV电子电位差计，标尺按100%刻度，走纸电机由程序控制器控制，只在出样阶段走纸。

2. SQG色谱仪的气体流程

SQG色谱仪的气体流程如图5-20所示，样气经过样气预处理系统送往分析器系统。载气经过预处理系统后，为了减小环境温度对仪表的影响，在通往分析器前还要经过载气预热管再送入分析系统。

分析器的气体流程，根据平面转阀"实线"和"虚线"两个位置有两种气体流程，见图5-21 (b)。

进样流程：当转阀处于"实线"位置时，样气经过转阀的9-10气孔冲洗定量管（定量取样），经7-8后排空。载气经过预加热管、参比室后，经过转阀1-2、色谱柱Ⅰ、5-6、色谱柱Ⅱ、3-4气孔，经热导池工作室后排空，载气反冲洗色谱柱。这种气路流程称为进样流程（或走基线流程）。

分析流程：当转阀处于"虚线"位置时，样气只经过平面转阀的9-8气孔后排空。而载气流过预加热管、参比室后经转阀的1-10、定量管、7-6气孔，将定量管中定量的样气吹入色谱柱Ⅱ，经3-2气孔到色谱柱Ⅰ中进行分离，分离出来的组分依次流过5-4气孔，经热导池工作室后排空。这种气路流程称为分析流程。

制造厂通常在二次仪表记录纸上留有出厂调试时所选用的载气流速、进样时间（转阀切换时间），以及在此条件下所得到的色谱图，图上还标有各组分色谱峰的保留时间，可供第一次开表使用时参考。

3. SQG 色谱仪的电气系统

SQG 色谱仪的电气系统包括测量电桥和量程选择电路、稳压电源、温控电路、转阀驱动系统、记录仪走纸推进系统、程序控制系统。其电气接线图如图 5-22 所示。

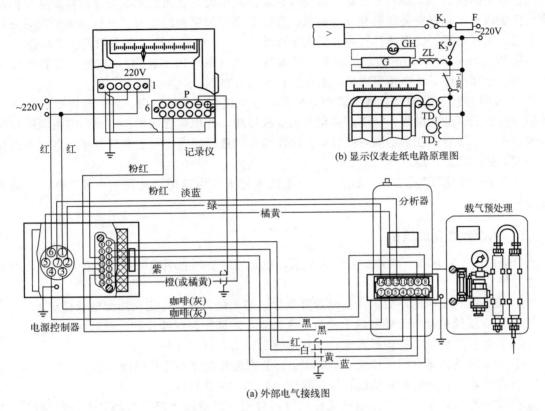

图 5-22　SQG 色谱仪电气接线图

(1) 测量电桥和量程选择电路　测量电桥将各组分浓度的变化转换成电压信号。量程选择电路是用来对四种不同组分的浓度电信号，分别通过各自的分压电路，取其分压获得同一量程范围输出，以适应其共用一个显示仪表。

(2) 稳压电源　仪表稳压电源有两组，一组为 18V，供给测量桥路，另一组为 28V，供给程序控制系统，两者最大输出电流均为 300mA，其结构均为串联调整式稳压线路。

(3) 温控电路　热导池和色谱柱是在同一恒温条件下工作的，为此设有温度控制电路来保证检测器和色谱柱恒温。

(4) 转阀驱动系统　驱动转阀完成进样和取样过程。

(5) 记录仪走纸推进系统　SQG-101 色谱仪是按峰高定量的，为此仪表在"全自动"运行时，是记录带谱图形（棒形谱峰），这就要求走纸电机在仪表出峰时，停止转动，以便记下直线条带谱图形。当一个组分出完峰后，记录纸能很快移动一段距离，在样气中被测各组分全部出完峰后，记录仪能移动两倍距离，表示仪表第二次进样分析开始。这一功能由记录仪走纸推进系统在程序控制器的控制下完成。

(6) 程序控制系统　程序控制系统是工业气相色谱仪的指挥中心，它在仪表全自动运行过程中向各系统按时间程序发出一系列动作指令信号。程序控制电路整个系统由 10 块 JEC-

2 多功能集成电路触发器和相应的阻容组成的 10 个单元组成。每一单元为一级，安排一个时间程序。

4. SQG 色谱仪的安装与接线

① 仪表的预处理系统和分析器一般安装在取样点附近，记录仪和电源控制器安装在控制室的仪表盘上，最好安装在具有良好通风、有防爆要求的单独的室内。分析器安装在无强烈的振动、无强磁场、无爆炸性气体、无大于或等于 3m/s 气流直吹、无太阳直晒的场合。

② 用 $\phi 3mm \times 0.5mm$ 聚乙烯软管连接载气系统（也可用不锈钢），按气体流程连接样气系统，全部气路系统连接完成后，必须进行密封性试验。

③ 按图 5-22 进行电气接线。其中分析器至电源控制器的红、白、黄、蓝四根线和电源控制器至记录仪的两根紫、橙线，必须采用屏蔽导线，并用穿管保护。不允许将电源线和信号线穿在同一根管内或采用同一根电缆。仪表需单独敷设地线，仪表各部分接地点全部连接在一起，然后统一接地。

④ 仪表工作电压为 220V，如使用地点电压变化大，为避免影响仪表正常工作，应设置专用稳压器。

5. SQG 色谱仪的维护

仪表的工作好坏与日常维护有密切关系，故必须对下列各项逐项进行检查，并认真做好日常维护工作。

① 检查载气系统的压力、流量是否有变化，必须维持原状，定期用流量计核对。

② 检查预处理器中干燥器内干燥剂是否失效，定期更换过滤片和干燥剂。

③ 检查各气路是否有泄漏现象，气路的密封性必须保持完好。

④ 观察加热指示灯明灭周期（约 3min），监视温控电路的工作情况。

⑤ 根据程序指示灯明灭情况，监视程序控制器的工作情况。

⑥ 定期对仪表零点和工作电流进行核对，对记录仪滑线电阻、滑动触头进行清洗，以保证接触良好。

⑦ 定期对仪表用已知浓度样气进行刻度校准。

⑧ 定期作色谱图，根据各组分分离情况，监视色谱柱的分离效能，当流出时间有较大变化时，应适当调整仪表的进样和程序控制器各级延时时间。发现色谱柱失效，应及时更换。

⑨ 定期向转阀可逆电机减速箱中各齿轮加高温轴承油脂（或润滑油脂），保证有良好的润滑。

🕐 任务实施

在实训室或校企合作单位，学生以小组为单位，在教师指导下完成实训任务。

1. 主要内容及要求

能够使用气相色谱仪分析组分的成分和量。

① 掌握气相色谱仪的构成与各组成的功能。

② 会使用气相色谱仪。

③ 了解气相色谱仪的日常维护。

2. 仪器设备和工具

① 供气设备：氮气（氢气）钢瓶、管路、减压阀和净化器等。

② 样品预处理装置、注射器。

③ 气相色谱仪。

3. 训练步骤

① 打开氮气钢瓶。
② 载气仪表有压力时，打开色谱仪开机键。
③ 开始后，进行进口温度和柱温设置。
④ 设置载气流量，调节空气流量、氢气（氮气）流量，点火。
⑤ 配置标样浓度。
⑥ 开始进样与记录。
⑦ 标样图谱分析。
⑧ 设置样品进样。
⑨ 记录数据。
⑩ 数据处理，制作标准曲线。
⑪ 样品检测，样品浓度计算。
⑫ 检测完毕，关机（关闭气源、降低柱温、关机）。

4. 操作要求

① 严格按步骤要求操作仪器，勿随意操作。
② 操作中爱护仪器设备。
③ 使用中注意载气系统的严密性，防止漏气。
④ 注意用电安全。

学习讨论

1. 色谱仪在使用前检查的内容有哪些？
2. 色谱仪在使用过程中应注意哪些事项？

知识拓展

其他成分分析仪表

一、水质分析仪

扫描二维码可查看"水质检测仪"。

二、气体、噪声检测仪

扫描二维码可查看"气体、噪声检测仪"。

水质检测仪

气体、噪声检测仪

项目小结

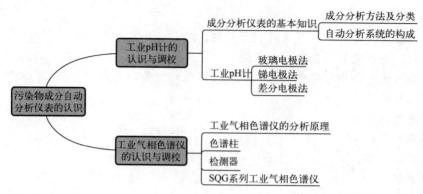

 ## 思考题

5-1 成分分析仪表一般由哪几部分构成?
5-2 玻璃电极的清洗方法有哪些?
5-3 玻璃电极日常维护应注意哪些方面?
5-4 试说明差分电极的工作原理。
5-5 工业气相色谱仪主要由哪几部分组成,各部分的作用是什么?
5-6 工业气相色谱仪的校正因子指的是什么?
5-7 气相色谱检测器的作用是什么?根据检测原理不同可分为几类?

 ## 项目考核

项目考核采取项目实施过程考核与结果考核相结合。考核中,采用学生自评、学生互评、教师评价和兼职教师评价等方式。评价优秀的可作为成果展示,其他同学可以从中找出自己的欠缺,以便改进和提高。

项目完成情况作为考核能力目标、知识目标、拓展目标的主要内容,具体包括完成项目的态度、项目报告质量、资料查阅情况、问题的解答、团队合作、应变能力、表述能力、辩解能力、外语能力等。

完成情况考核评分表

评分内容	评分标准	配分	得分
操作技能、现场情况、准备工作等(仪表选择、调校、安装)	仪表选择、启动: 采取方法错误扣 5~30 分	30	
	仪表操作: 不合适扣 10~30 分	30	
	成果展示:(实物或报告) 错误扣 10~20 分	20	
知识问答、工作态度、团队协作精神等	知识问答全错扣 5 分; 小组成员分工协作不明确,成员不积极参与扣 5 分	10	
安全文明操作	违反安全文明操作规程扣 5~10 分	10	
项目成绩合计			
开始时间	结束时间	所用时间	
评语			

单元二
环境工程自动控制系统

项目六
简单控制系统的组成

知识目标
- 掌握简单控制系统的组成及方块图的画法。
- 掌握正反馈和负反馈的概念。
- 掌握带控制点工艺流程图中仪表位号的含义。

能力目标
- 能根据系统的工作过程画出简单控制系统的方块图和带控制点的工艺流程图。
- 能根据系统的工作过程指出系统的被控对象、被控变量、操纵变量、扰动信号以及它们之间的制约关系。
- 能识读带控制点工艺流程图中有关图形符号的含义。
- 能分析带控制点工艺流程图中的控制系统方案。

素质目标
- 正确认识世界和中国的发展形势,树立科技兴国的责任意识。
- 培养严谨认真的职业素养,成为有时代担当的应用型和复合型高素质时代新人。

思政微课堂

【案例】

从 20 世纪 80 年代开始,由于各种高新技术的飞速发展,我国开始引进和生产以微型计算机为核心,控制功能分散、显示操作集中,集控制、管理于一体的分布式控制系统(DCS),从而将过程控制仪表及装置推向高级阶段。同时,可编程序控制器(PLC)的应用也从逻辑控制领域向过程控制领域拓展,以其优良的技术性能和良好的性能/价格比在控制领域中占据了一席之地。此外,现场总线这种用于现场仪表与控制系统和控制室之间的一种开放式、全分散、全数字化、智能、双向、多变量、多点、多站的通信系统,使现场设备能完成过程的基本控制功能，而且还增加了非控制信息监视的可能性，越来越受控制人员的欢迎。

过程控制系统及其实施工具（仪表）的发展用"突飞猛进"和"日新月异"来形容丝毫不过分，新型控制系统和新型控制工具还在不断地推出，可以说生产过程控制技术领域是极有挑战性的学科领域。

【启示】

人类社会生活的改变，最终是由社会生产力所决定的，当今社会科学技术的第一生产力作用日益凸显，工业自动化控制技术作为重要辅助要素，可有效降低人力成本，同时可降低加工制造成本以及相应原料成本等。在凸显工业自动化控制优势过程中，企业发展方向的信息化、科学化以及自动化更加明确。

【思考】

1. 联系实际讨论工业自动化与"科技兴国"的关系。
2. 联系实际谈谈工业自动化控制技术在环境工程中的应用。

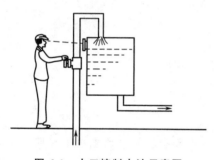

图 6-1　人工控制水池示意图

生产过程自动化，一般包括自动检测、自动保护、自动操纵和自动控制等方面的内容。其中，自动检测系统只能完成"了解"生产过程进行情况的任务；自动保护系统只能在工艺条件进入某种极限状态时，采取安全措施，以避免生产事故的发生；自动操纵系统只能按照预先规定好的步骤进行某种周期性的操纵；只有自动控制系统才能自动地排除各种干扰因素对工艺参数的影响，使它们始终保持在预先设定的数值上，保证生产维持在正常或最佳的工艺操作状态。因此，自动控制系统是自动化生产中的核心部分，也是本课程了解和学习的重点。

本项目对液位控制系统的组成进行分析，画出自动控制系统的组成方块图，进而学习带控制点工艺流程图的识读方法等知识与技能。

任务一　液位控制系统的组成分析

在自动控制系统中，为了达到控制目的，选用合适的控制方法，需要提前了解自动控制系统的组成并能够分析各组成部分之间的信号关系。

一、环境工程自动化的概念

自动控制系统是在人工控制的基础上产生和发展起来的。现以图 6-1 所示的水池水位控制系统为例，先分析人工控制，并与自动控制加以比较，说明自动控制的基本概念。

在图 6-1 的水池中，水经阀门流进水池，再由出水管道流出供用户使用。若要求在出水量随意改变的情况下，保持水位高度不变，则可由人工操作实现。操作人员首先测量水池实际水位，并将它与工艺要求的数值比较，得出偏差，然后根据偏差大小调节进水阀门的开启程度，通过改变进水量使水池水位达到要求值，这是人工操作的过程。由人工完成控制任务的系统叫人工控制系统。操作人员为保持水位达到要求所进行的工作有检测、运算和命令、执行三个方面。

（1）检测　用眼睛观察水位的指示值，并通过神经系统告诉大脑。

（2）运算（思考）和命令　大脑根据眼睛看到的液位高度，加以思考并与要求的液位值进行比较，得出偏差的大小与正负，然后根据操作经验，经思考、决策后发出命令。

（3）执行　根据大脑发出的命令，通过手去改变阀门的开度，改变进水流量使液位保持在所需的高度上。

眼、脑、手三个器官，分别担负了检测、运算和执行三个工作来完成测量、求偏差、操纵阀门以纠正偏差的全过程。为了提高控制精度和减轻工人的劳动强度，可用一套自动化装置来代替人工操作，这样就把人工控制变为自动控制了。液位水池和自动化装置一起构成了一个自动控制系统。

由此可知，在工程设备上配备一些自动化装置，代替操作人员的部分直接劳动，使生产在不同程度上自动地进行，这种用自动化装置来管理生产过程的办法，称为自动化。

自动化装置一般至少由三部分组成，分别用以模拟人的眼、脑和手的功能，这三个部分分别为：

（1）测量元件与变送器　它的功能是测量液位并将液位的高低转化为一种特定的、统一的输出信号（如气压信号或电压、电流信号等）。

（2）控制器　它接收变送器送来的信号，与工艺需要保持的液位高度相比较得出偏差，并按某种运算规律算出结果，然后将此结果用特定信号（气压或电流）发送出去。

（3）执行器　通常指控制阀，它与普通阀门的功能一样，只不过它能自动地根据控制器送来的信号值来改变阀门的开启度。

显然，这套自动化装置具有人工控制中操作人员眼、脑、手的部分功能，因此，它能完成自动控制水池中液位高低的任务。

在自动控制系统的组成中，除了必须具有前述的自动化装置外，还必须具有控制装置所控制的生产设备。在自动控制系统中，将需要控制其工艺参数的生产设备或机器叫被控对象，简称对象。在图 6-1 中，水池是这个液位控制系统的被控对象。

二、自动控制系统的组成及方框图

在给水排水工程中，自动控制技术起着越来越重要的作用。在给水排水工程中各个局部环节，如建筑内的恒压给水系统，供水、排水泵站的自动控制系统，水处理单元环节的自动控制系统等，自动控制技术有着广泛的应用。

图 6-2 是水池水位自动控制系统的一种形式。这里，浮子是测量元件，连杆起比较作用。电位器输出电压反映水位偏差。放大器、伺服电动机、减速器和阀门等起调节和执行作用。由此可见，自动控制系统是由被控对象和自动控制装置按一定方式连接起来的、完成一定自动控制任务的总体。

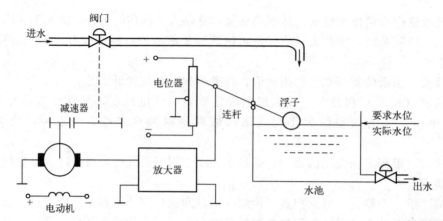

图 6-2 水位自动控制系统示意图

扫描二维码可查看"水位自动控制系统分析"。

在研究自动控制系统时,为了便于对系统分析研究,一般都用方框图来表示控制系统的组成。例如图 6-2 的液位自动控制系统可以用如图 6-3 所示的方框图来表示。

水位自动控制系统分析

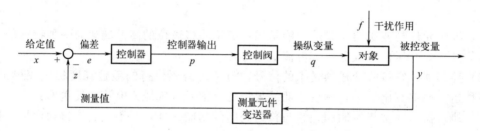

图 6-3 液位自动控制系统方框图

在方框图中,每个方框表示组成系统的一个部分,称为"环节"。两个方框之间用一条带有箭头的线条表示其信号的相互关系,箭头指向方框表示为这个环节的输入,箭头离开方框表示为这个环节的输出。线旁的字母表示相互间的作用信号。

图 6-2 的水池在图 6-3 中用一个"对象"方框来表示,其液位就是生产过程中所要保持恒定的变量,在自动控制系统中称为被控变量,用 y 来表示。在方框图中,被控变量 y 就是对象的输出。影响被控变量 y 的因素来自出口流量的改变,这种引起被控变量波动的外来因素,在自动控制系统中称为干扰作用(扰动作用),用 f 表示。干扰作用是作用于对象的输入信号。与此同时,进口流量的改变是由于控制阀动作所致的,如果用一方框表示控制阀,那么,进口流量即为"控制阀"方框的输出信号。进口流量的变化也是影响液位变化的因素,所以也是作用对象的输入信号。进口流量信号 q 在方框图中把控制阀和对象连接在一起。

水池液位信号是测量元件及变送器的输入信号,而变送器的输出信号 z 进入比较器,与工艺上希望保持的被控变量数值,即给定值(设定值)x 进行比较,得出偏差信号 e($e=x-z$),并送往控制器。控制器根据偏差信号的大小,按一定的规律运算后,发出信号 p 送至控制阀,使控制阀的开度发生变化,从而改变进口流量以克服干扰对被控变量(液位)的影响。控制阀的开度变化起着控制作用。具体实现控制作用的变量叫操纵变量,如图 6-2 中流过控制阀的进口流量就是操纵变量。用来实现控制作用的物料一般称为操纵介质或操纵剂,如此系统中流过控制阀的流体(水)就是操纵介质。

必须指出,方框图中的每一个方框都代表一个具体的装置。方框与方框之间的连接线,只是代表方框之间的信号联系,并不代表方框之间的物料联系。方框之间连接线的箭头也只是代表信号作用的方向,与工艺流程图上的物料线是不同的。工艺流程图上的物料线是代表物料从一个设备进入另一个设备,而方框图上的线条及箭头方向有时并不与流体流向相一致。

对于任何一个简单的自动控制系统,只要按照上面的原则去做出它的方框图,就会发现,不论系统在表面上有多大差别,它的各个组成部分在信号传递关系上都形成一个闭合的环路。其中任何一个信号,只要沿着箭头方向前进,通过若干个环节后,最终又会回到原来的起点。所以,自动控制系统是一个闭环系统。

在图 6-3 中,系统的输出变量是被控变量,但是它经过测量元件和变送器后,又返回到系统的输入端,与给定值进行比较。这种把系统(或环节)的输出信号直接或经过一些环节重新返回到输入端的做法叫反馈。从图 6-3 中还可以看到,在反馈信号 z 旁有一个负号"-",而在给定值 x 旁有一个正号"+"(正号可以省略)。这里正和负的意思是在比较时,以 x 作为正值,以 z 作为负值,也就是控制器的偏差信号 $e=x-z$。因为图 6-3 中的反馈信号 z 取负值,所以叫负反馈,负反馈的信号能够使原来的信号减弱。如果反馈信号取正值,反馈信号使原来的信号加强,那么就叫正反馈。在这种情况下,方块图中反馈信号 z 旁则要用正号"+",此时偏差 $e=x+z$。在自动控制系统中都采用负反馈,因为当被控变量 y 受到干扰的影响而升高时,只有负反馈才能使反馈信号 z 升高,经过比较到控制器的偏差信号 e 将降低,此时控制器将发出信号而使控制阀的开度发生变化,变化的方向为负,从而使被控变量下降回到给定值,这样就达到了控制的目的。如果采用正反馈,那么控制作用不仅不能克服干扰的影响,反而是推波助澜,即当被控变量 y 受到干扰升高时,z 亦升高,控制阀的动作方向是使被控变量进一步升高,而且只要有一点微小的偏差,控制作用将会使偏差越来越大,直至被控变量超出了安全范围而破坏生产。所以控制系统绝对不能单独采用正反馈。

综上所述,自动控制系统是具有被控变量负反馈的闭环系统。

三、自动控制系统的分类

自动控制系统有多种分类方法,可以按被控变量来分类,如温度、压力、流量、液位等控制系统;也可以按控制器具有的控制规律来分类,如比例、比例积分、比例微分、比例积分微分等控制系统。在分析自动控制系统特性时,经常遇到的是将控制系统按照工艺过程需要控制的被控变量的给定值是否变化和如何变化来分类,这样可将自动控制系统分为三类,即定值控制系统、随动控制系统和程序控制系统。

(1) 定值控制系统 "定值"是恒定给定值的简称。工艺生产中,若要求控制系统的作用是使被控制的工艺参数保持在一个生产指标上不变,或者说要求被控变量的给定值不变,就需要采用定值控制系统。在定值控制系统中,当被控量波动时,控制器动作,使被控量恢复到给定值,污水处理工艺中的温度、压力、流量、液位等参数的控制及各种调速系统都是如此。

(2) 随动控制系统(自动跟踪系统) 给定值随机变化,该系统的目的就是使所控制的工艺参数准确而快速地跟随给定值的变化而变化。污水处理的污泥脱水工艺中污泥流量、浓度与絮凝剂给进量之间的关系就是一个典型的随动控制系统，在这个控制系统中絮凝剂给进量跟随污泥进入量和浓度的变化而变化。

（3）程序控制系统　给定值变化，但它按事先设定的规律变化，即生产技术指标需按一定的时间程序变化。这类系统在间歇生产过程中应用比较普遍，其控制过程由预先编制的程序载体按一定时间顺序发出指令，使被控量随给定的变化规律而变化。如污水处理厂的自动格栅，其栅耙按照事先确定的程序，按一定时间的间隔栅耙动作，每次动作几下，就是这种控制的类型之一。

任务实施

到工厂（或实训基地）观察，认知生产过程中的自动控制系统，根据所学知识，分析液位定值控制系统的组成。

1. 主要内容及要求
① 指出液位控制系统由几部分组成。
② 分析系统每个环节所对应的装置。
③ 指出信号作用方向。

2. 训练步骤
① 分析液位控制系统的控制过程，画出相应的方框图，并指出系统的被控对象、被控变量、操纵变量、扰动量和测量仪表。
② 说明系统各组成部分的名称及作用。

学习讨论

试举出一个压力或流量的自动控制系统，并分析其组成。

任务二　带控制点工艺流程图的识读

在工艺流程确定以后，工艺人员和自控设计人员应共同研究确定控制方案。控制方案的确定包括流程中各测量点的选择、控制系统的确定及有关自动信号、联锁保护系统的设计等。在控制方案确定以后，根据工艺设计给出的流程图，按其流程顺序标注出相应的测量点、控制点、控制系统及自动信号与联锁保护系统等，便成了工艺管道及控制流程图（PID图），也称为管道仪表流程图或带控制点工艺流程图。

图6-4是某污水处理工程中的部分工艺管道及控制流程图。为了说明问题方便，结合图6-4对其中一些常用的统一规定做简要介绍。

一、图形符号的识读

1. 测量点（包括检出元件、取样点）

测量点是由工艺设备轮廓线或工艺管线引到仪表圆圈的连接线的起点，一般无特定的图

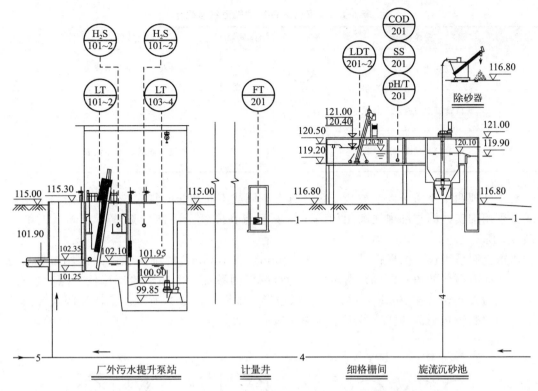

图 6-4 污水处理工程中部分工艺管道及控制流程图

形符号,如图 6-5 (a) 所示。

若测量点位于设备中,当有必要标出测量点在生产设备中的位置时,可在引出线的起点加一个直径为 2mm 的小圆符号或使用虚线,如图 6-5 (b) 所示。

2. 连接线

通用的仪表信号线均以细实线表示。连接线表示交叉及相接时,采用图 6-6 的形式。必要时也可用加箭头的方式表示信号的方向。在需要时,信号线也可按气信号、电信号、导压毛细管等采用不同的表示方式以示区别。

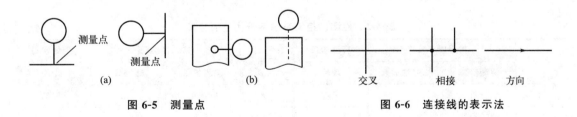

图 6-5 测量点   图 6-6 连接线的表示法

3. 仪表(包括检测、显示、控制)的图形符号

仪表的图形符号用直径为 12mm(或 10mm)的细实线圆圈表示,不同的仪表安装位置的图形符号如表 6-1 所示。

表 6-1 仪表安装位置的图形符号表示

序号	安装位置	图形符号	序号	安装位置	图形符号
1	就地安装仪表	○	4	就地仪表盘面安装仪表	⊖
2	嵌在管道中的就地安装仪表		5	集中仪表盘后安装仪表	⊝
3	集中仪表盘面安装仪表	⊖	6	就地仪表盘后安装仪表	⊜

对于处理两个或两个以上被测变量,具有相同或不同功能的复式仪表,可用两个相切的圆或分别用细实线圆与细虚线圆相切表示(测量点在图纸上距离较远或不在同一图纸上),如图 6-7 所示。

集散控制系统仪表图形符号是直径为 12mm(或 10mm)的细实线圆圈,外加与圆圈相切的细实线方框,如图 6-8(a)所示。作为集散控制系统一个部件的计算机功能图形符号,是对角线为 12mm(或 10mm)的细实线六边形,如图 6-8(b)所示。集散控制系统内部连接的可编程逻辑控制器功能符号图形为外四边形,边长为 12mm(或 10mm),如图 6-8(c)所示。

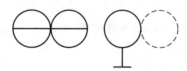

图 6-7 复式仪表的表示法

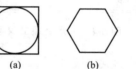

图 6-8 集散控制系统仪表图形符号

二、字母代号

在控制流程图中,用来表示仪表的小圆圈的上半圆内,一般写有两位(或两位以上)字母,第一位字母表示被测变量,后继字母表示仪表的功能,表 6-2 列出了检测、控制系统字母代号的含义。如图 6-4 中的 LT 表示液位变送器,FT 表示流量变送器。这里 L 表示液位,F 表示流量,T 可根据实际情况做相应解释,可理解为"变送器""传送""传送的"等。

表 6-2 检测、控制系统字母代号的含义

字母	第一位字母		后继字母	字母	第一位字母		后继字母
	被测变量	修饰词	功能		被测变量	修饰词	功能
A	分析		报警	G	供选用		玻璃
B	喷嘴火焰		供选用	H	手动		
C	电导率		控制	I	电流		指示
D	密度	差		J	功率	扫描	
E	电压		检测元件	K	时间		手操器
F	流量	比		L	物位		指示灯

续表

字母	第一位字母		后继字母	字母	第一位字母		后继字母
	被测变量	修饰词	功能		被测变量	修饰词	功能
M	水分			T	温度		传送
N	供选用		供选用	U	多变量		多功能
O	供选用		节流孔	V	黏度		阀、挡板
P	压力、真空		实验点	W	质量或力		套管
Q	数量	积算	积分、积算	X	未分类		未分类
R	放射性		记录、打印	Y	供选用		继动器
S	速度、频率	安全	开关或联锁	Z	位置		驱动、执行

三、仪表位号的表示方法

1. 仪表位号的组成

在检测、控制系统中，构成一个回路的每个仪表（或元件）都应有自己的仪表位号。仪表位号由字母代号组合和回路编号两部分组成，第一位字母表示被测变量，后继字母表示仪表的功能。回路编号可按照装置或工段（区域）进行编制，一般用3～5位数字表示，如下例所示。

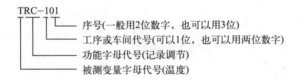

2. 分类与编号

仪表位号按被测变量分类。同一装置（或工段）的相同被测变量的仪表位号中数字编号是连续的，但允许中间有空号；不同被测变量的仪表位号不能连续编号。如果同一个仪表回路有两个以上具有相同功能的仪表，可以在仪表位号后面附加尾缀（大写英文字母）加以区别。例如，PT-202A、PT-202B 表示同一回路里的两台变送器，PV-201A、PV-201B 表示同一回路里的两台控制阀。当一台仪表由两个或多个回路共用时，应标注各回路的仪表位号，例如一台双笔记录仪记录流量和压力时，仪表位号为 FR-121/PR-131，若记录两个回路的流量时，仪表位号应为 FR-101/FR-102 或 FR-101/102。

3. 仪表系统图上表示方法

仪表位号的表示方法是：字母代号标在圆圈上半圈中，回路编号标在圆圈的下半圈中。集中仪表盘面安装仪表，圆圈中间有一横，如图6-9（a）所示。就地安装仪表圆圈中间没有一横，如图6-9（b）所示。

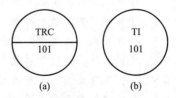

图6-9 仪表位号在带控制点流程图上的表示方法

任务实施

了解工艺流程和控制系统工艺流程图中的各种符号后，根据教师提供的仪表控制流程图进行识读训练。熟悉工艺流程图形符号的表示方法，熟悉控制方案。

1. 主要内容及要求
① 指出流程图中相关图形符号含义。
② 指出流程图中自动控制方案、分析控制方案。
③ 指出流程图中的自动检测系统、自动信号报警系统的功能。
2. 训练步骤
① 了解工艺流程。
② 了解自动控制系统（这里重点是识图，至于控制系统的知识到以后逐步去了解）。
③ 了解自动检测系统。
④ 了解自动信号报警系统。

学习讨论

在自动化控制流程图中，下列文字表示何种功能？
(a) TIT；(b) PRC；(c) FIC；(d) LIA；(e) LV

项目小结

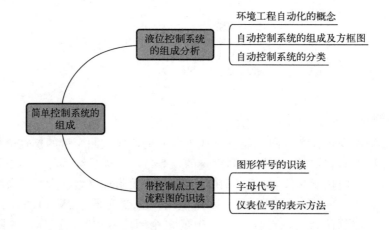

思考题

6-1 自动控制系统主要由哪些环节组成？
6-2 什么是工艺管道与控制流程图？什么是自动控制系统的方块图？二者有什么区别？
6-3 在自动控制系统中，测量变送装置、控制器、执行器各起什么作用？
6-4 试说明什么是被控对象、被控变量、给定值、操纵变量。
6-5 什么是负反馈？负反馈在自动控制系统中有何意义？
6-6 按给定值形式的不同，自动控制系统可分为哪几类？

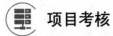 **项目考核**

项目实施过程考核与结果考核相结合，由项目委托方代表（教师或学生）对项目各项任务的完成结果进行验收、评分；学生进行"成果展示"，经验收合格后进行接收。

项目完成情况作为考核能力目标、知识目标、拓展目标的主要内容，具体包括：完成项目的态度、项目报告质量、资料查阅情况、问题的解答、团队合作、应变能力、表述能力、辩解能力、外语能力等。

完成情况考核评分表

评分内容	评分标准	配分	得分
简单控制系统的组成分析	简单控制系统的组成分析并画出其方块图：采取方法错误扣 5～30 分	30	
	带控制点工艺流程图识读：不合适扣 10～30 分	30	
	成果展示：（报告）错误扣 10～20 分	20	
知识问答、工作态度、团队协作精神等	知识问答全错扣 5 分；小组成员分工协作不明确，成员不积极参与扣 5 分	10	
安全文明生产	违反安全文明操作规程扣 5～10 分	10	
项目成绩合计			
开始时间		结束时间		所用时间	
评语			

项目七

生产过程对象的认知

知识目标

- 理解对象的特性参数。
- 了解对象的"控制通道"和"扰动通道"。
- 掌握影响通道的参数以及变量之间的关系。

能力目标

- 能根据对象的工作状况分析对象的特性。
- 能分析生产过程中"对象"之间的关系。
- 能分析扰动信号和操纵变量信号对被控对象的作用。

素质目标

- 培养严谨认真、精益求精、爱岗敬业的工匠精神。
- 树立正确的世界观、人生观和价值观,具有为科技兴国而努力学习的精神。

思政微课堂

【案例】

在奥地利萨尔茨堡时间2022年11月27日,2022年世界技能大赛特别赛奥地利赛区比赛落下帷幕,姜昊获得工业控制项目金牌,这是中国在该项目竞赛中时隔五年再次夺金。工业控制技术是我国发展智能制造装备、高端制造业的基础和控制核心,可以解放劳动力,促进制造业转型升级。赛项涉及机械加工、编程、电气电路等多个领域知识内容,选手必须成为"多面手"才能完成整套流程。

专攻一行已属不易,面面俱到更是难上加难。"既然选择了梦想,再苦再累也要坚持。我抓紧一切时间训练,不敢有丝毫懈怠。"姜昊给自己装上了"加速器",晨光熹微间起床,暮色沉沉时返回,每天6时到22时,除了午休和吃饭时间,其余时间姜昊都在赛场训练。

这是一场思维和创意的较量,姜昊沉下心来,先用40分钟进行整体规划,迅速发挥创意和编程实力,不断寻找设计灵感,零件打磨必须细致、再细致,防护面罩里氧气含量逐渐降低,姜昊却不敢停下,整场比赛姜昊打磨了100多件元件。制作墙槽支撑导线时,接口处缝隙必须控制在0.1mm之内,不允许一张纸片通过。

获奖后,姜昊放弃高收入工作,留校任教。"通过比赛我更加知道了学习的重要性,希望可以用自己逐梦世界技能大赛的故事,激励更多学生技能成才、技能报国,让更多有志者人生出彩。"

【启示】

技能强则中国强。劳动者素质对国家和民族的发展至关重要。技术工人队伍是支撑中国制造、中国创造的重要基础。中国综合国力的增强、民族品牌的打造不仅需要高端科学家,也需要精益求精的大国工匠。

【思考】

联系实际谈谈在学习过程中如何树立严谨认真、精益求精的工匠精神，如何把自己打造成高技能人才？

在工业生产中，被控对象简称对象，泛指工业生产设备。实际工作中，有的生产过程容易操作，工艺变量能够控制得比较平稳；有的生产过程操作困难，工艺变量波动频繁，稍有不慎就可能超出工艺允许范围而影响生产工况，甚至造成生产事故。所以，在控制系统中，只有充分了解和熟悉生产工艺过程，明确对象特性，才能得心应手地操作生产过程，使生产工况处于最佳状态。因此，研究和熟悉常见控制对象的特性对工程技术人员来说有着十分重要的意义。本项目主要学习控制对象的特性，为控制方案的选择做好准备。

任务　生产过程对象（水槽）的认知

自动控制系统的质量取决于组成系统的各个环节，其中作为被控对象的过程是否易于控制，对整个控制系统的好坏有重大影响。

所谓对象特性就是指对象在输入信号作用下，其输出变量（即被控变量）随时间而变化的特性。通常，对象可看成有两个输入，如图 7-1 所示，即操纵变量的控制作用 q 和外界扰动 f 的作用，其输出信号只有一个被控变量 y。因此，对象特性应由两部分构成，一部分是控制作用阶跃变化（扰动不变）时，被控变量的时间特性；另一部分是扰动作用阶跃变化（控制作用不变）时，被控变量的时间特性。操纵变量 q 对被控变量 y 的作用途径，称为控制通道，而扰动信号 f 对被控变量 y 的作用途径称为扰动通道。对于同一个对象，不同的通道特性可能是不同的，所以，在研究对象特性时，应预先指明对象的输入信号和输出信号。

对于工艺过程对象，操纵变量受控制器控制，使被控变量 y 与设定值保持一致；而扰动信号随机发生，对被控变量 y 产生影响，使被控变量 y 偏离工艺设定值。自动控制的目的是如何用操纵变量作用于对象，克服扰动信号的影响，维持被控变量 y 稳定在工艺设定值上。

工程上扰动信号大致有"阶跃"和"脉冲"两种，对生产过程影响最大的是阶跃扰动，如图 7-2 所示。

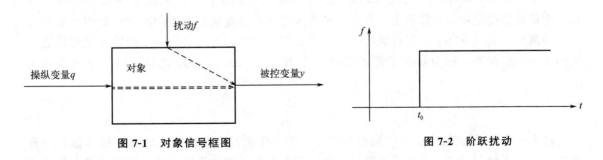

图 7-1　对象信号框图　　　　　　　图 7-2　阶跃扰动

一、与对象有关的两个基本概念

1. 对象负荷

当生产过程处于稳定状态时,单位时间内流入或流出对象的物料或能量称为对象的负荷或生产能力,如液体储槽的物料流量、锅炉的出汽量等。

负荷的改变是由生产需要决定的,设备和机器只能限制负荷的极限值。当负荷在极限范围内时,设备就能正常运转。在自动控制系统中,对象负荷变化的性质(大小、快慢和次数)被看作是系统的扰动,它直接影响控制过程的稳定性。如果负荷变化很大,又很频繁,控制系统就很难稳定下来,控制质量就难以保证。所以对象的负荷稳定是有利于控制的。

2. 对象自衡

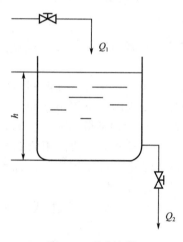

图 7-3 对象水槽

如果对象的负荷改变后,无须外加控制作用,被控变量 y 能自行趋于一个新的稳定值,这种性质称为对象的自衡性。如图 7-3 所示,对象(水槽)的被控变量 y(液位 h)稳定后,如扰动 f 变化(譬如出水量突然减小),引起液位突然增大,使得槽内压力增加,在没有外界控制作用下,由于压力作用,水槽流出量将增加,液位有自动回落并回归原来设定值的趋势,这类对象有自衡性。

具有自衡性质的对象将有利于控制,只要选用比较简单的调节器,就能获得满意的控制质量。

二、描述对象特性的三个参数

一个具有自衡性质的对象,在输入作用下,其输出最终变化多少、变化速度如何,及如何变化,可以用放大系数 K、时间常数 T 和滞后时间 τ 等加以描述。

1. 放大系数 K

对于前面介绍的水槽,当流入流量 Q_1 有一定的阶跃变化后,液位 h 也会有相应的变化,但最后会稳定在某一数值上,如图 7-4 所示。如果将流量 Q_1 的变化 ΔQ_1 看作对象的输入,而液位 h 的变化 Δh 看作对象的输出,那么在稳定状态时,对象一定的输入就对应着一定的输出,这种特性称为对象的静态特性。令 K 等于 Δh 与 ΔQ_1 之比,用数学关系式表示为:

$$K = \frac{\Delta h}{\Delta Q_1} \tag{7-1}$$

放大系数 K 是指输出信号(被控变量 y)的变化量与引起该变化的阶跃输入信号(操纵变量 q 或扰动信号 f)变化量之间的比值。其中与前者的比值称为对象控制通道的放大系数,用 K_o 表示;而与后者的比值称为对象扰动通道的放大系数,用 K_f 表示,即:

$$K_o = \frac{\Delta y}{\Delta q} \quad (7-2)$$

$$K_f = \frac{\Delta y}{\Delta f} \quad (7-3)$$

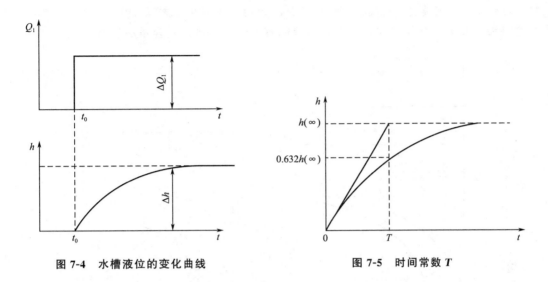

图 7-4　水槽液位的变化曲线　　　　图 7-5　时间常数 T

常数 K_o 与 K_f 值仅与过程的起点和终点有关，而与变化过程无关，所以它们代表对象的静态特性。对象控制通道放大系数 K_o 反映了对象以原有稳定状态为基准的被控变量与操纵变量在过程结束时的变化量之间的关系。对象扰动通道放大系数 K_f 表示对象受到幅度为 Δf 的阶跃扰动后，被控变量从原有稳定状态达到新的稳定状态的变化量与扰动幅值之间的关系。

放大系数 K 越大，就表示对象的输入量有一定变化时，对输出量的影响越大。

2. 时间常数 T

从大量的生产实践中发现，有的对象受到干扰后，被控变量变化很快，较迅速地达到了稳定值；有的对象在受到干扰后，惯性很大，被控变量要经过很长时间才能达到新的稳定值。在自动化领域中，往往用时间常数 T 来表示对象受干扰后的这种特性，如图 7-5 所示。

由图 7-5 可知，时间常数是指在阶跃输入作用下，对象的输出变量保持初始变化速度，达到最终稳态值所需要的时间。

时间常数是反映对象在输入变量作用下，被控变量变化快慢的一个参数。时间常数越大，表示对象受到干扰作用后，被控变量变化得越慢，到达新的稳定值所需的时间越长。

3. 滞后时间 τ

对象在受到输入作用后，被控变量不能立即而迅速地变化，这种现象称为滞后现象。

滞后是指对象的输出变化落后于输入变化的现象。滞后时间就是描述对象滞后现象的动态参数。它分为纯滞后时间 τ_o 和容量滞后时间 τ_h 两种。

（1）纯滞后　纯滞后又叫传递滞后，是由距离与速度引起的。从测量方面来说，由于测量点选择不当、测量元件安装不合适等原因会造成传递滞后，这种现象在成分分析过程中尤为常见。安装成分分析仪表时，取样管线太长，取样点安装离设备太远，都会引起较大的纯滞后时间,在实际工程中要尽量避免。如图7-6所示为有、无纯滞后的一阶阶跃响应曲线,x为输入量,$y(t)$、$y_\tau(t)$分别为无、有纯滞后时的输出量。

(2) 容量滞后　有些对象在受到阶跃输入作用后,被控变量开始变化很慢,后来逐渐加快,最后又变慢直至逐渐接近稳定值,这种现象叫容量滞后和过渡滞后,容量滞后一般是由于物料或能量的传递通过一定阻力而引起的,如两个串联的水槽,其反应曲线如图7-7所示。容量滞后是多容对象的固有属性,对象的容量个数越多,其容量滞后就越大。

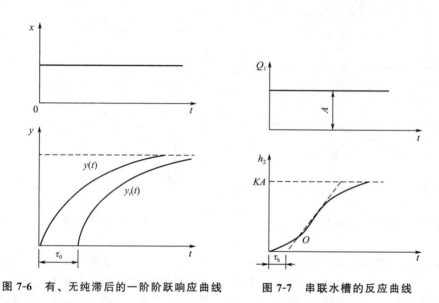

图7-6　有、无纯滞后的一阶阶跃响应曲线　　图7-7　串联水槽的反应曲线

尽管纯滞后和容量滞后在本质上不同,但实际工作中很难严格区分,在容量滞后时间与纯滞后时间同时存在时,常常把两者合起来统称为滞后时间 τ,即 $\tau = \tau_0 + \tau_h$,如图7-8所示。

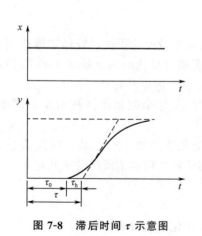

图7-8　滞后时间 τ 示意图

自动控制系统中,滞后的存在是不利于控制的,所以,在设计和安装控制系统时,都应当尽量把滞后时间减到最小。

在常见的工业对象中,除了特殊情况外,一般压力对象的滞后时间 τ 不大,时间常数 T 也不大;液位对象的滞后时间 τ 较小,时间常数 T 稍大;流量对象的滞后时间 τ 和时间常数 T 都较小,约数秒至数十秒;温度对象的滞后时间 τ 和时间常数 T 都较大,约数分钟至数十分钟;成分对象的滞后时间 τ 较大。

三、扰动通道特性对控制质量的影响

① 扰动通道放大系数 K_f 越大,扰动引起的输出越大,这就使被控变量偏离设定值越多。从控制角度来看,希望 K_f 越小越好。

② 扰动通道的时间常数 T_f 越大,相当于扰动作用被大大延缓,对被控变量的影响显得比较和缓,比较容易被控制作用所补偿而获得较高的控制质量,所以希望 T_f 越大越好。

③ 扰动通道滞后时间 τ 对控制系统无影响，因为 τ 的大小仅取决于扰动对系统影响进入的时间早晚。

四、控制通道特性对控制质量的影响

因为控制作用是为了使被控变量与设定值一致，而扰动作用则使被控变量偏离设定值，所以，控制通道特性对被控变量的影响与扰动通道特性对被控变量的影响有着本质的区别。

① 控制通道放大系统 K_o 越大，控制作用越强，克服扰动的能力越强，系统的稳态误差越小。同时，K_o 越大，被控变量对操纵变量的控制作用反应越灵敏，响应越迅速。但是，K_o 过大，系统的稳定性变差。所以，在保证控制系统的品质指标提高的同时，还要兼顾系统的稳定性，通常 K_o 适当选大一点。

② 对控制通道来说，时间常数 T_o 太大，被控变量响应速度缓慢，使控制作用不及时，最大偏差增大，过渡时间延长。时间常数小，被控变量响应速度快，控制作用及时，控制质量容易保证，但是，时间常数过小，会使被控变量响应速度过快，容易引起振荡，使系统的稳定性降低。所以，T_o 适中最佳。

③ 控制通道滞后时间 τ 越大，对系统的控制越不利。特别是纯滞后的存在，会造成控制作用不能及时克服干扰作用对被控变量的影响，而使控制系统质量受到的影响更大。因此，构成控制系统时，应尽最大努力避免或减少滞后的影响，通过改进工艺，合理选择检测元件和控制器的安装位置或者选择更好的控制方案来实现。

在生产过程控制中，经常用 τ/T_o 作为反映过程控制难易程度的一项指标。一般认为 $\tau/T_o \leq 0.3$ 的过程对象比较容易控制，而 $\tau/T_o > (0.5 \sim 0.6)$ 的对象比较难于控制。

总之，为了保证控制系统的质量，对不同的控制对象就要采取不同的控制措施。

任务实施

在实训现场，在教师的引领下，学员自主练习。

1. 主要内容及要求

① 熟悉水槽的工艺生产过程。
② 画出被控对象（设备）工艺流程草图。
③ 完成一个工艺过程对象的分析。

2. 训练步骤

① 在实训现场，针对水槽，在教师的引领下，学员自主练习，熟悉其工艺生产过程。
② 以小组为单位，画出被控对象（设备）工艺流程草图，分析被控变量、操纵变量、扰动信号以及它们之间的制约关系。
③ 根据所学知识，自己完成典型流体输送设备"离心泵"对象的分析。

管道系统是给水排水工程的重要组成部分，水泵更是极为常见的给水排水设备。以给水工程为例，输配水管网担负着输送、分配水的任务；管道系统往往是由水泵加压供水的有压系统，与水泵及水泵站的关系密切。

工程中，离心泵是常见的输送流体设备，其工艺流程如图7-9所示，物料从离心泵进口管路吸入泵体，液体在叶轮离心力的作用下从叶轮中心被抛向边缘并获得能量，使叶轮边缘的液体静压强提高，只有较高压强的液体从泵的排出口进入排出管路，送到所需的场所。

从图7-9可判断，离心泵的出口流量 F 是被控变量 y，工艺上一般要求其恒定在某一设

定值 x 上，从控制工程角度出发，是将出口管道作为"被控对象"进行特性分析。常用的控制系统方案如图 7-10 所示，由此就可以分析离心泵输入信号与输出信号之间的关系。

图 7-9 离心泵工艺示意图　　　　　图 7-10 离心泵流量控制方案

出口流量 F 稳定后，当扰动作用 f 变化，使被控变量 y（出口流量 F）发生变化并偏离设定值 x 时，控制器发出控制信号指挥控制阀动作，改变离心泵出口阀门的开启度，进而改变了操纵变量 q（出口流量 F）的大小，使控制变量 y（出口流量 F）回到设定值 x 上。

从图 7-9 可以分析，当操纵变量 q 增大时，被控变量 y（出口流量 F）也增大，为对象"正作用"方向。

学习讨论

试举出一个工程中的工艺过程对象，并进行分析。

项目小结

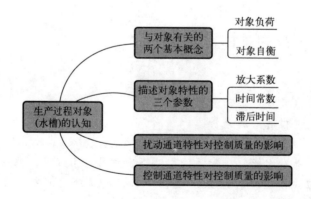

思考题

7-1　什么是对象特性？对象的特性参数有哪些？
7-2　试述对象特性参数的物理意义及其对自动控制系统的影响。
7-3　对象的纯滞后和容量滞后各是由什么原因造成的？
7-4　简述离心泵的工艺流程，并分析被控变量、操纵变量、常见干扰以及它们之间的关系。

项目考核

项目实施过程考核与结果考核相结合，由项目委托方代表（教师或学生）对项目各项任务的完成结果进行验收、评分;学生进行"成果展示",经验收合格后进行接收。

项目完成情况作为考核能力目标、知识目标、拓展目标的主要内容,具体包括:完成项目的态度、项目报告质量、资料查阅情况、问题的解答、团队合作、应变能力、表述能力、辩解能力、外语能力等。

完成情况考核评分表

评分内容	评分标准	配分	得分
工艺过程对象的认知	工艺流程: 采取方法错误扣 5~30 分	30	
	变量分析: 不合适扣 10~30 分	30	
	成果展示:(报告) 错误扣 10~20 分	20	
知识问答、工作态度、团队协作精神等	知识问答全错扣 5 分; 小组成员分工协作不明确,成员不积极参与扣 5 分	10	
安全文明生产	违反安全文明操作规程扣 5~10 分	10	
项目成绩合计			
开始时间		结束时间		所用时间	
评语			

项目八

环境工程控制仪表的认识与使用

知识目标

- 掌握控制规律的定义、类型及特点。
- 掌握常用控制仪表结构组成、工作原理。
- 掌握控制仪表的选择方法、使用及校验方法。

能力目标

- 能根据要求选择合适的控制仪表,并正确校验。
- 能正确使用控制仪表。

素质目标

- 培养热爱科学、实事求是的学风。
- 培养创新意识和创新精神。
- 树立严肃认真、实事求是的科学态度和严谨的工作作风。
- 加强良好的职业道德和环境保护意识。

思政微课堂

【案例】

生态环境是人类文明生存与发展的基础。人类与自然和谐共处才能延续人类文明的火种,生生不息。回看历史的长河,早在中国古代,思想家们就已经参悟出了"天人合一"的理念追求,人与自然和谐统一的境界。"地球是全人类赖以生存的唯一家园。我们要像保护自己的眼睛一样保护生态环境,像对待生命一样对待生态环境,同筑生态文明之基,同走绿色发展之路!"习近平总书记提出的绿色文明、生态文明的发展思路,顺应了"天人合一"的古老智慧。

生态环境指的是人类生存与发展的物质基础,包括了土地资源、水资源、生物资源、气候资源的数量和质量。生态环境保护与人类社会发展之间达成的平衡,是人与自然存续发展的重要条件。

【启示】

人类必须担负起保护生态环境的共同责任,树立尊重自然、顺应自然、保护自然的生态文明理念,重视生态规律、自觉注意环境卫生、善待地球生命、自发节约资源等,坚持人与自然和谐共生,才能保障人类健康生存和繁衍。"生态兴则文明兴,生态衰则文明衰",保护生态环境与自然和谐共生是人类文明走向未来的依托。

【思考】

1. 如何理解习近平总书记提出的绿色文明、生态文明的发展思路?

2. 联系实际谈谈日常生活中如何从自身做起保护生态环境。

污水处理过程控制主要任务有两个：一个是污水处理过程中水量、水质波动造成的出水水质不稳定，实时控制可以根据进水的时变特征调整运行参数，保证出水水质的稳定；另一个是利用过程控制，优化运行过程中的控制参数，尽可能地减少反应器容积，缩短水的停留时间，或是优化控制曝气量，节省能耗。

自动控制仪表（常称为控制器或调节器）是构成自动控制系统的基本环节，它在自动控制系统中的作用是将被控变量的测量值与给定值相比较，产生一定的偏差，再对该偏差进行一定的数学运算后，将运算结果以一定的信号形式（控制信号）送往执行器，以消除偏差，实现对被控变量的自动控制。本项目主要学习环境工程中常用控制仪表的结构组成、工作原理、选择方法、使用及校验方法等知识与技能。

任务一 常见控制规律及控制器概述

在环境工程中的污水处理工艺中需要控制的工艺变量要利用控制仪表构成控制系统，控制系统的运行质量很大程度上取决于控制器的性能，亦即其控制规律的选取。不同的控制规律适用不同的生产要求，必须根据生产工艺要求来选用适当的控制规律。如选用不当，不仅不能起到好的控制作用，反而会使控制过程恶化，甚至造成事故。要选用合适的控制器，首先必须了解常用的几种控制规律的特点与适用条件，然后根据过渡过程品质指标要求结合具体对象特性，做出正确的选择。

一、常见控制规律

所谓控制规律，是指控制器的输出信号与输入信号之间的关系。研究控制器的控制规律时是把控制器和系统断开的，即只在开环时单独研究控制器本身的特性。

控制器的输入信号是经比较机构后的偏差信号 e，它是给定值信号 x 与变送器送来的测量值信号 z 之差。在分析自动化系统时，偏差采用 $e=x-z$，但在单独分析控制仪表时，习惯上采用测量值减去给定值作为偏差，即 $e=z-x$。控制器的输出信号就是控制器送往执行器（常用气动执行器）的信号 p。因此，控制器的控制规律就是指 p 和 e 之间的函数关系，即：

$$p=f(e)=f(z-x) \tag{8-1}$$

在研究控制器的控制规律时，经常是假定控制器的输入信号 e 是一个阶跃信号，然后来研究控制器的输出信号 p 随时间的变化规律。

控制器的控制规律有：位式控制（其中以双位控制比较常用），比例控制（P），积分控制（I），微分控制（D）；以及它们的组合形式，比例积分控制（PI），比例微分控制（PD）和比例积分微分控制（PID）。其中 PID 控制规律的应用率占到了 85% 以上。PID 控制规律是长期生产实践的经验总结，是熟练技巧操作工人经验的模仿。

1. 比例控制（P）

在双位控制系统中，被控变量不可避免地会产生持续的等幅振荡过程，为了避免这种情

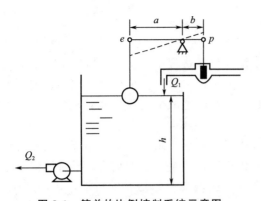

图 8-1 简单的比例控制系统示意图

况，应该使控制阀的开度（即控制器的输出值）与被控变量的偏差成比例，根据偏差大小，控制阀可以处于不同的位置，这样就有可能获得与对象负荷相适应的操纵变量，从而使被控变量趋于稳定，达到平衡状态。如图 8-1 所示的液位控制系统，当液位高于给定值时，控制阀就关小，液位越高，阀关得越小；若液位低于给定值，控制阀就开大，液位越低，阀开得越大。它相当于把位式控制的位数增加到无穷多位，于是变成了连续控制系统。图中浮球是测量元件，杠杆就是一个最简单的控制器。

图 8-1 中，若杠杆在液位改变前的位置用实线表示，改变后的位置用虚线表示，根据相似三角形原理，有：

$$\frac{a}{b} = \frac{e}{p}$$

即：

$$p = \frac{b}{a} \times e \tag{8-2}$$

式中　e——杠杆左端的位移，即液位的变化量；

　　　p——杠杆右端的位移，即阀杆的位移量；

　　　a，b——杠杆支点与两端的距离。

由此可见，在该控制系统中，阀门开度的改变量与被控变量（液位）的偏差值成比例，这就是比例控制规律。比例控制器根据"偏差的大小"来动作。

对于具有比例控制规律的控制器（称为比例控制器），其输出信号 p 与输入信号（指偏差，当给定值不变时，偏差就是被控变量测量值的变化量）e 之间成比例关系，即：

$$p = K_P e \tag{8-3}$$

式中　K_P——可调的放大倍数（比例增益）。

对照式（8-2），可知图 8-1 所示的比例控制器，其 $K_P = b/a$，改变杠杆支点的位置，便可改变 K_P 的数值。

由式（8-3）可以看出，比例控制的放大倍数 K_P 是一个重要的系数，它决定了比例控制作用的强弱。K_P 越大，比例控制作用越强，在实际的比例控制器中，习惯上使用比例度 δ 而不用放大倍数 K_P 来表示比例控制作用的强弱。

所谓比例度，就是指控制器的输入变化相对值与相应的输出变化相对值之比的百分数，用计算式表示为：

$$\delta = \left(\frac{e}{x_{max} - x_{min}} \bigg/ \frac{p}{p_{max} - p_{min}} \right) \times 100\% \tag{8-4}$$

式中　e——输入变化量；

　　　p——相应的输出变化量；

　　　$x_{max} - x_{min}$——输入的最大变化量，即仪表的量程；

　　　$p_{max} - p_{min}$——输出的最大变化量，即控制器输出的工作范围。

由式（8-4），可知比例度 δ 的具体意义。比例度又是使控制器的输出变化满刻度时（也就是控制阀从全关到全开或相反），相应的仪表测量值变化量占仪表测量范围的百分数。或者说，使控制器输出变化满刻度时，输入偏差变化对应于指示刻度的百分数。

将式（8-3）的关系代入式（8-4），经整理后可得：

$$\delta = \frac{1}{K_P} \times \frac{p_{max} - p_{min}}{x_{max} - x_{min}} \times 100\% \tag{8-5}$$

这就是说，控制器的比例度 δ 越小，它的放大倍数 K_P 就越大，它将偏差（控制器输入）放大的能力越强，反之亦然。因此比例度 δ 和放大倍数 K_P 都能表示比例控制器控制作用的强弱。只不过 K_P 越大，表示控制作用越强，而 δ 越大，表示控制作用越弱。

图 8-2 表示图 8-1 所示的液位比例控制系统的过渡过程。如果系统原来处于平衡状态，液位恒定在某值上，在 $t=t_0$ 时，系统外加一个干扰作用，即出水量 Q_2 有一阶跃增加［见图 8-2（a）］，液位开始下降［见图 8-2（b）］，浮球也跟着下降，通过杠杆使进水阀的阀杆上升，这就是作用在控制阀上的信号 p ［见图 8-2（c）］，于是进水量 Q_1 增加［见图 8-2（d）］。由于 Q_1 增加，促使液位下降速度逐渐缓慢下来，经过一段时间后，待进水量的增加量与出水量的增加量相等时，系统又建立起新的平衡，液位稳定在一个新值上。但是控制过程结束时，液位的新稳态的值将低于给定值，它们之间的差就叫余差，如果定义偏差 e 为测量值减去给定值，则 e 的变化曲线见图 8-2（e）。

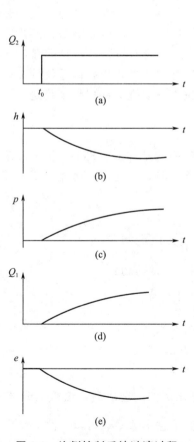

图 8-2 比例控制系统过渡过程

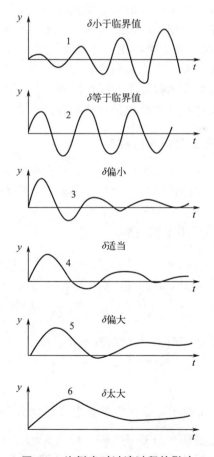

图 8-3 比例度对过渡过程的影响

为什么会有余差呢？它是比例控制规律的必然结果。从图8-2可见，原来系统处于平衡，进水量与出水量相等，此时控制阀有一固定的开度，比如说对应于杠杆为水平的位置。当 $t=t_0$ 时，出水量有一阶跃增大量，于是液位下降，引起进水量增加，只有当进水量增加到与出水量相等时才能重新建立平衡，而液位也才不再变化。但是要使进水量增加，控制阀必须开大，阀杆必须上移，而阀杆上移时浮球必然下移。因为杠杆是一种刚性的结构，这就是说达到新的平衡时浮球位置必定下移，也就是液位稳定在一个比原来稳态值（即给定值）要低的位置上，其差值就是余差，存在余差是比例控制的缺点（有差控制）。

比例控制的优点是反应快，控制及时，有偏差信号输入时，输出立刻与它成比例地变化，偏差越大，输出的控制作用越强。

为了减小余差，就要增大 K_P（即减小比例度 δ），但这会使系统稳定性变差。比例度对控制过程的影响如图8-3所示。由图可见，比例度越大（即 K_P 越小），过渡过程曲线越平稳，但余差也会越大。比例度越小，则过渡过程曲线越振荡。比例度过小时就可能出现发散振荡。当比例度大时即放大倍数 K_P 小时，在干扰产生后，控制器的输出变化较小，控制阀开度改变较小，被控变量的变化就很缓慢（曲线6）。当比例度减小时，K_P 增大，在同样的偏差下，控制器输出较大，控制阀开度改变较大，被控变量变化也比较灵敏，开始有些振荡，余差不大（曲线4、5）。比例度再减小，控制阀开度改变更大，大到有点过大时，被控变量也就跟着过大地变化，再拉回来时又拉过头，结果会出现激烈的振荡（曲线3）。当比例度继续减小到某一数值时，系统出现等幅振荡，这时的比例度称为临界比例度 δ_K（曲线2），一般除反应很快的流量及管道压力等系统外，这种情况大多出现在 $\delta<20\%$ 时。当比例度小于 δ_K 时，在干扰产生后将出现发散振荡（曲线1），这是很危险的。工艺生产通常要求比较平稳而余差又不太大的控制过程，例如曲线4，一般地说，若对象的滞后较小、时间常数较大以及放大倍数较小时，控制器的比例度可以选得小些，以提高系统的灵敏度，使反应快些，从而过渡过程曲线的形状较好；反之，比例度就要选大些以保证稳定。

2. 比例积分（PI）控制

当对控制质量有更高要求时，就需要在比例控制的基础上，再加上能消除余差的积分控制作用。常常把比例与积分组合起来，这样控制既及时，又能消除余差。积分控制作用的输出 p 与输入偏差 e 的积分成正比。

PI规律可用下式表示：

$$p=K_P\left(e+K_I\int e\,dt\right) \tag{8-6}$$

经常采用积分时间 T_I 来代替 K_I，所以式（8-6）常写为：

$$p=K_P\left(e+\frac{1}{T_I}\int e\,dt\right) \tag{8-7}$$

若偏差是幅值为 A 的阶跃干扰，即 $e=A$，代入式（8-7）可得：

$$\Delta p=K_P A+\frac{K_P}{T_I}At \tag{8-8}$$

如图8-4所示，输出中垂直上升部分 $K_P A$ 是比例作用造成的，慢慢上升部分 $\frac{K_P}{T_I}At$ 是积分作用造成的。当 $t=T_I$ 时，输出为 $2K_P A$。应用这个关系，可以实测 K_P 及 T_I，对控制器输入一个幅值为 A 的阶跃变化，立即记下输出的跃变值并开动秒表计时，当输出达到跃变值的两倍时，此时间就是 T_I，跃变值 $K_P A$ 除以阶跃输入幅值 A 就是 K_P。

积分时间 T_I 越短，积分作用越强；反之，积分时间越长，积分作用越弱。若积分时间为无穷大，就没有积分作用，成为纯比例控制器了。

图 8-5 表示在同样比例度下积分时间 T_I 对过渡过程的影响。T_I 过大，积分作用不明显，余差消除很慢（曲线 3）；T_I 小，易于消除余差，但系统振荡加剧，曲线 2 适宜，曲线 1 就振荡太剧烈了。

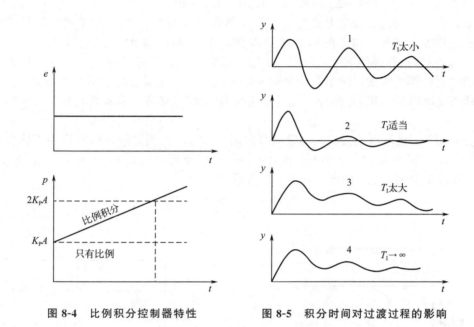

图 8-4 比例积分控制器特性　　图 8-5 积分时间对过渡过程的影响

比例积分控制器对于多数系统都可采用，比例度 δ（或放大倍数 K_P）和积分时间 T_I 两个参数均可调整。当对象滞后很大时，可能控制时间较长，最大偏差也较大；负荷变化过于剧烈时，由于积分动作缓慢，使控制作用不及时，此时可增加微分作用。

3. 比例微分（PD）控制

对于惯性较大的对象，常常希望能根据被控变量变化的快慢来控制。在人工控制时，有时虽然偏差还很小，但参数变化很快，人们会认为很快就会有更大偏差，此时会过分地改变阀门开度以克服干扰影响，这就是按偏差变化速度进行控制。在自动控制时，这就要求控制器具有微分控制规律，就是控制器的输出信号与偏差信号的变化速度成正比，故有超前控制之称，但它的输出不能反映偏差的大小，假如偏差固定，即使数值很大，微分作用也没有输出，因而控制结果不能消除偏差，所以不能单独使用这种控制器，它常与比例或比例积分控制器组合构成比例微分或比例积分微分控制器。PD 控制规律为：

$$p = K_P \left(e + T_D \frac{de}{dt} \right) \tag{8-9}$$

理想的比例微分控制器在制造上是困难的，工业上都是用实际比例微分控制规律的控制器。

实际比例微分控制规律的数学表达式为：

$$\frac{T_D}{K_D} \times \frac{d\Delta p}{dt} + \Delta p = K_P \left(e + T_D \frac{de}{dt} \right) \tag{8-10}$$

式中 T_D——微分时间;

K_D——微分增益(微分放大倍数);

Δp——控制器的输出变化量。

上式中若将 K_D 取得较大,可近似认为是理想比例微分控制。

在幅度为 A 的阶跃偏差信号作用下,实际 PD 控制器的输出为:

$$\Delta p = K_P A + K_P A (K_D - 1) e^{-t/T} \tag{8-11}$$

式中,$T=T_D/K_D$。根据上式可得实际比例微分控制器在幅度为 A 的阶跃偏差作用下的开环输出特性,见图 8-6。在偏差跳变瞬间,输出跳变幅度为比例输出的 K_D 倍,即 $K_D K_P A$,然后按指数规律下降,最后当 t 趋于无穷大时,仅有比例输出 $K_P A$。因此决定微分作用的强弱有两个因素,一个是开始跳变幅度的倍数,用微分增益 K_D 来衡量;另一个是降下来所需要的时间,用微分时间 T_D 来衡量。输出跳得越高,或降得越慢,表示微分作用越强。

微分时间 T_D 是可以改变的。测定微分时间 T_D 时,先测定阶跃信号作用下比例微分输出从 $K_D K_P A$ 下降到 $K_P A + 0.368 K_P A (K_D - 1)$ 所经历的时间 t,此时 $t=T_D/K_D$,再将该时间 t 乘以微分增益 K_D 即可,如图 8-7 所示。

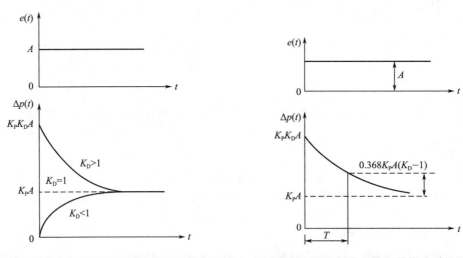

图 8-6 阶跃偏差作用下实际比例微分开环输出特性　　图 8-7 实际比例微分控制器微分时间测定

微分作用按偏差的变化速度进行控制,其作用比比例作用快,因而对惯性大的对象用比例微分可以改善控制质量,减小最大偏差,节省控制时间。微分作用力图阻止被控变量的变化,有抑制振荡的效果,但如果加得过大,由于控制作用过强,反而会引起被控变量大幅度的振荡(图 8-8)。微分作用的强弱用微分时间来衡量,微分时间 T_D 越大,微分作用越强;T_D 越小,微分作用越弱;$T_D=0$ 时,微分作用就没有了。

从实际使用情况来看,比例微分控制规律用得较少,在生产上微分往往与比例积分结合在一起使用,组成 PID 控制。

4. 比例积分微分(PID)控制

比例积分微分(PID)控制规律表达式为:

$$p = K_P \left(e + \frac{1}{T_I} \int e \, dt + T_D \frac{de}{dt} \right) \tag{8-12}$$

在幅度为 A 的阶跃偏差信号作用下，实际 PID 控制可视为比例、积分和微分三种作用的叠加，即：

$$\Delta p = K_P \left[A + \frac{At}{T_I} + A(K_D - 1)e^{-K_D t/T_D} \right] \tag{8-13}$$

其开环特性如图 8-9 所示。这种控制器既能快速进行控制，又能消除余差，具有较好的控制性能。其可调参数有三个：K_P（或 δ）、T_I 和 T_D。

PID 控制规律综合了各种控制规律的优点，具有较好的控制性能，但这并不意味着它在任何情况下都是最合适的，必须根据过程特性和工艺要求，选择最为合适的控制规律。各类工程中常用的控制规律如下。

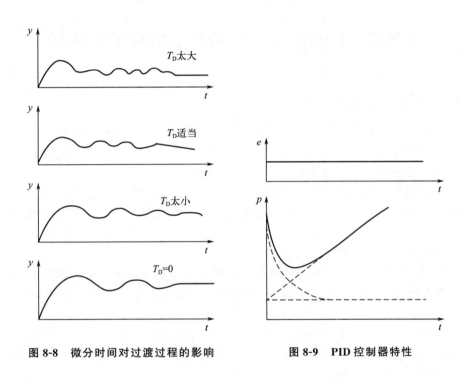

图 8-8　微分时间对过渡过程的影响　　图 8-9　PID 控制器特性

① 液位：一般要求不高，用 P 或 PI 控制规律。
② 流量：时间常数小，测量信息中杂有噪声，用 PI 或加反微分控制规律。
③ 压力：介质为液体的时间常数小，介质为气体的时间常数中等，用 P 或 PI 控制规律。
④ 温度：容量滞后较大，用 PID 控制规律。

二、控制器概述

控制器的作用是将被控变量测量值与给定值进行比较，然后对比较后得到的偏差进行比例、积分、微分等运算，并将运算结果以一定的信号形式送往执行器，以实现对被控变量的自动控制。

① 控制器的工作状态有"自动""手动"。一般在刚刚开车或控制工况不正常时采用手动控制，待系统正常稳定运行时切换到自动控制。

② 控制器设有"正""反"作用供选择，以满足控制系统的控制要求。控制器中将偏差 e 定义为测量值与设定值之差（$e=y-x$），若测量值大于设定值，称为正偏差；若测量值小于设定值，称为负偏差。当控制器置于"正"作用时，控制器的输出随着正偏差的增加而增加；置于"反"作用时，控制器的输出随着正偏差的增加而减小。若是负偏差，其控制器在"正""反"作用下的输出刚好与正偏差的情况相反。

控制器"正""反"作用不能随意选择，要根据工艺要求及控制阀的气开、气关情况来决定，保证控制系统为负反馈。

③ 控制器的 PID 参数有三个：K_P（或 δ）、T_I 和 T_D。必须通过控制系统的参数整定，选择一组合适的 PID 参数，这样才能保证控制器在控制系统中发挥作用。

任务二　C3000 数字式控制器的认识与使用

一、数字式控制器的主要特点

数字式控制器采用数字技术，以微型计算机为核心部件，其主要特点如下。

（1）实现了模拟仪表与计算机一体化　将微处理机引入控制器，充分发挥了计算机的优越性，使控制器电路简化，功能增强，提高了性能价格比。

（2）具有丰富的运算控制功能　数字式控制器有许多运算模块和控制模块。用户根据需要选用部分模块进行组态，可以实现各种运算处理和复杂控制。除了具有模拟式控制器 PID 运算等一切控制功能外，还可以实现串级控制、比值控制、前馈控制、选择性控制、自适应控制、非线性控制等。

（3）使用灵活方便，通用性强　数字式控制器模拟量输入输出均采用国际统一标准信号（4～20mA 直流电流，1～5V 直流电压），数字式控制器还有数字量输入输出，可以进行开关量控制。

（4）具有通信功能，便于系统扩展　通过数字式控制器标准的通信接口，可以挂在数据通道上与其他计算机、操作站等进行通信，也可以作为集散控制系统的过程控制单元。

（5）可靠性高，维护方便。

二、C3000 数字控制器

C3000 是一种采用 32 位微处理器和 5.6 英寸 TFT 彩色液晶显示屏的可编程多回路控制器。它主要有控制、记录、分析等功能，可通过串口和 CF 卡实现与上位机的数据交换。

C3000 数字控制器最多可测量 8 路模拟量输入 AI，2 路开关量输入 DI/频率量输入 FI（DI 与 FI 的个数和为 2）。最小采样周期是 0.125s，当处于最小采样周期时，最多可配置 2 路模拟量输入通道；最多支持 4 路模拟量输出 AO（0.00～20.00mA）、12 路开关量输出 DO、2 路时间比例输出 PWM。各种输出都支持表达式运算功能。

1. 功能概述

C3000 数字控制器通过 3 个程序控制模块、4 个单回路 PID 控制模块、6 个 ON/OFF 控制模块，与内部运算通道相配合，可实现单回路、串级、分程、比值、三冲量和批量控制等方案。它提供了基于继电反馈的参数自整定功能,通过自整定可为缺少经验的使用者提供参数 P、I、D 的初始值。

C3000 数字控制器内置 32MB 的 NAND Flash 存储器,可对数据、控制器信息、报表信息进行实时记录,同时具有组态备份功能。

C3000 数字控制器通过丰富的数学、逻辑、统计等功能函数和流量补偿模型对生产数据进行统计和分析,得到实时的生产运行状况;可将输入信号、控制信号、输出信号自由连接,以完成各种复杂的功能;具有串口通信功能。C3000 数字控制器支持打印功能;C3000 数字控制器最大支持 512MB 工业级 CF 卡存储器;C3000 数字控制器可提供 1 路配电输出,输出电压为 24V DC,最大输出电流为 100mA。

2. 操作面板

C3000 数字控制器的面板各部件分布如图 8-10 所示。

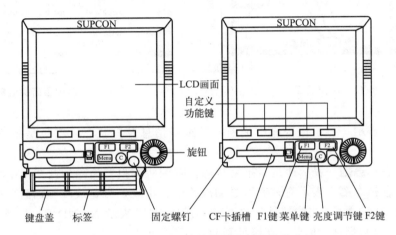

图 8-10　C3000 数字控制器面板部件分布图

C3000 数字控制器有 5 个自定义功能键,根据各个画面底部的提示,实现相应的功能。其中,某些自定义功能键和旋钮一样,有单击和长按的区别。

3. 用户登录

C3000 数字控制器的操作用户按权限分为四个等级:操作员 1、操作员 2、工程师 1、工程师 2。其中"工程师 2"拥有最高权限,可决定操作员 1、操作员 2 和工程师 1 的权限并设置其登录密码。系统默认用户为"操作员 1",各用户初始密码为"000000",登录步骤如下:

① 在任何监控画面下,单击 MENU 进入登录画面。
② 旋转旋钮或单击 ▨ 和 ▨ 选择登录者对应的用户级别。
③ 输入与用户级别相对应的 6 位登录密码,并单击旋钮确认。
④ 焦点框旋至 ▨ 处,单击旋钮登录组态菜单。

4. 监控画面

C3000 数字控制器有 11 幅基本的实时监控画面,依次为【总貌】、【数显】、【棒图】、【实时】、【历史】、【信息】、【累积】、【控制】、【调整】、【程序】和【ON/OFF】画面。

(1) 画面概述　监控画面的上方状态栏显示控制器当前的头信息，中间主体画面显示相关的监控内容，下方显示自定义功能键（可消隐/显示）以及当前页码，如图 8-11 所示。

如图 8-12 所示，所有监控画面的状态栏显示的头信息均相同，其中①～⑧的具体含义如下。

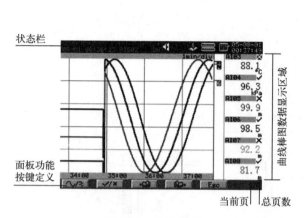

图 8-11　监控画面

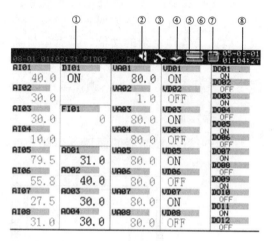

图 8-12　监控画面头信息说明

① 报警信息显示　显示报警库中最新两条报警信息及其状态，红色是报警信息；绿色是消警信息。

② 报警状态标志　表示通道有报警状态，直到所有报警消除后此图标隐藏。

③ 故障信息标志　表示有未查看过的故障信息出现，浏览故障画面后此标志隐藏。

④ 工作状态标志　当图标上绿色箭头闪动时，表示 NAND Flash 处于工作状态，静止表示停止记录数据或 CF 卡正在拷贝画面。

⑤ 内存状态标志　上部　表示记录数据。

⑥ 内存状态标志　下部　表示记录块，绿色是正常，红色表示未转存的历史数据（记录块）个数已大于最大记录数据（记录块）个数的 90%，提醒用户及时转存数据，以免丢失。

⑦ 运行标志　显示控制器运行状态：绿色曲线是正常；红色曲线（持续）是表达式功能过量使用。

⑧ 显示系统时间。

(2) 画面选择

① 在任意组态画面，单击 Esc 键，直至返回监控画面。

② 在任意监控画面

a. 单击旋钮可按照【总貌】、【数显】、【棒图】、【实时】、【历史】、【信息】、【累积】、【控制】、【程序】、【ON/OFF】次序循环切换各监控画面，【调整】画面不在此循环中。

b. 在任意监控画面，长按旋钮弹出导航菜单，单击可进入对应的监控画面。

(3) 总貌画面　总貌画面显示当前所有通道的运行状况，显示其实时数值或者状态，包括模拟量输入 AI、开关量输入 DI、频率量输入 FI、模拟量输出 AO、开关量输出 DO、时间比例输出 PWM、模拟量虚拟通道 VA 及开关量虚拟通道 VD。

通道显示位号内容由用户自定义。若组态设置位号项空缺，则以默认通道号显示。

总貌画面共 2 幅，通过左起第一个自定义功能键进行切换。其中 VA01～VA08、VD01～VD08 在第一幅画面中显示，剩余的通道在第二幅画面上显示，如图 8-13 所示。

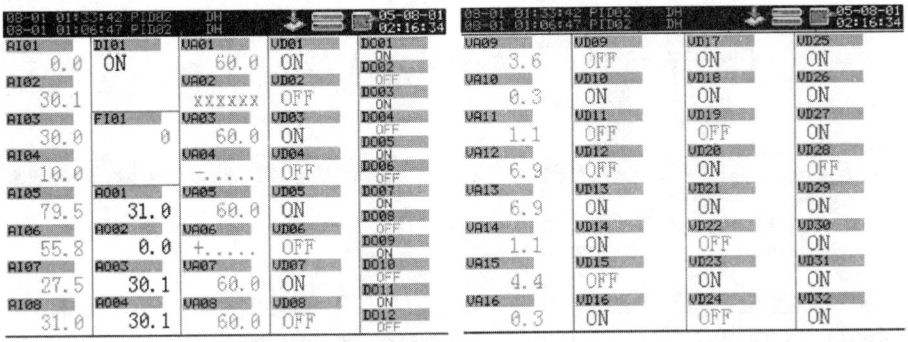

图 8-13 总貌画面

（4）实时显示画面 数显画面、棒图画面和实时画面三幅画面是实时数据的三种显示状态，均显示当前实时数据，如图 8-14 所示。每一类型的画面最多有 4 页，每页中显示的信号可根据需要在【画面组态】中自行选择设置。每页最多为 6 个信号显示，若少于 6 个，则系统自动调整，该位置处以空白显示。

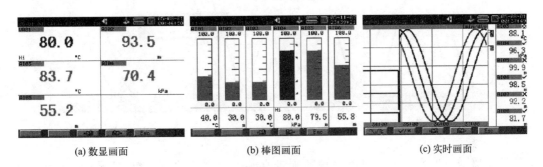

(a) 数显画面　　　　(b) 棒图画面　　　　(c) 实时画面

图 8-14 实时显示画面

画面下方的功能键定义大体相同，功能键定义可消隐可显示。在三种类型画面下单击最右边的功能键可调出或消隐功能键定义。■、■为循环翻页，在 4 页间循环切换。

（5）历史画面 历史画面用来显示信号在历史时间内的信息和变化，有曲线和数值两种显示形式。可以在追忆时间范围内追忆所记录数据，记录数据的时间长度与记录基本间隔以及记录通道数目有关。历史画面共有 12 个不同的功能定义键，分 3 个画面显示，单击■、■、■切换各画面，不同的画面下进行不同的操作内容。

历史画面一如图 8-15 所示。

时标■、■、■、■可以改变每屏显示数据的时间范围。利用时标可将曲线显示的时间范围进行调整，将曲线放大或缩小，便于查看。

单击■、■键可调出标尺显示，标尺显示的追忆时间点是时标和历史曲线的交点时间。单击■、■移动标尺向前或者向后追忆数据。

历史画面二如图 8-16 所示。

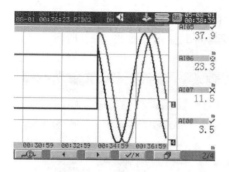
图 8-15 历史画面一

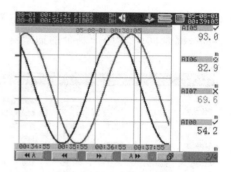
图 8-16 历史画面二

单击 [◀◀]、[▶▶] 加速移动标尺向前向后追忆，移动时间长度＝记录间隔×时标×4。

单击 [◀◀A]、[A▶▶] 自动向前向后翻页进行追忆，曲线右侧有箭头提示，"->"表示向前追忆，"<-"表示向后追忆，追忆过程中单击相应的 [◀◀A]、[A▶▶] 停止自动追忆。

历史画面三如图 8-17 所示。

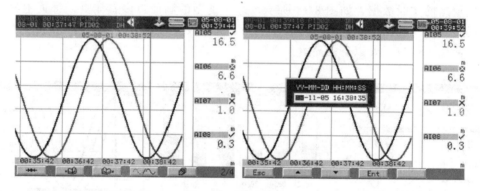
图 8-17 历史画面三

使用快速定点追忆方式，可准确快速地观察某一时刻的状态。单击 [⟶] ，在弹出的时间输入对话框中输入正确的时间，再单击 [Ent] 确认，系统将自动定位到定点时间。

单击 [📖]、[📖] 循环翻页，显示设置的各页具体内容。[∿] 可实现实时曲线与历史曲线间的切换，有追忆标尺显示时，单击 [∿] 历史画面以实时曲线显示；实时曲线显示时单击 [∿]，调出追忆标尺。

（6）信息画面 信息画面包括通道报警信息、操作信息和故障信息三幅画面，分别记录了相应的信息。

① 第一页：通道报警信息 记录所有报警状态，包括报警通道、报警类型、报警时间和消警时间，如图 8-18 所示。

报警类型显示为红色时，表示当前该通道处于报警状态；为绿色时，表示已消警，正常消警的报警信息有正常的消警时间，表示正常上电时的消警；不带有消警时间的为非正常消警，表示上次断电前未消警。

② 第二页：操作信息 操作信息中主要记录对控制器操作的信息，如开、关机信息（冷热启动等），用户编辑组态的一些信息（登录、退出组态、备份组态信息等），用户操作控制回路的信息（如手动、自动状态，修改 MV、SV 值，程序控制画面的执行操作等），如图 8-19 所示。

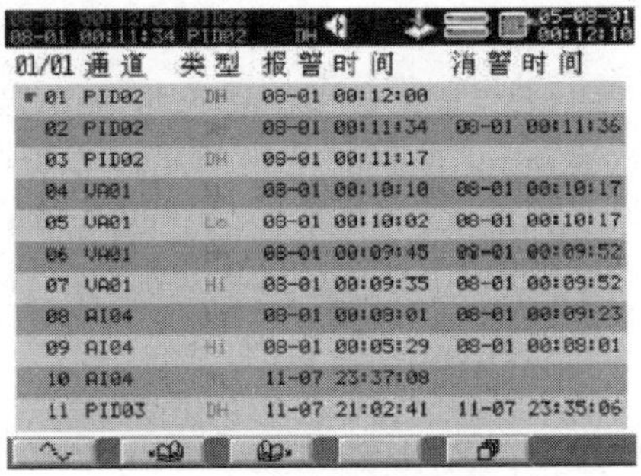

图 8-18 报警画面

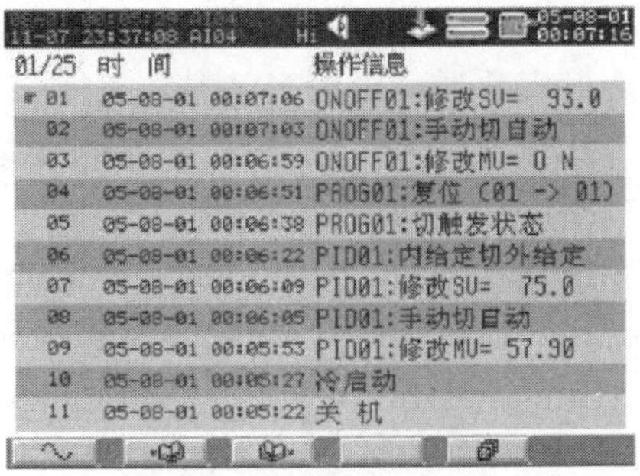

图 8-19 操作信息画面

③ 第三页：故障信息 故障信息主要显示一些输入输出通道的故障（如断线、运算出错等）、运算故障（通道故障、表达式运算故障等）和板卡故障等，如图 8-20 所示。

（7）累积画面 累积画面有班累积、时累积、日累积及月累积等几种画面，如图 8-21 所示。

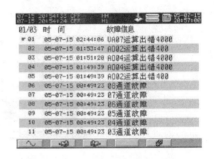

图 8-20 故障信息画面

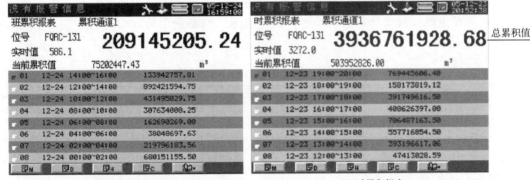

(a) 班累积报表

(b) 时累积报表

(c) 日累积报表

(d) 月累积报表

图 8-21 累积画面

班报表、时报表支持最多 24 条报表数据，日报表支持最多 31 条报表数据，月报表支持最多 12 条报表数据，当报表满时，删除最早的报表记录，添加最新的报表内容。

（8）PID 控制画面　在 PID 控制画面最多可以显示 4 个控制回路的信息，每个回路显示的信息主要有："手动/自动状态""内外给定方式""测量值/设定值的单位和实时值""PID 输出的单位和实时值""测量值和输出值的棒图""设定值 SV 和输出值 MV 限幅值""按键和偏差报警的信息"等。PID 控制显示画面如图 8-22 所示。

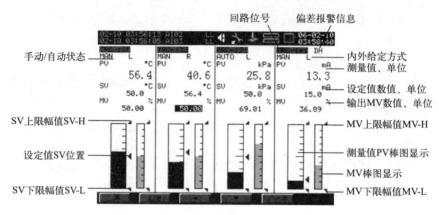

图 8-22　PID 控制显示画面

若要对某回路进行操作，可将旋钮左旋或者右旋，直到被选中的回路位号、输出值（手动状态下）和设定值（自动状态且内给定）反色显示。回路选中后，可进行如表 8-1 所示的操作。

表 8-1　PID 控制回路的操作项目

操作内容		操作方法	备注
手动/自动状态切换		长按 A/M	—
修改输出值 MV		单击 ▲、▼	1. 必须在手动状态下 2. 同时按下 ▨ 可快速修改
修改设定值 SV		单击 ▲、▼	1. 自动、内给定状态下 2. 同时按下 ▨ 可快速修改
进入调整画面	方法一	长按 ∧⁎	1. 在控制画面下 2. 在【画面开关】组态中，将"调整画面"设置为开启状态时
	方法二	长按旋钮，在弹出的导航菜单中选择"调整画面"	在任意监控画面

进入调整画面后，可进行修改 PID 参数操作及其他操作。

说明：单击旋钮切换画面无法进入调整画面。

（9）调整画面　调整画面显示的是当前 PID 操作回路的信息。画面信息如图 8-23 所示。

显示曲线中，设定值为红色，测量值为蓝色，输出值为绿色。

调整画面的 ▨/* 键为多功能键，其操作方式有单击和长按两种。

单击 ▨/*：在参数显示区域和回路数值棒图显示区域之间进行切换，光标选中相应区域。

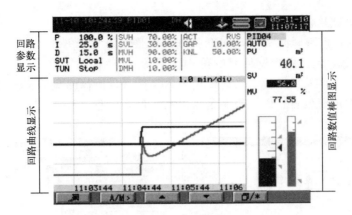

图 8-23　调整画面

长按 [回/*]：退出当前调整画面返回控制画面。

① 回路数值棒图显示区域操作　操作方法如表 8-2 所示。

表 8-2　回路数值棒图显示区域操作

操作内容	操作状态	操作方法
修改设定值 SV	回路自动/内给定状态时，光标选中设定值 SV 项	1. 单击 [▲] 或者 [▼] 修改设定值 2. 同时按下 [测] 和 [▲]（或者 [▼]）快速修改设定值
修改 MV 值	回路手动状态时光标选中输出值 MV 项	1. 单击 [▲] 或者 [▼] 修改 MV 2. 同时按下 [测] 和 [▲]（或者 [▼]）快速修改 MV 值

② 参数修改操作　单击 [回/*] 切换至回路参数显示区域。旋转旋钮在各参数间切换，光标选中某参数项，然后单击 [▲] 或者 [▼] 修改该参数值，同时按下 [测] 和 [▲]（或者 [▼]）快速修改参数值。修改参数值后，在画面右下角将有保存按键 [圖]（对应旋钮键）提示，单击旋钮将修改后的参数值保存，若不保存则退出调整画面即可。

③ 内外给定切换　单击 [回/*] 切换至回路参数显示区域，旋转旋钮光标选中"SVT"项，单击 [R]、[L] 将回路状态切换为外给定或者内给定状态。

④ 自整定开关　单击 [回/*] 切换至回路参数显示区域，旋转旋钮，选中"TUN"项。若已在【自整定】组态项启用自整定功能，并且设置了正确的自整定参数，则可以在调整画面进行自整定操作。自整定结束后，整定参数值显示在参数显示区域，同时在右下角有 [圖] 提示，单击旋钮则整定参数值被保存。

自整定曲线如图 8-24 所示。

⑤ 标尺的选择　如图 8-24 所示，单击标尺 [①]、[②]、[④]、[⑧] 可以改变每屏显示数据的时间范围。改变标尺，

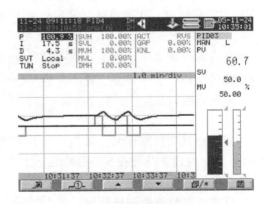

图 8-24　自整定曲线

以前的显示值将会被复位清空。

（10）ON/OFF 控制画面　ON/OFF 控制画面最多可显示 6 个 ON/OFF 控制回路的信息，如图 8-25 所示，包括各控制回路的位号、手动/自动状态、SV 给定方式、当前测量值及其单位、当前设定值及其单位、当前输出值 MV、测量值棒图显示、输出值棒图显示、设定值限幅、当前设定值位置、偏差报警信息以及按键等信息。

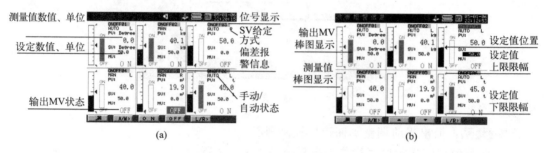

图 8-25　ON/OFF 控制画面

ON/OFF 控制画面按键操作方法如表 8-3 所示。

表 8-3　ON/OFF 控制画面按键操作

操作内容	操作方法
ON/OFF 控制回路之间的切换	ON/OFF 控制画面下，旋转旋钮在各回路之间切换，选中的回路位号以及 MV 项（回路自动状态时为 SV 项）将反色显示
手动开/手动关	回路手动状态下，单击 ON 或者 OFF ，回路相应的输出处于 ON 或者 OFF 状态
内外给定切换	手动、自动状态下，长按 L/R> 直至回路给定状态显示为 "L" 或者 "R"，将回路状态切换为内给定或者外给定状态
手动/自动状态切换	手动状态下，长按 A/M> 直至回路给定状态显示为 "A"，回路状态切换为自动状态；自动状态下，长按 A/M> 直至回路给定状态显示为 "M"，回路状态切换为手动状态
设定值 SV 修改	自动、内给定状态下，单击 ▲ 或者 ▼ 修改设定值 SV 至合适值，同时按下 ▣ 和 ▲（或者 ▼）快速修改设定值 SV

（11）常数修改　在需要修改常数而又不能重新启用组态的场合，可以使用运行常数修改功能。常数类型有整型常数、浮点型常数和布尔型常数三种。修改常数的操作步骤如下。

① 任意监控画面下，单击 F2 ，弹出常数修改对话框。

② 旋转旋钮，选中需要设置的常数，如图 8-26（a）所示。

③ 单击旋钮，并旋转至须设置的位置，单击 ▲、▼ 设置该位具体数值，如图 8-26（b）所示。

④ 进行修改常数操作时，常数位号右侧有 "＊" 标识符提示，修改常数完毕后，单击旋钮确认，此时面板功能按键有 ▣ 提示，单击 ▣ 修改数值保存，常数新值生效，"＊" 标识符消隐。若单击 Esc 则放弃该修改数据，如图 8-26（c）所示。

⑤ 完成以上修改数据操作后，单击 Esc 退出常数修改对话。

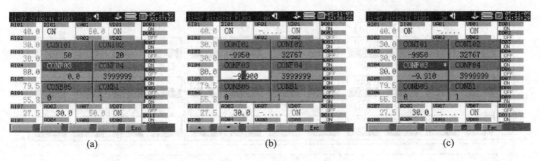

图 8-26 常数设置画面

⏱ 任务实施

在实训现场，结合所学知识，以小组为单位自主练习。

1. 主要内容及要求

① 了解 C3000 的外形和基本结构；观察 C3000 的面板部件以及表尾接线端子；了解各按键及旋钮的作用。

② 学习 C3000 的基本操作方法。

③ 学习参数调用及修改方法。

2. 仪器设备和工具

① 数字过程控制器 C3000　　　　　　1 块。

② 标准 0～30mA 电流表（0.05 级）　　1 块。

③ 标准电阻箱 ZX-25a（0.02 级）　　　1 个。

④ 信号发生器 DFX-02（1.0 级）　　　 2 块。

3. 训练步骤

（1）准备工作

① 观察 C3000 面板部件。

② 观察 C3000 的表尾接线端子板，了解常用端子的功能，如图 8-27 所示。

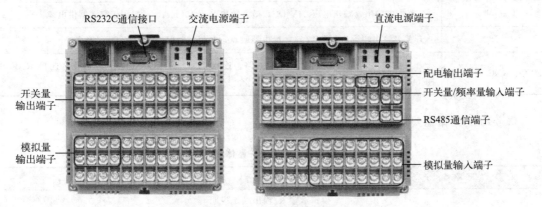

图 8-27　C3000 的表尾接线端子板

信号端子标志符号如图 8-28 所示。

各端子符号的具体定义如表 8-4 所示。

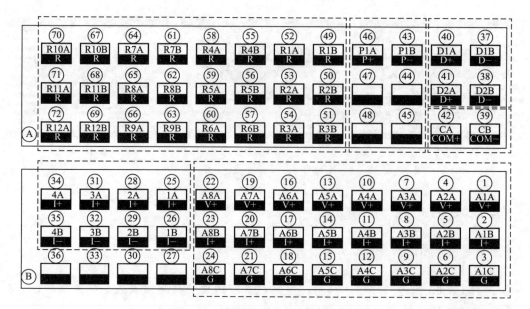

图 8-28 信号端子标志符号示意图

表 8-4 各端子符号具体定义

输入/输出端子	内容
L、N、⏚	交流电源接线端子，L 为相线端子，N 为零线端子，⏚为接地端子
+、-、⏚	直流电源接线端子，+为正极端子，-为负极端子，⏚为接地端子
V+、I+、G	模拟量输入端子，最多 8 路
I+（1A）、I-（1B）	模拟量输出端子，最多 4 路
D+、D-	开关量/频率量输入端子。开关量与频率量输入共用此组接线端子，最多共 2 路
COM+、COM-	RS485 通信端子
P+、P-	1 路配电输出，输出电压 24V DC，最大输出电流 100mA，一般用于变送器供电
R	开关量输出端子，共有 12 路，继电器触点，容量：250V AC/3A（阻性负载）
RNO、RNC、RCOM	开关量输出常闭常开端子，共有 6 路。连接 RNO 和 RCOM 端子为常开；连接 RNC 和 RCOM 端子为常闭

信号端子具体说明如表 8-5 所示。

表 8-5 信号端子具体说明

端子序号	信号类型	说明
模拟量输入/输出端子说明		
1，2，3	V+、I+、G	模拟量输入第 1 通道
4，5，6	V+、I+、G	模拟量输入第 2 通道
7，8，9	V+、I+、G	模拟量输入第 3 通道

续表

端子序号	信号类型	说明
10，11，12	V+、I+、G	模拟量输入第4通道
13，14，15	V+、I+、G	模拟量输入第5通道
16，17，18	V+、I+、G	模拟量输入第6通道
19，20，21	V+、I+、G	模拟量输入第7通道
22，23，24	V+、I+、G	模拟量输入第8通道
25，26	I+、I−	模拟量输出第1通道
28，29	I+、I−	模拟量输出第2通道
31，32	I+、I−	模拟量输出第3通道
34，35	I+、I−	模拟量输出第4通道
开关量/频率量输入端子、通信接口端子说明		
40，37	D+、D−	开关量/频率量输入第1通道
41，38	D+、D−	开关量/频率量输入第2通道
42，39	COM+、COM−	RS485通信端子
配电输出端子说明		
46，43	P+、P−	配电输出通道
开关量输出端子说明		
52，49	R	开关量输出第1通道
53，50	R	开关量输出第2通道
54，51	R	开关量输出第3通道
58，55	R	开关量输出第4通道
59，56	R	开关量输出第5通道
60，57	R	开关量输出第6通道
64，61	R	开关量输出第7通道
65，62	R	开关量输出第8通道
66，63	R	开关量输出第9通道
70，67	R	开关量输出第10通道
71，68	R	开关量输出第11通道
72，69	R	开关量输出第12通道

(2) 连接图 利用浙江中控 AE2000 系统上已配好的接线及组态进行操作。若无此装置，也可用单独的 C3000 控制器进行操作，简单的实验连接图如图 8-29 所示。由教师做一个简单的组态，学生只学习操作。

(3) 线路检查无误后，上电。

(4) 用户登录，进入"操作员1"。

(5) 调出"总貌画面"，观察状态栏显示的头信息。

(6) 调出"实时显示画面"，练习调出或消隐功能键定义，并进行循环翻页。

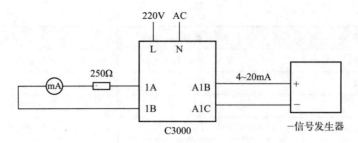

图 8-29 C3000 实验连接图

(7) 调出"历史画面",观察"历史画面一""历史画面二""历史画面三"。
(8) 调出"信息画面",观察"通道报警信息""操作信息"和"故障信息"画面。
(9) 调出"累积画面",观察"班累积""时累积""日累积"及"月累积"画面。
(10) 调出"PID 控制画面",练习修改 MV、SV 值,并练习手动/自动切换。
(11) 调出"调整画面",修改 P、I、D 值,进行内/外给定切换。
(12) 调出"ON/OFF 控制画面",并进行相关操作。

学习讨论

1. C3000 数字控制器面板上有哪些按键及旋钮?
2. C3000 数字控制器有哪些画面?
3. 若要观察某控制回路,应如何进行操作?

项目小结

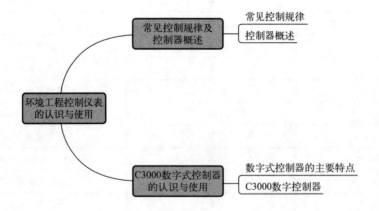

思考题

8-1 什么是控制器的控制规律?控制器有哪些基本控制规律?
8-2 试分析比例、积分、微分控制规律各自的特点。
8-3 什么是比例度、积分时间和微分时间?它们对过渡过程有什么影响?
8-4 为什么说比例控制有余差,而积分控制能消除余差?
8-5 数字式控制器有哪些主要特点?
8-6 C3000 过程控制器操作用户按权限可分为哪几个等级?其中拥有最高权限的是哪一个

等级？

8-7 C3000过程控制器有几幅基本的实时监控画面？

8-8 在PID控制画面最多可以显示几个控制回路的信息？每个回路显示的信息主要有哪些内容？

8-9 ON/OFF控制画面最多可以显示几个ON/OFF控制回路的信息？包括哪些内容？

项目考核

项目实施过程考核与结果考核相结合，由项目委托方代表（教师或学生）对项目各项任务的完成结果进行验收、评分；学生进行"成果展示"，经验收合格后进行接收。

项目完成情况作为考核能力目标、知识目标、拓展目标的主要内容，具体包括完成项目的态度、项目报告质量、资料查阅情况、问题的解答、团队合作、应变能力、表述能力、辩解能力、外语能力等。

完成情况考核评分表

评分内容	评分标准	配分	得分
操作技能、现场情况、准备工作等（仪表选择、调校、安装、组态）	仪表选择、校验： 采取方法错误扣5~30分	30	
	仪表安装、组态： 不合适扣10~30分	30	
	成果展示：（实物或报告） 错误扣10~20分	20	
知识问答、工作态度、团队协作精神等	知识问答全错扣5分； 小组成员分工协作不明确，成员不积极参与扣5分	10	
安全文明生产	违反安全文明操作规程扣5~10分	10	
项目成绩合计			
开始时间	结束时间	所用时间	
评语			

项目九

执行器的使用

知识目标

- 掌握执行器的用途、类型。
- 掌握常用执行器的结构组成、工作原理。
- 掌握执行器的选择方法及校验方法。
- 掌握执行器的安装及维护方法。

能力目标

- 能根据要求选择合适的执行器。
- 能根据要求对执行器、阀门定位器进行性能测试。
- 能正确安装阀门定位器及执行器。
- 能正确维护执行器。

素质目标

- 培养热爱科学、实事求是的学风。
- 培养创新意识和创新精神。
- 树立严肃认真、实事求是的科学态度和严谨的工作作风。
- 加强良好的职业道德和环境保护意识。

思政微课堂

【案例】

阀门的发展与工业生产过程的发展密切相关。远古时期,人们为了调节河流或小溪的水流量,采用大石块或树干来阻止水的流动或改变水的流动方向。早在战国末年,秦蜀郡太守李冰就已在成都平原开凿盐井。

埃及和希腊文明发明了几种原始的阀门类型,用于农作物灌溉等。文艺复兴时期,在艺术家和发明家达·芬奇设计的沟渠、灌溉项目和其他大型水利系统项目中使用了阀门,随后欧洲因为锻炼技术和水利机械的发展,对阀门的要求也逐渐提高,所以创造出了铜制和铝制的旋塞阀,阀门才进入金属制。

阀门工业的现代历史与工业革命并行,1769年瓦特创造了蒸汽机使阀门正式进入了机械工业领域,瓦特改良蒸汽机是阀门在工业上大量应用的开始。第二次世界大战后,阀门的发展是在政府的促进下完成的,新的阀门技术也随着战火进行了新的革新。从20世纪60年代末到80年代初,国际阀门生产贸易迎来了一个高速增长的时期,进一步推动阀门工业的发展。

我国阀门工业生产起步较晚。在20世纪60年代开始研制单座阀、双座阀等产品,主要仿制苏联的产品。70年代开始,随着工业生产规模的扩大,一些大型石油化工企业在引进设备的同时，也引进一些控制阀，例如带平衡阀芯的套筒阀、偏心旋转阀等，为国内的控制阀制造厂商指明了开发方向。80年代开始，随着我国改革开放政策的贯彻和落实，开始组织骨干企业引进国外阀门同类产品的设计、工艺等先进技术和加工设备，使我国的阀门制造技术和产品质量得到了迅速的提高。我国的调节阀工业也在引进和消化国外的先进技术后开始飞速发展，国内阀门生产骨干企业已能按ISO国际标准、DIN德国标准、AWWA美国标准等国际标准设计制造各种阀门。

【启示】
　　随着我国经济的发展、科技的进步及综合国力的增强，阀门工业开始了飞速发展，甚至阀门类型填补了一些特殊工业控制的空白，我国调节阀工业水平提高，缩短了与国外的差距，部分厂家的产品达到了国际先进水平。相信我国的阀门产业发展会越来越出色！

【思考】
　　1. 联系实际讨论阀门在环境保护中的作用。
　　2. 联系实际谈谈我国阀门企业的发展现状。

　　污水处理工艺过程要控制的工艺变量有污水处理流量，药剂投加量，水池中液位，污水处理装置中pH值、DO（溶解氧）、ORP（氧化还原电位）值、水温、电导率、COD（化学需氧量）、TN（总氮）、TP（总磷）、TSS（总悬浮物）、TU（浊度）。这些都要由控制系统来实施，而执行器是控制系统中必需的环节之一。

　　执行器在自动控制系统中的作用就是接收控制器输出的控制信号，改变操纵变量，使生产过程按预定要求正常进行。在生产现场，执行器直接控制工艺介质，若选型或使用不当，往往会给生产过程的自动控制带来困难，因此执行器的选择和使用是一个重要的问题。本项目主要学习执行器的结构组成、工作原理、选择校验、安装维护及操作等知识与技能。

任务　气动执行器的使用

　　执行器由执行机构和调节机构组成。执行机构是指根据控制器控制信号产生推力或位移的装置，调节机构是根据执行机构输出信号去改变能量或物料输送量的装置，通常指控制阀。现场有时就将执行器称为控制阀。执行器按其能源形式可分为气动、电动和液动三大类。液动执行器推力最大，但较笨重，现很少使用。

一、气动薄膜控制阀

1. 气动薄膜控制阀的结构与工作原理

　　气动执行器主要由执行机构与控制（调节）机构两大部分组成。执行机构中最常用的是薄膜式执行机构，由此构成的执行器叫气动薄膜执行器，也就是气动薄膜控制（调节）阀，图9-1所示的是一种常用的气动执行器。气压信号由上部引入，作用在膜片1上，推动推杆3产生位移，改变了阀芯4与阀座6之间的流通面积，从而达到了控制流量的目的。图中上半部为执行机构，下半部为控制机构。图中5为阀体。

　　气动执行器有时还配备一定的辅助装置。常用的有阀门定位器和手轮机构。阀门定位器的作用是利用反馈原理来改善执行器的性能，使执行器能按控制器的控制信号实现准确的定位。手轮机构的作用是当控制系统停电、停气、控制器无输出或执行机构失灵时，利用它可以直接操纵控制（调节）阀，以维持生产正常进行。

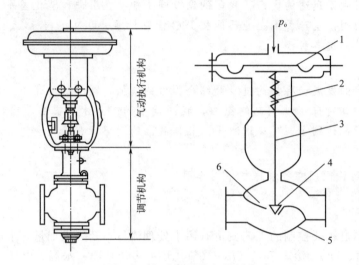

图 9-1 气动薄膜执行器结构
1—膜片；2—弹簧；3—推杆；4—阀芯；5—阀体；6—阀座

根据不同的使用要求，它们又可分为许多不同的形式，下面对执行机构进行叙述。

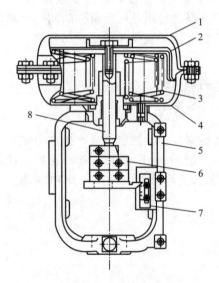

图 9-2 正作用气动薄膜式执行机构结构原理图
1—上膜盖；2—膜片；3—压缩弹簧；4—下膜盖；5—支架；6—连接阀杆螺母；7—行程标尺；8—推杆

气动执行机构主要分为薄膜式和活塞式两种，薄膜式执行机构最为常用，如图 9-2 所示，它的行程较短，只能直接带动阀杆，可以用作一般控制阀的推动装置，组成气动薄膜式执行器，习惯上称为气动薄膜控制（调节）阀。它的结构简单，价格便宜，维修方便，应用广泛。

气动薄膜式执行机构有正作用和反作用两种类型。当来自控制器或阀门定位器的信号压力增大时，阀杆向下动作的叫正作用执行机构（ZMA 型）；当信号压力增大时，阀杆向上动作的叫反作用执行机构（ZMB 型）。正作用执行机构的信号压力是通入波纹膜片上方的薄膜气室（如图 9-2 所示）；反作用执行机构的信号压力是通入波纹膜片下方的薄膜气室。通过更换个别零件，两者便能互相改装。

活塞式执行器行程较长，适用于较大推力的场合。根据复位方式，气缸可分为：

(1) 弹簧复位式气缸 扫描二维码可以查看弹簧复位式气缸的结构和工作原理。

(2) 外力复位式气缸 扫描二维码可以查看外力复位式气缸的结构和工作原理。

活塞式气缸（弹簧复位）

活塞式气缸（外力复位）

除薄膜式和活塞式之外，还有长行程执行机构。它的行程长、转矩大，适于输出转角（0°～90°）和力矩，如用于蝶阀或风门的推动装置。

根据有无弹簧执行机构可分为有弹簧及无弹簧两种，有弹簧的薄膜式执行机构最为常用，有弹簧的薄膜式执行机构的输出位移与输入气压信号成比例关系。信号压力越大，阀杆的位移量也越大。阀杆的位移即为执行机构的直线输出位移，也称行程。行程规格有10mm、16mm、25mm、40mm、60mm、100mm等。

2. 控制阀的类型

控制机构即控制阀，实际上是一个局部阻力可以改变的节流元件，通过阀杆上部件与执行机构相连。阀芯在阀体内移动，改变了阀芯与阀座之间的流通面积，即改变了阀的阻力系数，操纵介质的流量也就相应地改变，从而达到控制工艺参数的目的。

根据不同的使用要求，控制阀的结构形式很多，主要有以下几种。

(1) 直通单座控制阀 这种阀的阀体内只有一个阀芯与阀座，如图9-3所示。其特点是结构简单、泄漏量小、易于保证关闭，甚至完全切断。但是在压差大的时候，流体对阀芯上下作用的推力不平衡，这种不平衡力会影响阀芯的移动。因此这种阀一般应用在小口径、低压差的场合。

(2) 直通双座控制阀 阀体内有两个阀芯和阀座，如图9-4所示。这是最常用的一种类型。由于流体流过的时候，作用在上、下两个阀芯上的推力方向相反而大小近乎相等，可以互相抵消，所以不平衡力小。但是，由于加工的限制，上下两个阀芯阀座不易保证同时密闭，因此泄漏量较大。

(3) 角形控制阀 角形阀的两个接管呈直角形，一般为底进侧出，如图9-5所示。这种阀的流路简单、阻力较小，适用于现场管道要求直角连接，介质为高黏度、高压差和含有少量悬浮物和固体颗粒状的场合。

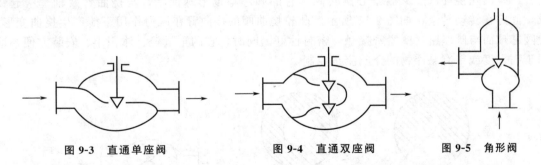

图9-3 直通单座阀　　图9-4 直通双座阀　　图9-5 角形阀

(4) 三通控制阀 三通阀共有三个出入口与工艺管道连接。其按流通方式有合流（两种介质混合成一路）型和分流（一种介质分成两路）型两种，如图9-6所示。这种阀可以用来代替两个直通阀，适用于配比控制与旁路控制。与直通阀相比，组成同样的系统时，可省掉一个二通阀和一个三通接管。

(5) 隔膜控制阀　它采用耐腐蚀衬里的阀体和隔膜,如图 9-7 所示。隔膜阀结构简单、流阻小、流通能力比同口径的其他种类的阀要大。由于介质用隔膜与外界隔离,故无填料,介质也不会泄漏。这种阀耐腐蚀性强,适用于强酸、强碱、强腐蚀性介质的控制,也能用于高黏度及悬浮颗粒状介质的控制。

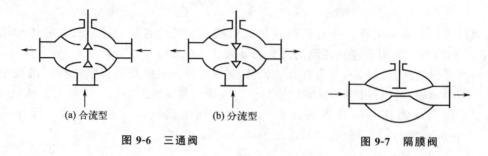

图 9-6　三通阀　　　　　　图 9-7　隔膜阀

(6) 蝶阀　又名翻板阀,如图 9-8 所示。蝶阀具有结构简单、质量轻、价格便宜、流阻极小的优点,但泄漏量大,适用于大口径、大流量、低压差的场合,也可以用于含少量纤维或悬浮颗粒状介质的控制。

(7) 球阀　球阀的阀芯与阀体都呈球形,转动阀芯使之与阀体处于不同的相对位置时,就具有不同的流通面积,以达到流量控制的目的。如图 9-9 所示。

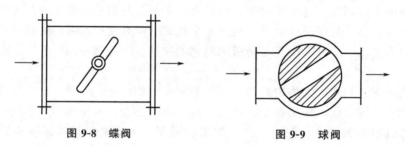

图 9-8　蝶阀　　　　　　图 9-9　球阀

球阀阀芯有 V 形和 O 形两种开口形式,分别如图 9-10 所示。O 形球阀的节流元件是带圆孔的球形体,转动球体可起控制和切断的作用,常用于双位式控制。V 形球阀的节流元件是 V 形缺口球形体,转动球心使 V 形缺口起节流和剪切的作用,适用于高黏度和污秽介质的控制。

(8) 凸轮挠曲阀　又名偏心旋转阀。它的阀芯呈扇形球面状,与挠曲臂及轴套一起铸成,固定在转动轴上,如图 9-11 所示。凸轮挠曲阀的挠曲臂在压力作用下能产生挠曲变形,使阀芯球面与阀座密封圈紧密接触,密封性好。同时,它的重量轻、体积小、安装方便,适用于高黏度或带有悬浮物的介质流量控制。

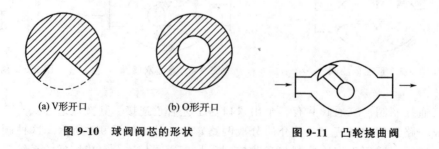

图 9-10　球阀阀芯的形状　　　　　图 9-11　凸轮挠曲阀

（9）笼式阀 又名套筒型控制阀，它的阀体与一般的直通单座阀相似，如图 9-12 所示。笼式阀内有一个圆柱形套筒（笼子）。笼式阀的可调比大、振动小、不平衡力小、结构简单、套筒互换性好，更换不同的套筒（窗口形状不同）即可得到不同的流量特性，阀内部件所受的气蚀小、噪声小，是一种性能优良的阀，特别适用于要求低噪声及压差较大的场合，但不适用于高温、高黏度及含有固体颗粒的流体。

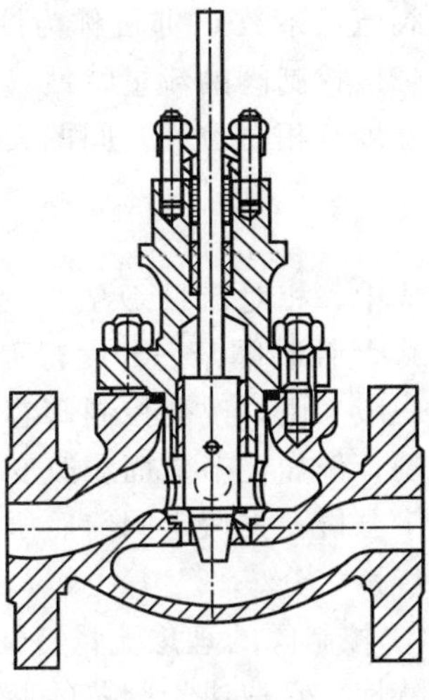

除以上所介绍的阀以外，还有一些特殊的控制阀，例如小流量阀适用于小流量的精密控制，超高压阀适用于高静压、高压差的场合。

图 9-12 笼式阀

3. 控制阀的流量特性

（1）控制阀的流量系数 从流体力学观点来看，调节机构和普通阀门一样，是一个局部阻力可以变化的节流元件。控制阀的性能指标是流量系数，表示流通能力的大小。

控制阀的流量系数 K_v 的定义为：在给定的行程（开度）下，当阀两端压差为 100kPa，流体密度为 1g/cm^3（即 5～40℃ 的水）时，流经控制阀的流体流量（以 m^3/h 表示）。例如，某一控制阀在给定的行程下，当阀两端压差为 100kPa 时，如果流经阀的水流量为 32m^3/h，则该控制阀的流量系数 K_v 值为 32。

不可压缩流体 K_v 值的计算公式，即：

$$K_v = 10Q\sqrt{\frac{\rho}{\Delta p}} \tag{9-1}$$

式中 ρ——流体密度，g/cm^3；
Δp——阀前后的压差，kPa；
Q——流经阀的流量，m^3/h。

从式（9-1）可以看出，如果控制阀前后压差 Δp 保持为 100kPa，流经阀的水（$\rho=1$g/cm^3）流量 Q 即为该阀的 K_v 值。

流量系数 K_v 是反映控制阀口径大小的一个重要参数。由于流量系数 K_v 除与流体的种类、工况等有关外，还与阀的开度有关，因此为了便于控制阀口径的选用，必须对 K_v 给出一个统一的开度条件。一般将控制阀全开（即行程为 100%）时的流量系数 K_{100}（最大流量系数 K_{max}）作为控制阀的流量系数 C。控制阀产品样本中给出的（额定）流量系数 C 即是指在这种条件下的 K_v 值（即 $C=K_{100}=K_{max}$）。C 一般可按下式计算：

$$C = K_{100} = 10Q_{max}\sqrt{\frac{\rho}{\Delta p}} \tag{9-2}$$

式中 Q_{max}——控制阀全开时的流量。

式（9-2）只适用于一般液体介质。由于流体的种类和性质将影响流量系数 K_v 的大小，因此对不同的流体必须考虑其对 K_v 的影响，例如，对于低雷诺数的液体、气体、蒸汽等，都不能直接采用式（9-2）来计算 C，需要对式（9-2）进行修正，读者可以查阅相关的手册。

控制阀的流量系数 C 表示控制阀容量的大小，是表示控制阀流通能力的参数。因此，

控制阀流量系数 C 亦可称为控制阀的流通能力。

（2）控制阀的流量特性　控制阀的流量特性是指操纵介质流过阀门的相对流量与阀门的相对开度（相对位移）间的关系：

$$\frac{Q}{Q_{max}} = f\left(\frac{l}{L}\right) \tag{9-3}$$

式中，相对流量 Q/Q_{max} 是控制阀某一开度时流量 Q 与全开时流量 Q_{max} 之比；相对开度 l/L 是控制阀某一开度行程 l 与全开行程 L 之比。

一般来说，改变控制阀芯与阀座间的流通截面积，便可控制流量。但实际上还有多种因素影响，例如在节流面积改变的同时还发生阀前后压差的变化，而这又将引起流量变化。为了便于分析，先假定阀前后压差固定，然后再引申到真实情况，于是有理想流量特性与工作流量特性之分。

① 控制阀的理想流量特性　在不考虑控制阀前后压差变化时得到的流量特性称为理想流量特性。它取决于阀芯的形状（图 9-13），主要有直线、等百分比（对数）、抛物线及快开等几种流量特性，如图 9-14 所示。

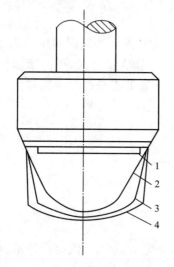
图 9-13　不同流量特性的阀芯形状
1—快开；2—直线；3—抛物线；4—等百分比

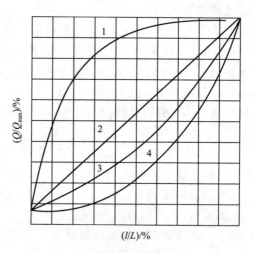
图 9-14　理想流量特性
1—快开；2—直线；3—抛物线；4—等百分比

a. 直线流量特性　直线流量特性是指控制阀的相对流量与相对开度成直线关系，即单位位移变化所引起的流量变化是常数，用数学式表示为：

$$\frac{d(Q/Q_{max})}{d(l/L)} = K \tag{9-4}$$

式中　K——常数，即控制阀的放大系数。

控制阀所能控制的最大流量 Q_{max} 与最小流量 Q_{min} 的比值为 R，即 $R = Q_{max}/Q_{min}$，称为控制阀的可调范围或可调比。值得指出的是，Q_{min} 并不等于控制阀全关时的泄漏量，一般它是 Q_{max} 的 2%～4%，对应于 R 为 50～25。国产控制阀理想可调范围 $R=30$（这是对于直通单座、直通双座、角形阀和阀体分离阀而言的，隔膜阀的可调范围为 10）。

可见，在流量小时，流量变化的相对值大；在流量大时，流量变化的相对值小。也就是说，当阀门在小开度时控制作用太强，而在大开度时控制作用太弱，这是不利于控制系统的正常运行的。从控制系统来讲，当系统处于小负荷时（初始流量较小），要克服外界干扰的影响，希望控制阀动作所引起的流量变化量不要太大，以免控制作用太强产生超调，甚至发生振荡；当系统处于大负荷时，要克服外界干扰的影响，希望控制阀动作所引起的流量变化量要大一些，以免控制作用微弱而使控制不够灵敏。直线流量特性不能满足以上要求。

b. 等百分比（对数）流量特性　等百分比流量特性是指单位相对行程变化所引起的相对流量变化与此点的相对流量成正比关系，即控制阀的放大系数随相对流量的增加而增大，用数学式表示为：

$$\frac{d(Q/Q_{\max})}{d(l/L)} = K \frac{Q}{Q_{\max}} \tag{9-5}$$

相对开度与相对流量成对数关系，曲线斜率即放大系数随行程的增大而增大。在同样的行程变化值下，流量小时，流量变化小，控制平稳缓和；流量大时，流量变化大，控制灵敏有效。

c. 抛物线流量特性　抛物线流量特性是指控制阀的相对流量 $Q/Q_{\max}$ 与相对开度 l/L 之间成抛物线关系，即：

$$\frac{d(Q/Q_{\max})}{d(l/L)} = K \left(\frac{Q}{Q_{\max}}\right)^{1/2} \tag{9-6}$$

在直角坐标上为一条抛物线，它介于直线及对数曲线之间。

d. 快开特性　这种流量特性在开度较小时就有较大流量，随开度的增大，流量很快就达到最大，即图9-14中的曲线1，故称为快开特性。快开特性的阀芯形式是平板形的，适用于迅速启闭的切断阀或双位控制系统。其数学关系为：

$$\frac{d(Q/Q_{\max})}{d(l/L)} = K \left(\frac{Q}{Q_{\max}}\right)^{-1} \tag{9-7}$$

② 控制阀的工作流量特性　在实际生产中，控制阀前后压差总是变化的，这时的流量特性称为工作流量特性。

a. 串联管道的工作流量特性　以图9-15串联管道为例来讨论，系统总压差 Δp 等于管路系统（除控制阀外的全部设备和管道的各局部阻力之和）的压差 Δp_2 与控制阀的压差 Δp_1 之和（图9-16）。以 s 表示控制阀全开时阀上压差与系统总压差（即系统中最大流量时动力损失总和）之比（阻力比或分压比）。

$$s = \frac{控制阀全开时阀上的压差}{系统总压差（即系统中最大流量时动力损失总和）}$$

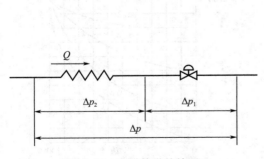

图9-15　串联管道的情形

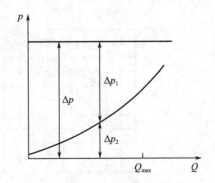

图9-16　管道串联时控制阀压差变化情况

以 Q_{max} 表示管道阻力等于零时控制阀的全开流量，此时阀上压差为系统总压差。于是可得串联管道以 Q_{max} 作参比值的工作流量特性，如图 9-17 所示。

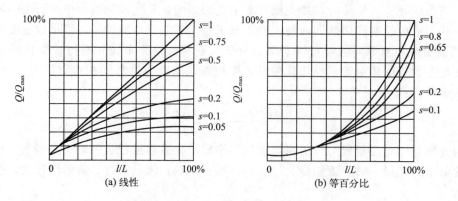

图 9-17　管道串联时控制阀的工作特性

图中 $s=1$ 时，管道阻力损失为零，系统总压差全降在阀上，工作特性与理想特性一致。随着 s 值的减小，直线特性渐渐趋近于快开特性，等百分比特性渐渐接近于直线特性。所以，在实际使用中，一般希望 s 值不低于 0.3，常选 s 为 0.3～0.5。$s>0.6$ 时，与理想流量特性相差无几。

在现场使用中，如控制阀选得过大或生产在低负荷状态，控制阀将工作在小开度。有时，为了使控制阀有一定的开度而把工艺阀门关小些以增加管道阻力，使流过控制阀的流量降低，这样，s 值下降，使流量特性畸变，控制质量恶化。

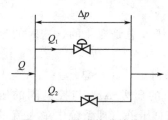

图 9-18　并联管道的情况

b. 并联管道的工作流量特性　控制阀一般都装有旁路，以便手动操作和维护。当生产量提高或控制阀选小了时，只好将旁路阀打开一些，此时控制阀的理想流量特性就改变成为工作流量特性。

图 9-18 表示并联管道时的情况。显然这时管路的总流量 Q 是控制阀流量 Q_1 与旁路流量 Q_2 之和，即 $Q=Q_1+Q_2$。

若以 x 代表并联管道时控制阀全开时的流量 Q_{1max} 与总管最大流量 Q_{max} 之比（分流比），可以得到在压差 Δp 一定时，x 为不同数值的工作流量特性，如图 9-19 所示。图中纵坐标流量以总管最大流量 Q_{max} 为参比值。

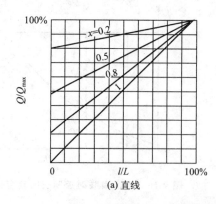
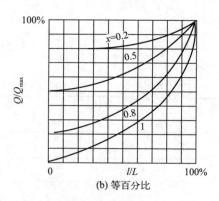

图 9-19　并联管道时控制阀的工作特性

由图 9-19 可见，当 $x=1$ 时，即旁路阀关闭、$Q_2=0$ 时，控制阀的工作流量特性与它的理想流量特性相同。随着 x 值的减小，即旁路阀逐渐打开，虽然阀本身的流量特性变化不大，但可调范围大大降低了。控制阀关死，即 $l/L=0$ 时，流量 Q_{min} 比控制阀本身的 Q_{1min} 大得多。同时，在实际使用中总存在着并联管道阻力的影响，控制阀上的压差还会随流量的增加而降低，使可调范围下降得更多，控制阀在工作过程中所能控制的流量变化范围更小，甚至几乎不起控制作用。所以，采用打开旁路阀的控制方案是不好的，一般认为旁路流量最多只能是总流量的百分之十几，即 x 值最小不低于 0.8。

综合上述串、并联管道的情况，可得如下结论：

a. 串、并联管道都会使阀的理想流量特性发生畸变，串联管道的影响尤为严重；

b. 串、并联管道都会使控制阀的可调范围降低，并联管道尤为严重；

c. 串联管道使系统总流量减少，并联管道使系统总流量增加；

d. 串、并联管道会使控制阀的放大系数影响更为严重；并联管道时控制阀若处于小开度，则 x 值降低对放大系数影响更为严重。

4. 执行器的选择、安装及维护

执行器的选用是否得当，将直接影响自动控制系统的控制质量、安全性和可靠性，因此，必须根据工况特点、生产工艺及控制系统的要求等多方面的因素，综合考虑，正确选用。执行器的选择，主要是从三方面考虑：执行器的结构形式、控制阀的流量特性和控制阀的口径。

（1）执行器结构型号的选择

① 执行机构的选择 如前所述，执行机构包括气动、电动和液动三大类，而液动执行机构使用甚少，同时气动执行机构中使用最广的是气动薄膜执行机构，因此执行机构的选择主要是指对气动薄膜执行机构和电动执行机构的选择，两种执行机构的比较如表 9-1 所示。

表 9-1 气动薄膜执行机构和电动执行机构的比较

序号	比较项目	气动薄膜执行机构	电动执行机构
1	可靠性	高（简单、可靠）	较低
2	驱动能源	须另设气源装置	简单、方便
3	价格	低	高
4	输出力	小	大
5	刚度	小	大
6	防爆性能	好	差
7	工作环境温度范围	大（$-40 \sim +80$℃）	小（$-10 \sim +55$℃）

气动和电动执行机构各有其特点，并且都包括各种不同的规格品种。选择时，可以根据实际使用要求，结合表 9-1 综合考虑确定选用哪一种执行机构。

控制阀的结构形式主要根据工艺条件，如温度、压力及介质的物理、化学特性（如腐蚀性、黏度等）来选择。例如强腐蚀介质可采用隔膜阀，高温介质可选用带翅形散热片的结构形式。

② 气开式与气关式的选择 在采用气动执行机构时，还必须确定整个气动控制阀的作用方式。

气动执行器有气开式与气关式两种形式。有压力控制信号时阀关、无压力控制信号时阀全开的为气关式；反之，为气开式。由于执行机构有正、反作用，控制阀（具有双导向阀芯的）也有正、反作用，因此气动执行器的气关或气开即由此组合而成，如图9-20和表9-2所示。

表9-2 组合方式表

序号	执行机构	控制阀	气动执行器	序号	执行机构	控制阀	气动执行器
(a)	正	正	气关（正）	(c)	反	正	气开（反）
(b)	正	反	气开（反）	(d)	反	反	气关（正）

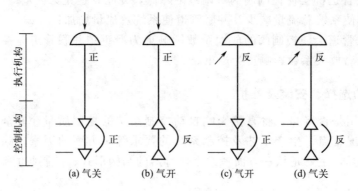

图9-20 组合方式

气开、气关的选择主要从工艺生产安全要求出发。考虑原则是：信号压力中断时，应保证设备和操作人员的安全。如果阀处于打开位置时危害性小，则应选用气关式，以便气源系统发生故障、气源中断时，阀门能自动打开，保证安全。反之阀处于关闭时危害性小，则应选用气开阀。例如，加热炉的燃料气或燃料油应采用气开式控制阀，即当信号中断时应切断进炉燃料，以免炉温过高造成事故。又如控制进入设备易燃气体的控制阀，应选用气开式，以防爆炸，若介质为易结晶物料，则选用气关式，以防堵塞。

③ 控制机构的选择 控制机构的选择主要依据如下。

a. 流体性质 如流体种类、黏度、毒性、腐蚀性、是否含悬浮颗粒等。

b. 工艺条件 如温度、压力、流量、压差、泄漏量等。

c. 过程控制要求 如控制系统精度、可调比、噪声等。

根据以上各点进行综合考虑，并参照各种控制机构的特点及其适用场合，同时兼顾经济性，来选择满足工艺要求的控制机构。在执行器的结构形式选择时，还必须考虑控制机构的材质、公称压力等级和上阀盖的类型等问题，这些方面的选择可以参考有关资料。

（2）控制阀流量特性的选择 控制阀的结构确定以后，还需确定控制阀的流量特性（即阀芯的形状）。一般是先按控制系统的特点来选择阀的希望流量特性，然后再考虑工艺配管情况来选择相应的理想流量特性，使控制阀安装在具体的管道系统中，畸变后的工作流量特性能满足控制系统对它的要求。目前使用比较多的是等百分比流量特性。

生产过程中常用的控制阀的理想流量特性主要有直线、等百分比、快开三种，其中快开特性一般应用于双位控制和程序控制。因此，流量特性的选择实际上是指如何选择直线特性和等百分比特性。

控制阀流量特性的选择可以通过理论计算，但其过程相当复杂，且实用上也无此必要。

因此，目前对控制阀流量特性多采用经验准则或根据控制系统的特点进行选择，可以考虑以下几方面。

① 系统的控制品质　一个理想的控制系统，希望其总的放大系数在系统的整个操作范围内保持不变。但在实际生产过程中，操作条件的改变、负荷变化等原因会造成控制对象特性改变，因此控制系统总的放大系数将随着外部条件的变化而变化。适当地选择控制阀的特性，以控制阀的放大系数的变化来补偿控制对象放大系数的变化，可使控制系统总的放大系数保持不变或近似不变，从而达到较好的控制效果。例如，控制对象的放大系数随着负荷的增加而减小时，如果选用具有等百分比流量特性的控制阀，它的放大系数随负荷增加而增大，那么，就可使控制系统的总放大系数保持不变，近似为线性。

② 工艺管道情况　在实际使用中，控制阀总是和工艺管道、设备连在一起的。如前所述，控制阀在串联管道时的工作流量特性与 s 值的大小有关，即与工艺配管情况有关。先根据系统的特点选择所需要的工作流量特性，再按照表 9-3 考虑工艺配管情况，确定相应的理想流量特性。

表 9-3　工艺配管情况与流量特性关系

配管情况	s 为 0.6～1		s 为 0.3～0.6	
阀的工作特性	直线	等百分比	直线	等百分比
阀的理想特性	直线	等百分比	等百分比	等百分比

从表 9-3 可以看出，当 s 为 0.6～1 时，所选理想特性与工作特性一致；当 s 为 0.3～0.6 时，若要求工作特性是直线的，则理想特性应选等百分比的，这是因为理想特性为等百分比特性的控制阀，当 s 为 0.3～0.6 时，经畸变后其工作特性已近似为直线特性了。当 $s<0.3$ 时，直线特性已严重畸变为快开特性，不利于控制；等百分比理想特性也已严重偏离理想特性，接近于直线特性，虽然仍能控制，但控制范围已大大减小。因此一般不希望 s 小于 0.3。

目前，已有低 s 值控制阀，即压降比控制阀，它利用特殊的阀芯轮廓曲线或套筒窗口形状，使控制阀在 $s=0.1$ 时，其工作流量特性仍然为直线特性或等百分比特性。

③ 负荷变化情况　直线特性控制阀在小开度时流量相对变化值大，控制过于灵敏，易引起振荡，且阀芯、阀座也易受到破坏，因此在 s 值小、负荷变化大的场合，不宜采用。等百分比特性控制阀的放大系数随控制阀行程增加而增大，流量相对变化值是恒定不变的，因此它对负荷变化有较强的适应性。

(3) 控制阀口径的选择　控制阀口径选择得合适与否将会直接影响控制效果。口径选择得过小，会使流经控制阀的介质达不到所需要的最大流量。在大的干扰情况下，系统会因介质流量（即操纵变量的数值）的不足而失控，因而使控制效果变差，此时若企图通过开大旁路阀来弥补介质流量的不足，则会使阀的流量特性产生畸变。口径选择得过大，不仅会浪费设备投资，而且会使控制阀经常处于小开度工作，控制性能也会变差，容易使控制系统变得不稳定。

控制阀口径的选择实质上就是根据特定的工艺条件（即给定的介质流量、阀前后的压差以及介质的物性参数等）进行 C 值的计算［见式（9-2）］，然后按控制阀生产厂家的产品目录，选出相应的控制阀口径，使得通过控制阀的流量满足工艺要求的最大流量且留有一定的裕量，但裕量不宜过大。

(4) 气动执行器的安装和维护　气动执行器的正确安装和维护，是保证它能发挥应有效用的重要一环。对气动执行器的安装和维护，一般应注意下列几个问题。

① 为便于维护检修，气动执行器应安装在靠近地面或楼板的地方。当装有阀门定位器或手轮机构时，更应保证观察、调整和操作的方便。手轮机构的作用是：在开停车或事故情况下，可以用它来直接人工操作控制阀，而不用气压驱动。

② 气动执行器应安装在环境温度不高于+60℃和不低于-40℃的地方，并应远离振动较大的设备。为了避免膜片受热老化，控制阀的上膜盖与载热管道或设备之间的距离应大于200mm。

③ 阀的公称通径与管道公称通径不同时，两者之间应加一段异径管。

④ 气动执行器应该是正立垂直安装于水平管道上。特殊情况下需要水平或倾斜安装时，除小口径阀外，一般应加支撑。即使正立垂直安装，当阀的自重较大和在有振动的场合下，也应加支撑。

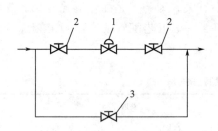

图 9-21　控制阀在管道中的安装
1—控制阀；2—切断阀；3—旁路阀

⑤ 通过控制阀的流体方向在阀体上有箭头标明，不能装反，正如孔板不能反装一样。

⑥ 控制阀前后一般要各装一只切断阀，以便修理时拆下控制阀。考虑到控制阀发生故障或维修时，不影响工艺生产的继续进行，一般应装旁路阀，如图 9-21 所示。扫描二维码可以查看"截止阀"结构及工作原理。

截止阀

⑦ 控制阀安装前，应对管路进行清洗，排去污物和焊渣。安装后还应再次对管路和阀门进行清洗，并检查阀门与管道连接处的密封性能。当初次通入介质时，应使阀门处于全开位置以免杂质卡住。

⑧ 在日常使用中，要对控制阀经常维护和定期检修。应注意填料的密封情况和阀杆上下移动的情况是否良好，气路接头及膜片有否漏气等。检修时重点检查部位有阀体内壁、阀座、阀芯、膜片及密封圈、密封填料等。

二、阀门定位器

阀门定位器是气动控制阀的辅助装置，与气动执行机构配套使用。阀门定位器将来自控制器的控制信号，成比例地转换成气压信号输出至执行机构，使阀杆产生位移，其位移量通过机械机构反馈到阀门定位器，当位移反馈信号与输入的控制信号相平衡时，阀杆停止动作，控制阀的开度与控制信号相对应。由此可见，阀门定位器与气动执行机构构成一个负反馈系统，因此采用阀门定位器可以提高执行机构的线性度，实现准确定位，并且可以改变执行机构的特性，从而可以改变整个执行器的特性。

按结构形式，阀门定位器可以分为电-气阀门定位器、气动阀门定位器和智能阀门定位器。

1. 电-气阀门定位器

电-气阀门定位器一方面具有电-气转换器的作用，可用电动控制器输出的 0~10mA DC

或 4～20mA DC 信号去操纵气动执行机构；另一方面还具有气动阀门定位器的作用，可以使阀门位置按控制器送来的信号准确定位（即输入信号与阀门位置呈一一对应关系）。同时，改变其反馈凸轮的形状或安装位置，还可以改变控制阀的流量特性和实现正、反作用（即输出信号可以随输入信号的增加而增加，也可以随输入信号的增加而减少）。

配薄膜执行机构的电-气阀门定位器的动作原理如图 9-22 所示，它是按力矩平衡原理工作的。当信号电流通入力矩马达 1 的线圈时，它与永久磁钢作用后，对主杠杆 2 产生一个力矩，于是挡板靠近喷嘴，经放大器放大后，送入薄膜气室使杠杆向下移动，并带动反馈杆 9 绕其支点 4 转动，连在同一轴上的反馈凸轮 5 也做逆时针方向转动，通过滚轮使副杠杆 6 绕其支点偏转，拉伸反馈弹簧 11。当反馈弹簧对主杠杆的拉力与力矩马达作用在主杠杆上的力两者力矩平衡时，仪表达到平衡状态，此时，一定的信号电流就对应于一定的阀门位置。

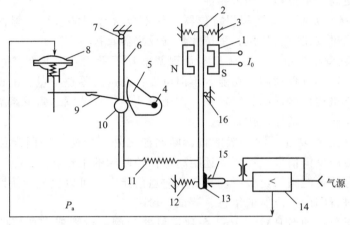

图 9-22　电-气阀门定位器
1—力矩马达；2—主杠杆；3—平衡弹簧；4—反馈凸轮支点；5—反馈凸轮；
6—副杠杆；7—副杠杆支点；8—薄膜执行机构；9—反馈杆；10—滚轮；
11—反馈弹簧；12—调零弹簧；13—挡板；14—气动放大器；
15—喷嘴；16—主杠杆支点

2. 智能阀门定位器

控制阀是控制系统的终端，一旦其发生故障，将直接影响装置的安全运行，对生产过程影响非常大。运用智能阀门定位器，能够改善控制阀的流量特性和性能，可以通过与 DCS 或总线设备进行数字信息通信，提升企业生产控制能力，为装置的安全稳定生产提供保障。

(1) 智能阀门定位器概述　智能阀门定位器有只接收 4～20mA 直流电流信号的，也有既接收 4～20mA 的模拟信号，又接收数字信号的，即 HART 通信的阀门定位器；还有只进行数字信号传输的现场总线阀门定位器。

智能阀门定位器的硬件电路由信号调理部分、微处理器、电气转换控制部分和阀位检测反馈装置等部分构成，如图 9-23 所示。

智能阀门定位器通常通有液晶显示器和手动操作按钮，显示器用于显示阀门定位器的各种状态信息，按钮用于输入组态数据和手动操作。

智能阀门定位器以微处理器为核心，同时采用了各种新技术和新工艺，因此其具有许多模拟式阀门定位器所难以实现或无法实现的优点。

① 定位精度和可靠性高　智能式阀门定位器机械可动部件少，输入信号和阀位反馈信

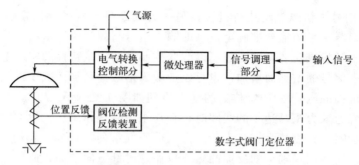

图 9-23 智能阀门定位器的构成

号的比较是直接的数字比较，不易受环境影响，工作稳定性好，不存在机械误差造成的死区影响，因此具有更高的定位精度和可靠性。

② 流量特性修改方便　智能阀门定位器一般都包含常用的直线、等百分比和快开特性功能模块，可以通过按钮或上位机、手持式数据设定器直接设定。

③ 零点、量程调整简单　零点调整与量程调整互不影响，因此调整过程简单快捷。许多种智能阀门定位器具有自动调整功能，不但可以自动进行零点与量程的调整，而且能自动识别所配装的执行机构规格，如气室容积、作用形式、行程范围、阻尼系数等，并自动进行调整，从而使控制阀处于最佳工作状态。

④ 具有诊断和监测功能　除一般的自诊断功能之外，智能式阀门定位器能输出与控制阀实际动作相对应的反馈信号，可用于远距离监控控制阀的工作状态。

接收数字信号的智能阀门定位器，具有双向通信能力，可以就地或远距离地利用上位机或手持式操作器进行阀门定位器的组态、调试、诊断。

下面以西门子公司的 SIPART PS2 系列定位器为例，对智能定位器的组成、工作原理及使用做进一步说明。

(2) 智能阀门定位器的原理　以西门子 SIPART PS2 系列智能阀门定位器为例，其整个控制回路由两线、4~20mA 信号控制。HART 模块送出和接收叠加在 4~20mA 信号上的数字信息，实现与微处理器的双向数字通信。模拟量的 4~20mA 信号传给微处理器，与阀位传感器的反馈进行比较，微处理器根据偏差的大小和方向进行控制计算（一级控制），向压电阀发出电控指令使其进行开、闭动作。压电阀依据控制指令脉冲的宽度改变气动放大器输出压力的增量，同时气动放大器的输出又被反馈给内控制回路，再次与微处理器的运算结果进行比较运算（二级控制），通过两级控制输出信号到执行机构，执行机构内空气压力的变化控制着阀门行程。当控制偏差很大时，压电阀发出宽幅脉冲信号，使定位器输出一个连续信号，执行机构驱动阀门快速动作；随着阀门接近要求的位置，命令要求的位置与测得位置的差值变小，压电阀输出一个较小脉宽的脉冲信号，使执行机构接近新命令位置的动作平缓；当阀门到达要求的位置（进入死区）时，压电阀无脉冲输出，定位器输出保持为零，使阀门稳定在某一位置不动。

(3) 智能阀门定位器的调校　通过就地用户界面设置开关，可完成定位器的增益、正反作用、定位器特性以及是否允许自动调校等基本设置；在不增加工具的条件下，能够进行自动或手动校准定位器；并且可以通过就地用户界面手动控制按钮，实现手动控制。下面是西门子 SIPART PS2 系列定位器调整方法。

① 调试前准备工作

a. 接气源，再接电源，将电流给到 4mA 以上。

b. 如定位器没有调试过，这时显示屏中应出现 P，进入组态，先按"＋"再同时按"－"，反之相同，看阀门的最大点或最小点。

c. 最小点应在 5~9 之间，不对则调定位器的黑色齿轮；最大点应不超过 95。

d. 用"＋""－"键将阀门行程调到 50％，调试前准备工作完成。

注意：如果定位器调试过必须清零。

清零步骤：按手键进入（新出的为 50，最初的为 55），再按"＋"5s 出现 OCAY，再按手键 5s，出现 C4，抬手出现 P，进入组态后调试步骤同以上 b、c、d 相同。

②初始化的调校步骤

a. 执行机构的自动初始化　注意：自动初始化前一定要正确设定阀门的开关方向！否则初始化无法进行！

（a）正确移动执行机构，离开中心位置，开始初始化。

直行程选择 |WAY|；角行程选择 |turn|，用"＋""－"键切换。

（b）短按功能键，切换到参数二。

显示 |33°| 或 |90°|，用"＋""－"键切换。

注意：这一参数必须与杠杆比率开关的设定值相匹配。

（c）用功能键切换到参数三，显示如下。

显示：|OFF|。

如果希望在初始化阶段完成后，计算的整个冲程量用 mm 表示，这一步必须设置。为此，需要在显示屏上选择与刻度杆上驱动销钉设定值相同的值。

（d）用功能键切换参数四，显示如下。

显示：|no|。

（e）按下"＋"键超过 5s，初始化开始。

显示：|Strt|。

初始化进行时，RUN1 至 RUN5 一个接一个地出现于显示屏下行。

注意，初始化过程依据执行机构，可持续 15min。

有以下显示时，初始化完成：

|FINSH|

在短促下压功能键后，显示：

|INITA|

通过按下功能键超过 5s，退出组态方式。约 5s 后，软键显示将出现。松开功能键后，装置将以 MANUAL 方式，按功能键将方式切换为 AUTO，此时可以遥控操作。

b. 执行器手动初始化　利用这一功能，不需硬性驱动执行机构到终点位置即可进行初始化。杆的开始和终止位置可手工设定。初始化剩下的步骤（控制参数最佳化）如同自动初始化一样自动进行。

直行程执行机构手动初始化的顺序步骤如下。

（a）对直行程执行机构实行初始化。通过手工驱动保证覆盖全部冲程，即显示电位计设定处于 P5.0 和 P95.0 的允许范围中间。

（b）按下功能键 5s 以上，将进入组态方式。

直行程选择 |WAY|；角行程选择 |turn|，用"＋""－"键切换。

(c) 短按功能键，切换到参数二。

显示 |33°| 或 |90°|，用"＋""－"键切换。

注意：这一值必须与传送速率选择器的设定相对应（33°或90°）。

(d) 用功能键切换到参数三，显示如下。

显示： |OFF|

如果希望初始化过程结束时，测定的全冲程量用 mm 表示，需要在显示器中选择与刻度杆上驱动销钉设定值相同的值，或对介质调整来说下一个更高的值。

(e) 通过按下功能键，选择参数五。

显示： |no|。

- 先按住"－"再同时按住"＋"键，快关阀门（显示在6.5左右），否则用黑色旋钮调节，使其在范围内。

注意：如果按此操作显示的数是减小的，请先调整执行器的开关方向。

- 然后先按住"＋"，再同时按住"－"键，快开阀门。开始后显示的数应在95以内，否则调节黑色旋钮，使其在正常范围内，然后按下功能键确认。

- 先按住"－"，再同时按住"＋"键，快关阀门，显示数应在5~9之间，然后按下功能键确认。

- 初始化自动开始。

- 初始化的停止是自动的。RUN1 到 RUN5 顺序出现在显示屏的下行。当初始化已全部完成时，出现如下显示： |FINSH|

按下功能键超过5s，离开组态方式；约5s后，软键显示将出现。松开功能键后，装置将以 MANUAL 方式工作，按功能键将方式切换为 AUTO，此时可以遥控操作。

注意：改变调整门的开关方向，需要调整定位器的7和38项，两项同时用"＋""－"键更改，两项的设置必须要相同。

(4) 智能阀门定位器的其他特点

① 通过多种组合指示操作状态或警告工况，具有诊断、监测功能。

② 耗气量非常小，在 0.6MPa 稳定状态下，仅为 $0.12m^3/h$，不足常规定位器的 8%；对气源压力的变化不敏感。

③ 采用同一型号既可用于直行程又可用于角行程；通过选配双作用模件，可以实现控制双作用活塞缸执行器。

④ 使用 HART 通信协议，与定位器进行双向通信。

(5) 在实际使用中应该注意的问题

① 对调节信号的带负载能力有较高的要求　在实际使用过程中，智能定位器的输入阻抗较高，当输入信号为 20mA 时，供电电压的最小要求值为 12V DC，带负荷能力不应小于 600Ω，否则定位器不能正常工作；最小输入电流不小于 3.6mA 时，才能确保其性能。

② 应合理设置定位器的动作死区　定位器动作死区设置得越小，定位精度越高，这就给人们造成一个误区，以为死区越小越好，但这样会使压电阀及反馈杆等运动部件的动作频繁，有时会引起阀门振荡，影响定位器和阀门的使用寿命，故定位器的死区设置不宜过小；定位器设置更改后，必须重新调校后才能生效。

③ 定位器的安装　定位器安装的一个重要原则就是，定位器、阀杆、反馈杆三部分要构成闭环负反馈。安装时可以这样检验：定位器安装后，阀杆和反馈杆不连接，用手转动反

馈杆，若阀杆动作方向与反馈杆动作方向相反，则说明已构成闭环负反馈；此时要将控制阀阀位于50%，并使反馈杆处于水平位置，然后将反馈杆和阀杆固定，这样可以保证定位器工作在最佳线性段。定位器安装不平，也会增加其线性偏差。

④ 定位器流量特性的选择　控制阀的流量特性是由阀芯的加工特性所决定的，如果工艺要求与其相符，则定位器的输出特性应选择线性输出。在实际使用中，若阀芯特性与工艺要求不符，则可以通过定位器输出特性的设置来改变阀门的整体流量特性，如可以将阀芯为线性特性的控制阀通过定位器把输出特性设置为等百分比特性，即可将具有线性特性阀芯的阀门变为等百分比流量特性的阀门来使用。

⑤ 定位器的维修　定位器不同的功能模块损坏，造成定位器无法使用时，如果整体更换，费用高昂。这时可以利用无故障的模块对定位器进行重新组装，但组装后要根据不同的控制阀进行重新设置，由于使用定位器的控制阀（行程等）变了，因此利用自动调校可能达不到使用要求，这时可以先手动调校确定其行程，然后再用自动调校校准。这样可以使控制阀定位精准、具有合适的响应速度，从而满足过程控制的要求，也可节约大量的资金。

三、电动执行器

电动执行器接收来自控制器的0~10mA或4~20mA的直流电流信号，并将其转换成相应的角位移或直行程位移，去操纵阀门、挡板等控制机构，以实现自动控制。

电动执行器有角行程、直行程和多转式等类型。角行程电动执行机构以电动机为动力元件，将输入的直流电流信号转换为相应的角位移（0°~90°），这种执行机构适用于操纵蝶阀、挡板之类的旋转式控制阀。直行程执行机构接收输入的直流电流信号后，使电动机转动，然后经减速器减速并转换为直线位移输出，去操纵单座、双座、三通等各种控制阀和其他直线式控制机构。多转式电动执行机构主要用来开启和关闭闸阀、截止阀等多转式阀门，由于它的电动机功率比较大，最大的有几十千瓦，因此一般多用作就地操作和遥控。

几种类型的电动执行机构在电气原理上基本是相同的，只是减速器不一样。以下简单介绍角行程的电动执行机构。

角行程电动执行机构主要由伺服放大器、伺服电动机、减速器、位置发送器和操纵器组成，如图9-24所示。其工作过程大致如下：伺服放大器将由控制器来的输入信号与位置反馈信号进行比较，当无信号输入时，由于位置反馈信号也为零，放大器无输出，电动机不转；如有信号输入，且与反馈信号比较产生偏差，使放大器有足够的输出功率，驱动伺服电动机，经减速后使减速器的输出轴转动，直到与输出轴相连的位置发送器的输出电流与输入信号相等。此时输出轴就稳定在与该输入信号相对应的转角位置上，实现了输入电流信号与输出转角的转换。

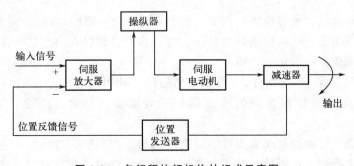

图9-24　角行程执行机构的组成示意图

电动执行机构不仅可与控制器配合实现自动控制,还可通过操纵器实现控制系统的自动控制和手动控制的相互切换。当操纵器的切换开关置于手动操作位置时,由正、反操作按钮直接控制电动机的电源,以实现执行机构输出轴的正转或反转,进行遥控手动操作。

四、数字阀与智能控制阀

随着计算机控制的普及,执行器出现了与之适应的新品种,数字阀和智能控制阀就是其中两例。

1. 数字阀

数字阀是一种位式的数字执行器,由一系列并联安装而且按二进制排列的阀门所组成。图 9-25 表示一个 8 位数字阀的控制原理。数字阀体内有一系列开闭式的流孔,它们按照二进制顺序排列。例如对这个数字阀,每个流孔的流量按 2^0、2^1、2^2、2^3、2^4、2^5、2^6、2^7 来设计,如果所有流孔关闭,则流量为 0,如果流孔全部开启,则流量为 255(流量单位),分辨率为 1(流量单位)。因此数字阀能在很大的范围内(如 8 位数字阀调节范围为 1~255)精密控制流量。数字阀的开度按步进式变化,每步大小随位数的增加而减小。

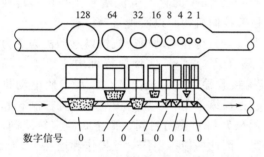

图 9-25　8 位二进制数字阀原理图

数字阀主要由流孔、阀体和执行机构三部分组成。每一个流孔都有自己的阀芯和阀座。执行机构可以用电磁线圈,也可以用装有弹簧的活塞执行机构。

数字阀的特点有以下几点。

① 高分辨率　数字阀位数越高,分辨率越高。8 位、10 位的分辨率比模拟式控制阀高得多。

② 高精度　每个流孔都装有预先校正流量特性的喷管和文丘里管,精度很高,尤其适合小流量控制。

③ 响应速度快,关闭特性好。

④ 直接与计算机相连　数字阀能直接接收计算机的并行二进制数码信号,有直接将数字信号转换成阀开度的功能,因此数字阀能用于直接由计算机控制的系统中。

⑤ 没有滞后,线性好,噪声小。

2. 智能控制阀

智能控制阀集常规仪表的检测、控制、执行等作用于一身,具有智能化的控制、显示、诊断、保护和通信功能,是以控制阀为主体,将许多部件组装在一起的一体化结构。智能控制阀的智能主要体现在以下几个方面。

(1) 控制智能　除了一般的执行器控制功能外,还可以按照一定的控制规律动作。此外还配有压力、温度和位置参数的传感器,可对流量、压力、温度、位置等参数进行控制。

(2) 通信智能　智能控制阀采用数字通信方式与主控制室保持联络,主计算机可以直接对执行器发出动作指令。智能控制阀还允许远程检测、整定、修改参数或算法等。

（3）诊断智能　智能控制阀安装在现场，但都有自诊断功能，能根据配合使用的各种传感器通过微机分析判断故障情况，及时采取措施并报警。

任务实施

在实训现场，结合所学知识，以小组为单位自主练习。

1. 主要内容及要求

① 通过拆装气动薄膜控制阀来了解其结构组成。

② 了解气动薄膜控制阀的动作过程；控制阀行程校验。

③ 了解电-气阀门定位器的使用；定位器与控制阀联校。

2. 仪器设备和工具

① 气动薄膜控制阀（ZMAP-16K 或 B）　1 个。

② 电-气阀门定位器（DZF-Ⅲ）　1 台。

③ 标准压力表（不低于 0.4 级），0~160kPa　1 块。

④ QGD-100 型气动定值器　1 台。

⑤ 百分表　1 个。

⑥ 可调电流源（电流发生器）　1 台。

⑦ 标准电流表　1 块。

3. 实训步骤

（1）执行机构的拆卸　对照结构图，卸下上阀盖，并拧动下阀杆使之与阀杆连接螺母脱开。依次取下执行机构内各部件，记住拆卸顺序及各部件的安装位置以便于重新安装。

在执行机构的拆装过程中可观察到执行机构的作用形式，通过薄膜与上阀杆顶端圆盘的相对位置即可分辨。若薄膜在上，则说明气压信号从膜头上方引入，气压信号增大使阀杆下移，使弹簧被压缩，为正作用执行机构；反之若薄膜在下，则说明气压信号是从膜头下方引入，气压信号增大使阀杆上移，使弹簧被拉伸，为反作用执行机构。

（2）阀的拆卸　卸去阀体下方各螺母，依次卸下阀体外壳，慢慢转动并抽出下阀杆（因填料函对阀杆有摩擦作用），观察各部件的结构。在阀的拆卸过程中可观察如下几点。

① 阀芯及阀座的结构形式　拆开后可辨别阀门是单座阀还是双座阀。

② 阀芯的正、反装形式　观察阀芯的正、反装形式后可结合执行机构的正反作用来判断执行器的气开、气关形式。

③ 阀的流量特性　根据阀芯的形状可判断阀的流量特性。

（3）执行器的安装　将所拆卸的各部件复位并安装好，在安装过程中要遵从装配规程，注意膜头及阀体部分要上紧，以防介质和压缩空气泄漏。安装后的执行器要进行膜头部分的气密性实验，即通入 0.25MPa 的压缩空气后，观察在 5min 内的薄膜气室压力降低值，看其是否符合技术指标要求，也可以用肥皂水检查各接头处，看是否有漏气现象。

（4）泄漏量调整　执行器安装完毕，用手钳夹紧下阀杆并任意转动，可改变阀杆的有效长度，最终改变阀芯与阀座间的初始开度，进而改变了执行器的泄漏量，这是泄漏量调整的基本方法。上述工作均完成后，将所得到的结论填入表 9-4 中，并与执行器型号中各字母所代表的意义相比较，看是否一致。

表 9-4　非线性偏差、变差校验记录表

校验点		阀杆位置		阀杆位移量	
百分值/%	信号值/kPa	正行程/%	反行程/%	正行程/%	反行程/%
0					
25					
50					
75					
100					
非线性		%			
变差		%			

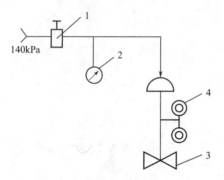

图 9-26　非线性偏差测试连接图
1—气动定值器；2—精密压力表；
3—执行器；4—百分表

(5) 控制阀的校验

① 接线　按图 9-26 连线，经指导教师检查无误后方可通电通气。

② 正行程校验　从 20kPa 开始，依次加入 20kPa、40kPa、60kPa、80kPa、100kPa 五个输入信号，在百分表上读取各点的阀杆位移量，将结果填入表 9-4 中。

③ 反行程校验　从 100kPa 开始，依次加入 100kPa、80kPa、60kPa、40kPa、20kPa 五个输入信号，在百分表上读取各点的阀杆位移量，将结果也填入表 9-4 中。

④ 计算非线性偏差和变差，与表 9-5 比较，看控制阀是否合格。

表 9-5　执行机构的偏差指标

性能指标	单、双座阀	
	气开式	气关式
始点偏差/%	±2.5	+4
点偏差/%	±4	±2.5

(6) 电/气阀门定位器与气动执行器的联校　按图 9-27 连线，经指导教师检查无误后，进行下列操作。

① 电-气阀门定位器零点及量程的调整

a. 零点调整。给电-气阀门定位器输入 4mA DC 的信号，其输出气压信号应为 20kPa，执行器阀杆应刚好启动。否则，可调整电-气阀门定位器的零点调节螺钉来满足。

b. 量程调整。给电-气阀门定位器输入 20mA DC 的信号，输出气压信号应为 100kPa，执行器阀杆应走完全行程。否则，调整量程调节螺钉。

零点和量程应反复调整，直到符合要求为止。

② 非线性误差及变差的校验　同步骤 (5) 中的方法，只是信号由电流发生器提供，结

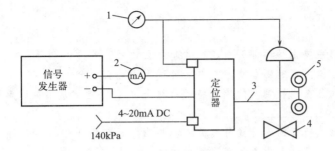

图 9-27 执行器与定位器联校连接图
1—精密压力表；2—直流毫安表；3—反馈杆；4—执行器；5—百分表

果填入表 9-6 中，处理实验结果，看是否合格。

表 9-6 联校时非线性偏差、变差校验记录表

校验点		阀杆位置		阀杆位移量	
百分值/%	信号值/kPa	正行程/%	反行程/%	正行程/%	反行程/%
0					
25					
50					
75					
100					
非线性		%			
变差		%			

学习讨论

实训中所用的控制阀是气开阀还是气关阀？是如何判断的？

项目小结

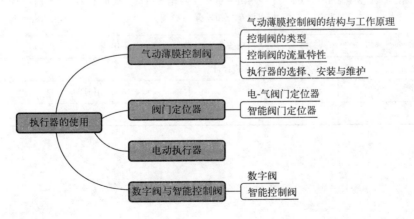

思考题

9-1 气动执行器主要由哪两部分组成?各起什么作用?

9-2 控制阀的结构主要有哪些类型?它们各适用于什么场合?

9-3 试分别说明什么叫控制阀的流量特性和理想流量特性。常用的控制阀理想流量特性有哪些?

9-4 什么叫气动执行器的气开式与气关式?其选择原则是什么?

9-5 要想将一台气开阀改为气关阀,可采取什么措施?

9-6 电-气阀门定位器有什么用途?

9-7 执行器的安装与日常维护要注意什么?

9-8 智能阀门定位器有哪些特点?

9-9 什么是智能控制阀?其智能表现在哪些方面?

 项目考核

项目实施过程考核与结果考核相结合,由项目委托方代表(教师或学生)对项目各项任务的完成结果进行验收、评分;学生进行"成果展示",经验收合格后进行接收。

项目完成情况作为考核能力目标、知识目标、拓展目标的主要内容,具体包括:完成项目的态度、项目报告质量、资料查阅情况、问题的解答、团队合作、应变能力、表述能力、辩解能力、外语能力等。

完成情况考核评分表

评分内容	评分标准	配分	得分
操作技能、现场情况、准备工作等(仪表选择、调校、安装、组态)	仪表选择、校验: 采取方法错误扣 5~30 分	30	
	仪表安装、组态: 不合适扣 10~30 分	30	
	成果展示:(实物或报告) 错误扣 10~20 分	20	
知识问答、工作态度、团队协作精神等	知识问答全错扣 5 分; 小组成员分工协作不明确,成员不积极参与扣 5 分	10	
安全文明生产	违反安全文明操作规程扣 5~10 分	10	
项目成绩合计			
开始时间	结束时间		所用时间	
评语			

项目十

控制系统的投运及参数整定

知识目标

- 掌握过渡过程的定义、过渡过程参数（被控变量）的变化特点、过渡过程的动态指标计算办法。
- 掌握控制器参数的整定方法、步骤。
- 熟悉简单控制系统的投运步骤。

能力目标

- 能根据被控变量的过渡曲线判断工艺参数的控制品质。
- 能根据工艺要求和扰动情况选择合适的控制方案。
- 能正确选择控制规律。
- 能正确选择控制器正反作用、执行器气开/气关方式。
- 能正确完成PID参数整定、系统投运，能够根据参数的变化情况判断故障原因。

素质目标

- 培养利用辩证眼光看待事物优点与缺点的意识，善于利用优点，规避缺点。

思政微课堂

【案例】

PID控制从20世纪30年代末期出现以来，已成为模拟控制系统中技术最成熟、应用最广泛的一种控制方式。技术人员和操作人员对它也最为熟悉。在工业过程控制中，由于难以建立被控对象精确的数学模型，系统的参数经常发生变化，所以运用控制理论分析综合代价比较大。PID控制技术结构简单，参数调整方便，其实质是根据输入的偏差值，按比例、积分、微分的函数关系进行运算，运算结果用以输出进行控制。它是在长期的工程实践中总结出来的一套控制方法，实际运行经验和理论分析都表明，对许多工业过程进行控制时，这种方式都能得到比较满意的效果。

对一个控制系统而言，由于控制对象的精确数学模型难以建立，系统的参数经常发生变化，运用控制理论综合分析要耗费很大的代价，却不能得到预期的效果，所以人们往往采用PID调节器，根据经验在线整定参数，以便得到满意的控制效果。随着计算机特别是微机技术的发展，PID控制算法已能用微机简单实现，由于软件系统的灵活性，PID算法可以得到修正而更加完善。

【启示】

工业控制的完成，控制器不可能只采用一种控制规律，每种控制规律都有自己的优点及缺点，控制器的设计要考虑几种控制规律相互配合工作，并不断地调试修改才可以满足控制要求。同学们在完成学习任务或者其他工作的时候注意要发挥各自的擅长之处，彼此间要有默契配合，才可以事半功倍地完成任务。

【思考】
联系实际谈谈在以后的学习与工作中如何对待自身的优点与缺点。

在环境工程中，有温度、压力（压差）、流量、组分、液位等定值控制系统，也有程序控制系统。在各种控制系统中，单回路控制系统占控制系统总数的80%以上。欲取得较好的控制效果，选择合适的控制方案最为重要，即首先选择合适的被控变量、操纵变量，在此基础上，再确定执行器和控制器，进而考虑系统的实施。本项目主要学习控制系统控制方案的选择、控制器参数的整定和系统的投运等知识与技能。

任务　液位定值控制系统的投运与操作

在水处理过程中，来自各工段的循环水和冷凝液需要经过脱盐处理，避免造成管壁结垢。生产负荷和环境温度的变化，造成管网中的循环水和冷凝液流量波动较大，为此，在进入除盐工段时，需要设置一除盐水箱作为缓冲。为避免液位的变化造成出水量的波动，要求对水箱液位进行控制。应先确定系统的控制方案，再确定执行器、控制器、控制器参数，最后进行系统投运。

一、自动控制系统的过渡过程与品质指标

1. 自动控制系统的过渡过程

（1）自动控制系统的静态与动态　静态是指被控变量不随时间而变化的平衡状态（稳态）。定值控制系统是要求被控变量稳定在给定值上，系统的各个组成环节不改变其原先的状态，系统处于稳态。由于干扰无处不在，这种情况只是暂时的、相对的。在图10-1所示的液位控制系统中，如果流入量变化，液位也会相应发生变化。

当液位变化时，变送器的输出会发生变化，从而引起偏差量变化，偏差量的变化又引起控制器、控制阀做出变化。控制阀输出变化又会引起操纵变量（流出量）的变化，流出量的变化最终引起被控变量（液位）的变化。控制系统正是利用操纵变量（出水量）的增减来平衡扰动（进水量变化）带来的被控变量的变化，整个过程是自动完成的。

从系统平衡被打破到建立新的平衡这一段时间中，整个系统的各个环节和信号都处于变化中，这种状态叫动态。控制系统总是从一个静态过渡到另一个静态，总是处于动态过程中。

（2）控制系统的过渡过程　综合图10-1所示的液位控制系统和图10-2所示的温度控制系统，简单控制系统各变量之间的关系可通过方框图（图10-3）来表示。扰动出现后，在控制系统的作用下，系统由一个平衡状态过渡到另一个平衡状态，这个过程称为控制系统的过渡过程。被控变量的变化规律首先取决于干扰的作用形式，在实际生产中，出现的干扰是没有固定形式的，且多半是随机的。在分析和设计控制系统时，为了安全和方便，常选择一些定型的干扰形式，其中常用的是阶跃干扰。图10-4为一阶跃干扰，首先，这种形式的干扰比较突然、危险，对控制系统性能挑战很大；其次，这种干扰的形式简单，容易实现，便于实验、计算分析，所以常常对系统施加阶跃干扰来观察被控变量的动态过程，以确定控制系统的控制品质。

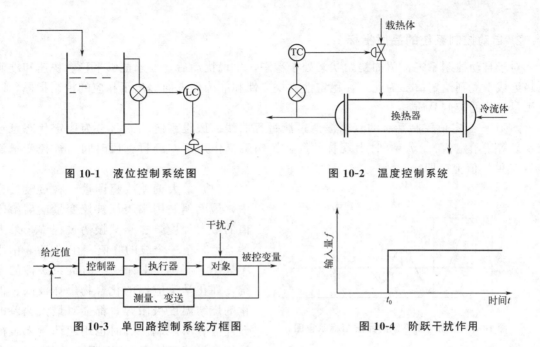

图 10-1　液位控制系统图　　　　　图 10-2　温度控制系统

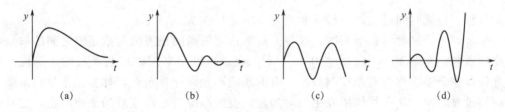

图 10-3　单回路控制系统方框图　　　图 10-4　阶跃干扰作用

自动控制系统常见的过渡过程有以下几种基本形式：

① 非周期衰减过程　如图 10-5（a）所示，被控变量在给定值的某一侧缓慢变化，最后稳定在某一数值，这种过程称为非周期衰减过渡过程，也叫单调过程。

图 10-5　几种典型的过渡过程曲线

② 衰减振荡过程　如图 10-5（b）所示，被控变量围绕某一数值上下波动，且波动幅度逐步减小，最后稳定在某一数值。

③ 等幅振荡过程　如图 10-5（c）所示，被控变量围绕某一数值上下波动，且波动幅度保持不变。

④ 发散振荡过程　如图 10-5（d）所示，被控变量来回波动，且波动幅度越来越大。

对于上述四种过渡过程，发散振荡过程为不稳定过程，将导致工艺参数超越工艺允许的范围，会导致严重的安全事故，应努力避免。

非周期衰减过程和衰减振荡过程经过一段时间后，被控变量都能够趋近或恢复到给定值，所以是稳定系统。但是非周期衰减过程被控变量长期偏离稳定值，容易造成安全事故。

等幅振荡过程介于稳定和非稳定之间，被控变量始终围绕给定值波动，不能恢复到给定值，所以可看成是不稳定过程，但是如果波动在允许误差之内也是允许存在的。

对于定值控制系统，衰减振荡过程中，被控变量经过较短时间的波动趋近或回到给定值，所以是定值控制系统常用的形式。

2. 自动控制系统的品质指标

对于自动控制系统，假如初始状态处于稳态，出现扰动后，要求能够平稳、快速和准确地趋近或恢复到给定值。为此，在稳定性、快速性和准确性方面提出了相应的控制指标，以便衡量系统的控制品质。

图 10-6 为定值控制系统的衰减振荡过渡过程曲线。假设系统初始状态为稳定状态且被控变量等于给定值 x，$t=0$ 时出现扰动，在控制系统作用下，经过一段时间后被控变量逐步稳定在 C 值上，即 $y(\infty)=C$。

(1) 最大偏差或超调量 在过渡过程中，最大偏差用来表征被控变量偏离给定值的最大程度。在衰减振荡过程中，最大偏差就是第一个波的峰值，在图 10-6 中用 A 表示。特别是对于一些有约束条件的系统，如化学反应器的化合物爆炸极限、催化剂烧结温度极限等，都会对最大偏差的允许值有所限制。有时也用超调量来表征被控变量偏离给定值的程度，在图 10-6 中用 B 表示，超调量为第一个峰值和新稳态值之差。

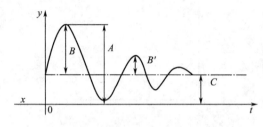

图 10-6 自动控制系统的品质指标示意图

(2) 衰减比 衰减比是衰减程度的指标，它是前后相邻两个峰值的比，习惯表示为 $n:1$，在图 10-6 中，$n=\dfrac{B}{B'}$。n 过小，系统接近于等幅振荡过程，不稳定；n 过大，系统接近于单调过程，过渡时间过长，一般 n 取在 4~10 之间为宜。

(3) 余差 当过渡过程结束时，被控变量所达到的新的稳态值与给定值之间的偏差叫余差，也叫残差。在图 10-6 中，余差用 C 表示。余差可以用来反映控制系统的准确度。有的系统允许存在余差，称为有差控制系统；有的系统不允许存在余差，称为无差控制系统。

(4) 过渡时间 从干扰作用发生的时刻起，直到系统重新建立新的平衡时止，过渡过程所经历的时间叫过渡时间。一般在稳态值的上下规定一个小范围，当被控变量进入该范围并不再越出时，就认为被控变量已经达到新的稳态值，或者说过渡过程已经结束。这个范围一般定为稳态值的±5%（也有的规定为±2%）。过渡时间可用来衡量系统控制过程的快慢程度，一般希望小一些好。

(5) 振荡周期或频率 过渡过程曲线中，同向两波峰（或波谷）之间的间隔时间叫振荡周期或工作周期，其倒数称为振荡频率。在衰减比相同的情况下，周期与过渡时间成正比。振荡周期同样可以衡量控制过程的快慢，一般希望振荡周期短一些为好。

上述五个控制指标分别反映控制过程的稳定性、快速性和准确性。对于同一系统，这几个指标互相联系又相互矛盾，因此在分析、设计、评价一个系统时，应该根据生产工艺的具体要求，优先满足主要指标，同时兼顾其他指标。

3. 影响控制系统品质指标的主要因素

一个自动控制系统可以概括成两大部分，即工艺过程部分（被控对象）和自动化装置部分。自动化装置通常包括测量与变送装置、控制器和执行器等三部分。在系统设计过程中，自动化装置应根据对象特性参数来进行选择。在控制系统投运期间，如果对象特性变化，则应该对自动化装置做相应调整。此外，测量失真、控制阀零件磨损造成流量特性的变化都会影响系统的控制品质。

二、控制方案的确定

根据简单控制系统的方框图，简单控制系统由四个基本环节组成，即被控对象、测量变送装置、控制器和执行器。一个简单控制系统的分析设计，应首先从生产过程入手，分析各变量的性质及相互关系，再根据工艺要求选择被控变量、操纵变量，合理选择系统的测量变送装置、控制器和执行器。其中，被控变量和操纵变量的选择是系统设计的核心部分，它们选择得是否合理对稳定操作、提高产品质量和产量、改善劳动条件、保证生产安全都具有决定性的作用。

1. 被控变量的选择

被控变量的选择必须首先分析工艺过程，找出影响生产正常操作的"关键"变量，所谓"关键"变量，指的是对产品产量、质量和生产安全起决定性作用的变量。对于"关键"变量，往往要求在生产过程中借助自动控制保持恒定值或按一定规律变化，这类变量称为被控变量。并不是所有"关键"变量都作为被控变量，必须对产品的产量、质量以及安全运行具有决定性的作用，而人工操作又难以满足要求；或者人工操作虽然可以满足要求，但是这种操作是既紧张而又频繁的"关键"变量才能作为被控变量。

有的被控变量直接反映工艺指标且可以直接测量，这类被控变量作为直接参数进行控制、显示。如加氢裂化反应，温度和压力是影响反应率的指标，为此设计温度和压力控制系统。这里，温度和压力作为直接参数进行控制。有的被控变量可直接反映工艺指标，但不能直接测量，例如炼油厂的精馏塔，要求塔顶分离出的产品达到一定纯度。如果采用组分作为直接参数，由于分析仪表测量精度不能满足要求，且分析仪表测量滞后大，控制品质难以保证，因此组分不能作为直接参数。通过分析，塔顶温度和压力与塔顶产品纯度存在对应关系。再考虑工艺的合理性和经济性，使压力稳定，通过调整塔顶温度作为间接参数来控制产品的纯度。

综上所述，被控变量的选择应遵循以下原则：

① 被控变量应能代表一定的工艺操作指标或能反映工艺操作状态，一般是工艺过程中较重要的变量。

② 被控变量在工艺操作过程中经常要受到一些干扰影响而变化，为维持其恒定，需要较频繁地调节。

③ 尽量采用直接指标作为被控变量。当无法获得直接指标信号，或其测量变送信号滞后很大时，可选择与直接指标有单值对应关系的间接指标作为被控变量。

④ 被控变量应能被测量出来，并具有足够大的灵敏度。

⑤ 选择被控变量时，必须考虑工艺合理性、经济性和仪表产品现状。

⑥ 被控变量应是独立可控的，不会出现在调整该变量的同时造成其他变量的明显变化。

2. 操纵变量的选择

在自动控制系统中，最终要通过调整操纵变量来克服干扰对被控变量的影响。应对工艺过程进行分析，找出影响被控变量的参数。如果存在多个参数，则应根据控制通道和扰动通道特性对控制质量的影响合理选择操纵变量。操纵变量的选择应按照如下原则进行：

① 操纵变量应是工艺上可控的，即工艺上允许进行调整的变量。

② 操纵变量一般应比其他干扰对被控变量的影响大而灵敏，即控制通道放大系数大，时间常数小，保证控制作用有力、及时。

③ 在选择操纵变量时，除了从自动化角度考虑外，还要考虑工艺的合理性与生产的经济性。

3. 执行器的选择

控制系统的控制功能最终要靠执行器完成，所以执行器是控制系统非常重要的一个环节。根据现场数据表明，控制系统出现的故障中，约70%出自执行器。根据驱动信号的不同，执行器分为电动、液动和气动三种形式，其中气动薄膜控制阀应用最为广泛。

(1) 控制阀气开/气关形式的选择　气动控制阀有气开、气关两种形式。对于气开阀，气信号增大时，通过阀门的流体流量增加，当气信号中断时，控制阀关断。对于气关阀，气信号增大时，通过阀门的流体流量减少，当气信号中断时，控制阀全开。

控制阀气开/气关形式的选择应主要从工艺安全的角度出发，同时考虑工艺介质的具体情况。如果气信号中断时，阀门关断危害最小，则应该选用气开阀；如果气信号中断时，阀门全开危害最小，则应该选用气关阀。如精馏塔釜加热用燃料控制阀一般应选用气开阀，可避免气信号中断时塔釜温度过高造成事故。但是，如果精馏塔釜液体易结晶，则应该选择气关阀。

(2) 控制阀口径选择　控制阀的口径选择合适与否会影响控制品质。如果口径过小，会使经过阀门的流量达不到所需的最大流量；如果口径过大，不仅造成设备浪费，还会使控制阀经常处于小开度工作。而处于小开度时，控制阀实际工作点和设计工作点差距过大，从而导致控制品质变差。

4. 控制规律的选择

(1) 控制规律的选择　目前工业上常用的控制器主要有三种控制规律：比例控制规律P、积分控制规律I和微分控制规律D。

① 比例控制　是最基本的，也是最主要的控制规律，控制量的变化量和偏差量之间成正比关系，即：

$$p = \frac{1}{\delta} e = K_P e \tag{10-1}$$

比例控制能够比较迅速地克服扰动，使系统稳定下来。纯比例控制作用适用于干扰变化幅度小，对象滞后（指 τ/T）较小，对象自衡能力强，控制质量要求不高，且允许存在一定范围余差的场合。如储槽液位控制，可采用纯比例控制规律。

② 积分控制　是在比例控制基础上对偏差量完成积分运算，其表达式为：

$$p = K_P \left(e + \frac{1}{T_I} \int e \, dt \right) \tag{10-2}$$

根据式（10-2），只要存在偏差量，控制量就会发生变化，因而引入积分控制可消除余差。但是积分控制作用是随着时间的积累才逐步增强的，所以控制作用滞后。对于惯性较大的对象，引入积分作用将出现较大的超调量和较长的过渡时间，因此常常将比例控制和积分控制相结合，在及时发挥比例控制作用的同时又能够消除余差。比例积分是应用广泛的一种控制规律，在实际应用时，还应考虑采取抗积分饱和的措施。

③ 微分控制　对于惯性较大的对象，当被控变量靠近设定值时，如果被控变量变化快，

则被控变量还将沿着原来的变化方向产生一个较大的变化量,这样,就会形成较大的超调量。为取得良好的控制效果,常常希望根据被控变量的变化趋势进行控制。引入微分控制可阻碍被控变量的变化,引入适当的微分控制作用,可减少最大偏差、缩短过渡时间。微分控制规律为:

$$p = K_P \left(e + T_D \frac{de}{dt} \right) \tag{10-3}$$

微分控制作用一般和比例控制、积分控制规律结合起来,相互配合,用于惯性较大的场合。

(2) 控制器正、反作用的确定 对于定值控制系统,要求系统实现负反馈控制才能克服扰动。由于系统的其他环节不宜改动,所以,一般在其他环节确定后,通过选择控制器的正反作用来实现整个系统的负反馈特性。

① 正/反作用方向的定义 对于系统各个环节,如果输入信号增加,输出信号增加,那么这个环节属于正作用方向,否则就称为反作用方向。

② 执行器环节 对于气开式气动薄膜控制阀,输入的气信号增加,则开度增大,其输出信号,即通过控制阀的流体流量增加,所以气开阀为正作用方向,气关阀为反作用方向。

③ 检测元件与变送器 一般的检测元件、变送器在输入信号(被控变量)增大时,其输出信号(多数采用4~20mA)会相应增大,所以检测元件、变送器一般是正作用方向。

④ 被控对象环节 对于控制通道,对象输入为操纵变量。如果被控变量随操纵变量的增加而增加,则对象为正作用特性,否则,为反作用特性。

⑤ 控制器 对于简单控制系统,要使系统构成负反馈,只需使系统的四个环节的作用方向相乘为负。因此,系统的四个环节的正反作用应该为"三正一反"或"三反一正"。实际上,控制器正、反作用区别在于偏差的计算方法不同。正作用控制器的偏差 $e(t)$ 计算公式为:

$$e(t) = y(t) - x \tag{10-4}$$

反作用控制器的偏差计算公式为:

$$e(t) = x - y(t) \tag{10-5}$$

式中 $y(t)$——被控变量测量值;
x——给定值。

⑥ 控制器作用方向判断示例 如图10-1所示的液位控制系统,首先,为了节约物料,防止气信号中断时物料排放,要求物料出口控制阀处于关断位置,故选择气开阀,正作用。操纵变量即液体流出量增加时,被控变量将下降,所以对象为反作用特性。液位检测仪表也为正作用,根据"三正一反"的原则,控制器应选用正作用。

三、控制器参数的工程整定

对于PID控制规律,比例度 δ、积分时间 T_I 和微分时间 T_D 的大小分别决定了比例、积分、微分控制的强弱。如果 δ、T_D 选得大,T_I 选得小,则控制量变化大,控制作用弱,控制效果不明显,过渡曲线会出现单调过程;如果 δ、T_D 选得小,T_I 选得大,则控制作用强,过渡过程可能出现振荡。因此在控制过程中,需要根据广义对象来确定合适的控制器参数值,以保证控制品质符合工艺要求。比例度 δ、积分时间 T_I 和微分时间 T_D 的确定方法又分为理论计算方法和工程整定法。其中,理论计算方法适合于广义对象数学模型已经准确确定的情况,这种方法往往较复杂,所以大多数情况下采用工程整定法。

1. 经验凑试法

经验凑试法是工人、技术人员经过长期实践的、行之有效的工程整定方法。经验凑试法是按照表 10-1 先将控制器参数放在一个数值上,直接在闭环的控制系统中,通过改变给定值施加干扰,在记录仪上观察过渡过程曲线,运用 δ、T_I、T_D 对过渡过程的影响,按照规定顺序,对比例度 δ、积分时间 T_I 和微分时间 T_D 逐个整定,直到获得满意的过渡过程为止。

表 10-1 控制器经验凑试法整定控制器参数范围(4∶1 衰减)

被控变量	特点	δ/%	T_I/min	T_D/min
温度	对象容量滞后大,被控变量受干扰后变化迟缓,δ 应小;T_I 要大;一般要加微分 T_D	20~60	3~10	0.5~3
流量	对象容量滞后一般较小,被控变量有波动,δ 要大;T_I 要小;不用微分 T_D	40~100	0.3~1	—
压力	对象容量滞后较小,一般不用微分	30~70	0.4~3	
液位	对象时间常数范围较大,要求不高时,δ 可在一定范围内选择,一般不用微分;允许存在余差时不用积分	20~80	—	—

整定步骤:

① 先在表 10-1 中选用一个较大的比例度 δ,用纯比例作用进行凑试。通过改变给定值施加干扰(一般给定值的变化不超过给定值的 5%),观察被控变量的过渡过程是否出现 4∶1 衰减曲线。经过反复改变 δ 进行凑试,直到过渡过程符合要求为止。

② 将比例度适当增加 10%~20%,再根据表 10-1 中积分范围值选取一个积分时间,加入给定值干扰,观察曲线过渡过程。对积分时间进行反复凑试,直到出现满意的曲线。

③ 如系统需要加入微分控制,可取 $T_D = (1/3 \sim 1/4) T_I$,然后适当减小 δ 和 T_I,通过反复改变微分时间进行凑试,直至满足工艺要求为止。

2. 衰减曲线法

采用经验法一般费时较多,特别是对于初学者更是如此。在工程实践中,常常采用衰减曲线法整定控制器参数,可选择使过渡过程出现 4∶1 和 10∶1 两种衰减曲线。具体步骤为:

表 10-2 4∶1 衰减曲线法控制器参数经验数据表

控制规律	δ/%	T_I/min	T_D/min
P	δ_S	—	—
PI	1.2δ_S	0.5T_S	—
PID	0.8δ_S	0.3T_S	0.1T_S

表 10-3 10∶1 衰减曲线法控制器参数经验数据表

被控变量	δ/%	T_I/min	T_D/min
P	δ_S'	—	—
PI	1.2δ_S'	2T_r	—
PID	0.8δ_S'	1.2T_r	0.4T_r

表 10-4　临界振荡曲线法控制器参数经验数据表

控制作用	$\delta/\%$	$T_1/\min$	$T_D/\min$
P	$2\delta_K$	—	—
PI	$2.2\delta_K$	$0.85T_K$	—
PID	$1.7\delta_K$	$0.5T_K$	$0.125T_K$

在闭环的控制系统中，先将控制器变为纯比例作用，并将比例度预置在较大的数值上。在达到稳定后，用改变给定值的办法加入阶跃干扰，观察被控变量，记录曲线的衰减比，然后从大到小改变比例度，直至出现 4∶1 或 10∶1 衰减比为止。记录下出现 4∶1 或 10∶1 衰减比对应的比例度 δ_S 和衰减周期 T_S，或 δ'_S 和 T_r（T_r 是指加入阶跃干扰到第一个波峰出现的时间），再根据表 10-2 或表 10-3，确定控制器的参数整定值。几点说明如下：

① 必须在工艺参数稳定的情况下才能施加干扰，否则得不到正确的 δ_S、T_S 或 δ'_S、T_r。

② 对于反应快的系统，如流量、管道压力和小容量的液位控制等，要在记录曲线上严格得到 4∶1 衰减曲线比较困难。一般以被控变量来回波动两次达到稳定，就可以近似地认为达到 4∶1 衰减过程了。

③ 表 10-2 和表 10-3 所提供的经验数据作为控制器的参数，在实际工程中还要根据实际的干扰动作进一步调整。

3. 临界比例度法

如图 10-7 所示，在闭环控制系统中，先通过反复试凑得到临界振荡过渡过程，记录下曲线的临界比例度 δ_K 和临界振荡周期 T_K，然后根据经验数据（表 10-4）求出控制器各参数值。

被控变量出现临界振荡时，控制量也会同样波动，执行器可能会出现一会儿全开、一会儿全关的状态。如果工艺要求严格，不允许出现等幅振荡，不能采用临界振荡曲线法整定控制器参数。

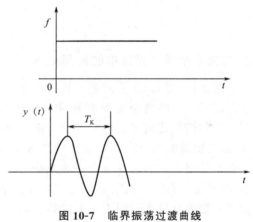

图 10-7　临界振荡过渡曲线

四、简单控制系统的投运及操作中常见的问题

1. 控制系统的投运

控制系统的投运是指控制系统安装完毕或系统检修完成后投入运行的过程。系统投运一般按照下列步骤进行。

（1）系统投运前的准备工作

① 熟悉工艺过程，了解反应机理及各参数之间的关系、控制系统的特点和设计意图、主要控制指标及要求，熟悉紧急情况下的故障处理方法。

② 熟悉检测元件及控制阀的安装位置、管线走向，掌握自动化工具的使用方法。

③ 对检测元件、变送器、控制器、控制阀及其相关设备，如电源、气源、管路进行全

面检查，保证控制设备处于正常状态。

④ 确定好控制器的正反作用，设置好控制器的 PID 参数；确定好控制阀的气开/气关位置。

⑤ 进行联动调试。检查检测元件和变送器之间的对应关系，即观察工艺参数变化时，变送器输出是否有相应变化；观察控制器输出和控制阀行程之间的对应关系。

（2）控制系统的投运　准备工作结束后，就可完成控制系统的投运，系统投运在检测元件、变送器联动调试后，所以系统投运主要完成控制器和控制阀的投运。下面以图 10-8 所示的液位控制系统为例，介绍自动控制系统的投运过程。

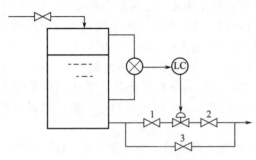

图 10-8　液位自动控制系统

① 将控制器置于"手动"位置，关闭截止阀 1 和阀 2，手动操作旁路阀 3 直至工况稳定。

② 用控制器的手操电路（硬手动拨盘、软手动操作杆或手操器）进行遥控。将阀 1 全开，然后慢慢开大阀 2 并关小阀 3，同时拨动操作机构，逐步增大通过控制阀的流量。保持操纵变量的稳定以保证控制量的基本不变，直到截止阀 2 全开、旁路阀 3 全关为止。待被控变量稳定并接近设定值时，将控制器从"手动"切换到"自动"。

2. 控制系统操作过程中的问题处理

在系统运行期间，工艺问题和仪表问题都可能造成系统故障。因此，正确区分仪表问题和工艺问题对于故障分析是很有帮助的。在分析之前，应向当班操作工了解负荷的变化情况、操作条件的变化情况，再综合记录曲线进行分析。

① 如果记录曲线突变，记录指针在最大或最小位置时，故障多半出自仪表，因为工艺参数一般是缓慢变化的，并且有一定规律性。

② 如果记录曲线呈直线不变，或者记录曲线原来是波动的，突然变成一条直线。也可判断故障一般出自仪表，因为工艺参数一般会变化。必要时，可以人为改变某一参数，观察一下被控变量的变化情况，如果仍旧不变，可判断仪表出了故障。

③ 如果记录曲线逐步变得无规则，或者系统慢慢变得难以控制，此类故障一般出自工艺故障。

出现仪表故障时，应该立即提请仪表技术人员进行处理；出现工艺故障时，应迅速找出引起故障的原因，如负荷的急剧变化、某一参数的急剧变化，再根据参数之间的相互关系手动调节某些工艺变量直至系统重新稳定。

任务实施

在实训现场，结合所学知识，以小组为单位自主练习。

1. 主要内容及要求

（1）根据工艺要求，正确选择控制方案

① 熟悉现场工艺流程和技术要求。

② 能够确定被控变量和操纵变量。

(2) 选择合适的控制规律和执行器
① 掌握 PID 控制规律的特点，能够根据对象特性和控制要求选择合适的控制规律。
② 掌握 PID 参数整定方法。
③ 掌握执行器流量特性和气开/气关工作特点，掌握气动控制阀气开/气关形式的确定方法。
(3) 能够正确完成系统投运过程。

2. 训练步骤
① 首先，由教师提出一工艺流程和控制要求，学生独立设计控制方案。
② 根据工艺参数、介质性质选择合适的控制器和执行器。
③ 学生自主学习系统投运方案，独立完成系统投运全过程。

3. 操作要求
① 文明操作，爱护设备、工具及仪表。
② 系统投运前，应先确认控制器正反作用、执行器气开/气关方式和 PID 参数。
③ 系统投运过程中，应先根据操作手册确认手动阀的开合状态是否符合要求，手动操作旁路阀时，应平稳增加或减少流体流量。
④ 保持清洁，仪表、工具要轻拿轻放，工具使用后要放回原位。
⑤ 严禁擅自改变控制器正反作用、执行器的气开/气关方式。

学习讨论

1. 如何确定一个现存控制器的正反作用？
2. 控制阀的操作方式有哪些？可通过哪些方式改变控制阀的开度？

项目小结

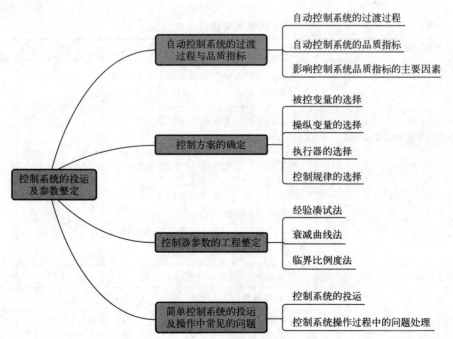

思考题

10-1 控制系统的过渡过程分为哪几种？说明哪些系统是稳定系统，哪些系统是不稳定系统。

10-2 被控变量的选择原则是什么？哪些情况下被控变量应选直接指标？哪些情况下应选间接指标？

10-3 选择操纵变量的原则是什么？

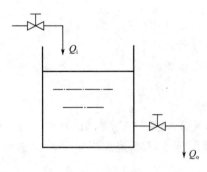

图 10-9 液位控制系统

10-4 被控对象、执行器、控制器的正反作用是如何定义的？

10-5 如图 10-9 所示液位控制系统，为安全起见，严禁储槽内液体溢出。试在下列两种情况下，确定执行器的气开/气关方式及控制器的正反作用。

（1）选择流入量作为操纵变量。

（2）选择流出量作为操纵变量。

10-6 试简要说明经验法整定控制器参数的步骤。

10-7 试简要说明 4：1 衰减曲线法整定控制器参数的步骤。

10-8 试简要说明简单控制系统的投运过程。

 项目考核

项目实施过程考核与结果考核相结合，由项目委托方代表（教师，也可以是学生）对项目各项任务的完成结果进行验收、评分；学生进行"成果展示"，经验收合格后进行接收。

项目完成情况作为考核能力目标、知识目标、拓展目标的主要内容，具体包括完成项目的态度、项目报告质量、资料查阅情况、问题的解答、团队合作、应变能力、表述能力、辩解能力、外语能力等。

完成情况考核评分表

评分内容	评分标准	配分	得分
控制系统方案的确定 控制器参数的整定和系统的投运	被控变量、操纵变量的确定，执行器和控制规律的确定：方案错误扣 5～30 分	30	
	参数整定和系统投运步骤不合适扣 10～30 分	30	
	成果展示：（实物或报告）错误扣 10～20 分	20	
知识问答、工作态度、团队协作精神等	知识问答全错扣 5 分；小组成员分工协作不明确，成员不积极参与扣 5 分	10	
安全文明生产	违反安全文明操作规程扣 5～10 分	10	
项目成绩合计			
开始时间	结束时间	所用时间	
评语			

项目十一
复杂控制系统的操作

知识目标

- 掌握串级控制系统结构、特点。
- 掌握串级控制系统的设计原则。
- 掌握其他复杂控制系统的控制方案设计方法。
- 熟悉各种复杂控制系统的特点和适用场合。
- 了解其他复杂控制系统的实施方法。

能力目标

- 能根据控制要求和工艺确定串级控制系统控制方案。
- 能够确定串级控制系统主控制器和副控制器的正反作用。
- 能够确定主控制器和副控制器的控制规律并完成控制器参数的整定。
- 能正确投运串级控制系统。
- 能根据控制要求和扰动情况选择合适的复杂控制系统。
- 能阅读带有复杂控制系统的控制点工艺流程图。

素质目标

- 分析比例控制系统,提高科学分配课余时间的意识。
- 分析前馈控制系统,引入"未雨绸缪"的重要性,提高预判及解决问题的能力。

思政微课堂

【案例 1】

人们都知道本杰明·富兰克林(Benjamin Franklin)是美国的开国之父,却不知道他还被称为"效率之父"。他留下了许多优秀的时间管理案例和提高效率的方法,这些方法至今仍然适用。

本杰明·富兰克林生活得很规律,他每天都有严格的时间表:每天可以在固定时间起床,在固定时间工作,每晚在固定时间上床睡觉。他还在每天早上定一个当天的目标,到了晚上,他会问自己今天一天都完成了些什么。

制定个人时间表是管理时间、提高工作效率的最佳方法之一。如果你还没有利用日程表来管理时间,现在就该行动起来了。

【案例 2】

周武王攻灭商朝后,还留下了纣王的儿子武庚没有杀掉。武王不放心,就派自己的三个叔叔管叔、蔡叔和霍叔对其进行监视,称为"三监"。武王去世后,周成王继位,而武王的弟弟周公旦则总揽了政权。周公旦的摄政,引起了管叔等人的不满。他们便造谣说周公旦企图篡位。成王听到这些流言蜚语后,也产生了怀疑。周公旦为了避嫌,就离开镐京,前往东都洛邑。武庚不甘心商朝灭亡,想卷土重来。他见到周氏兄弟之间有矛盾,便派人勾结"三监"起兵反叛。周公旦得知此事后，便写了一首诗《鸱》送给了成王，讲述了未雨绸缪的意思。

诗的大意是："猫头鹰啊猫头鹰！你已夺走了我的儿子，不要再破坏我的家。趁着天还未下雨，我就忙着剥下桑根，抓紧修补好门窗。"诗中猫头鹰是指武庚，哀鸣的母鸟则是周公旦自己，反映了周公旦对国事的关切和忧虑。后来，成王明白了周公旦的意思，便派人杀了武庚、管叔和霍叔，后蔡叔也死于流放途中。周王朝也从此得以巩固。

【启示】

无论是学习还是工作，都要对自己的时间进行合理比例分配，同时更要做到根据当前的情况推断事物的发展趋势，对预判的问题进行提前解决，把问题扼杀在摇篮里面。

【思考】

1. 联系实际谈谈如何合理分配自己的课余时间？

2. 联系实际谈谈在学习过程中应当如何进行有效的预习，在预习中遇到的问题应该怎么去解决？

简单控制系统的特点是结构简单、投资少、易于调整和投运，适用于对象滞后时间和时间常数都较小，负荷和干扰变化比较缓慢，对控制效果要求不高的场合。

在水处理的工艺流程中，多采用单回路控制系统和程序控制系统。如果在系统负荷波动大、对象时间常数大、纯滞后时间大（和时间常数比较而言）、对控制要求高的场合，则可采用复杂控制系统以改善控制品质。

复杂控制系统种类较多，常用的复杂控制系统包括串级、均匀、比值、前馈、分程等控制系统。本项目主要学习复杂控制系统控制方案的选择及系统的投运操作等知识与技能。

任务一　污水处理加药串级控制系统的操作

经过沉砂池后，污水中大颗粒的悬浮物被排除。对于水中难以沉淀的细小颗粒（颗粒直径大致在$1\sim100\mu m$）及胶体颗粒，通过向水中投加混凝剂（加药），可使其脱稳并互相聚集成粗大的颗粒而沉淀，从而实现与水分离，达到水质的净化。混凝可以用来降低水的浊度和色度，去除多种高分子有机物、某些重金属和放射物。

常用的无机混凝剂包括铝盐混凝剂和铁盐混凝剂；常用的有机混凝剂主要是高分子混凝剂，如聚丙烯酰胺，它常常与铝盐混凝剂和铁盐混凝剂合用，从而得到满意的处理效果。混凝剂一般在溶解池中加水搅拌后溶解为溶液，再经过溶液池中加水搅拌配制成一定浓度的溶液。溶液池中的混凝液通过泵输入混合池和污水混合，经混合后送到反应池生成具有良好沉淀性能的矾花，最后在沉淀池沉淀，从而将矾花和水分离。混凝效果主要通过在沉淀池中安装浊度计进行测定。

一、串级控制系统概述

1. 污水处理混凝加药单回路控制方案

在混凝处理过程中，加药量主要根据污水量来确定，如果加药量过少，则混凝效果不理想，加药过多除造成浪费外，还会增加水体中的铝、铁离子的含量。因此可通过浊度计检测混凝效果以控制加药量。其控制方案见图11-1。

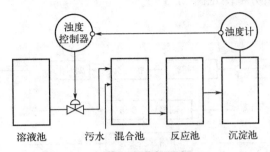

图 11-1　混凝加药单回路控制方案

2. 混凝加药串级控制方案

影响混凝效果的主要因素包括污水中细小颗粒的多少、加药量的准确程度。由于在配制混凝水剂的过程中采用机械操作，要求一次配制的水剂供一个班（一般为 8h）使用，因此在加药过程中，溶液池的液位在逐步降低，造成调节阀阀前压力降低，从而造成加药量的波动，由于此工序耗时较长（要求在反应池中的反应时间为 20～30min），如果靠浊度计检测进而通过控制器改变阀门的开度来稳定加药量，效果往往不理想。可另外增加一流量控制系统来克服阀前压力的波动对混凝剂加药量的影响，其控制方案见图 11-2。在图 11-2 中，浊度控制器的输出作为流量控制器 FC 的设定值 x，而后者的输出去控制执行器以改变操纵变量。从系统的结构看，这两个控制器是串接工作的，因此称这种系统为串级控制系统。为便于阐述和研究串级控制系统的工作情况，这里介绍几个常用的名词。

(1) 主变量　工艺控制指标，在串级控制系统中起主导作用的被控变量，如图 11-2 中用浊度计来间接反映混凝效果。

(2) 副变量　串级控制系统中为了稳定主变量或因某种需要而引入的辅助变量，如图 11-2 中的加药量。

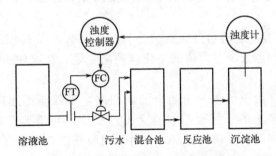

图 11-2　混凝加药串级控制方案

(3) 主控制器　根据主变量的测量值与给定值之间的偏差工作，其输出作为副控制器的给定值。图 11-2 所示的浊度控制器为主控制器。

(4) 副控制器　其给定值来自主控制器的输出，并根据副变量的测量值与给定值之间的偏差工作，如图 11-2 所示的流量控制器 FC。

(5) 主回路　由主变量的测量变送装置，主、副控制器，执行器和主、副对象构成的外回路。

(6) 副回路　由副变量的测量变送装置、副控制器、执行器和副对象所构成的内回路。串级控制系统的典型方框图见图 11-3。

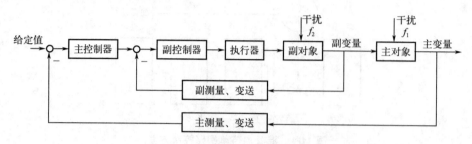

图 11-3　串级控制系统典型方框图

在图 11-2 中，主回路通过浊度和设定值来改变副控制器的给定值，来克服由于污水流量的变化、药剂浓度的变化、pH 值的变化等产生的扰动。副回路通过检测出的流量和设定值之间的差值来改变阀门开度，从而达到克服阀前压力波动对流量的干扰的目的。

二、串级控制系统的特点及应用

1. 串级控制系统的特点

串级控制系统从总体上来说是一个定值控制系统。主回路是个定值控制系统，根据负荷变化或其他情况不断调整副回路的给定值，副回路则克服系统的主要扰动来满足主回路的要求，所以副回路为随动控制系统。串级控制系统有以下特点：

① 副回路控制速度快，因此能够快速克服进入副回路的扰动。其他扰动则是通过主回路改变主控制器输出来实现控制的。因此，相对于单回路控制系统，控制质量有很大提高。

② 串级控制系统能够改善系统的对象特性。引入副回路，使得控制通道滞后减小，系统的控制速度加快；引入副回路，还可改善副对象的非线性特性，因此可提高系统的控制品质。

③ 串级控制系统具有一定的自适应能力。当操作条件或负荷波动时，主控制器改变副控制器的给定值，副控制器跟随给定值的变化调整副变量，从而使系统能够适应操作条件或负荷的波动。

在串级控制系统中，由于引入一个闭合的副回路，不仅能迅速克服作用于副回路的干扰，而且对作用于主对象上的干扰也能加速克服过程。副回路具有先调、粗调、快调的特点；主回路具有后调、细调、慢调的特点，并对于副回路没有完全克服掉的干扰影响能彻底加以克服。因此，在串级控制系统中，主、副回路相互配合、相互补充，充分发挥了控制作用，大大提高了控制质量。

2. 串级控制系统的应用

串级控制系统中，主变量是反映水质或水处理过程运行情况的主要工艺参数。副变量的引入往往是为了提高主变量的控制质量，它是基于主、副变量之间具有一定的内在关系而工作的。选择串级控制系统的副变量应遵循以下原则：

① 副回路应包括主要扰动和尽可能多的次要扰动，充分利用副回路的快速控制作用尽可能多地克服一些扰动。

② 副回路的时间常数要匹配。如果为了包括尽可能多的扰动而任意扩大副回路的时间常数，将失去副回路快速作用的优点。因此要求主、副回路的时间常数要匹配，一般要求主、副回路的时间常数之比为 3～10。

③ 要求副变量的变化对主变量影响作用明显，副变量实际上是主变量的操纵变量。引入副回路能够改善系统的非线性，所以还要求尽可能把非线性部分包含在副回路中。

三、主、副控制器控制规律的选择

串级控制系统的主回路为一定值控制系统，为保证水质，要求对主变量实现无差控制。因此，主控制器一般选用比例积分控制规律。如果是对象控制通道滞后大的场合，比如上述的混凝过程，为克服容量滞后，可引入微分控制。

副回路实际上为一随动控制系统。设置副回路的目的，是为了克服扰动，使副变量快速跟随主控制器的输出变化。为了快速跟踪主控制器的输出，最好不要加入积分控制，因为积分作用会使跟踪变慢。副控制器也不需要加入微分控制作用，因为当主控制器输出变化时，在微分控制作用下，副控制器输出会大幅变化，进而使调节阀开度大幅变化，从而导致系统不稳定的情况。因此，副控制器一般只采用比例控制作用。

四、主、副控制器正反作用的选择

1. 副控制器作用方向的选择

串级控制系统中的副控制器作用方向的选择应根据工艺安全等要求，选定执行器的气开、气关形式后，再按照副控制回路必须成为一个负反馈控制系统的原则来确定控制器的正反作用形式。图 11-2 中，调节阀应采用气开阀；当混凝剂增加时，浊度会降低，因此，对象为反作用，浊度计为正作用。为使系统成为负反馈控制系统，控制器应选用正作用控制器。

2. 主控制器作用方向的选择

串级控制系统主控制器的正反作用可按下述方法进行：当主、副变量增加（减小）时，如果由工艺分析得出，为使主、副变量减小（增加），要求控制阀的动作方向一致，则主控制器应选"反"作用；反之，主控制器应选"正"作用。在图 11-2 中，为使主变量浊度降低，要求控制阀增加开度；为使副变量流量降低，要求控制阀减少开度，所以主控制器应选择正作用控制器。

五、控制器参数整定与系统投运

1. 串级控制系统的参数整定方法

串级控制系统主、副控制器的参数整定主要采用两步整定法和一步整定法。

（1）两步整定法　按照串级控制系统主、副回路的情况，先整定副控制器，后整定主控制器。整定过程如下。

① 在工况稳定，主、副控制器都在纯比例作用运行的条件下，将主控制器的比例度先固定在100%的刻度上，逐渐减小副控制器的比例度，求取副回路在满足某种衰减比（如4：1）过渡过程下的副控制器比例度和操作周期，分别用δ_{2s}和T_{2s}表示。

② 在副控制器比例度等于δ_{2s}的条件下，逐步减小主控制器的比例度，直至得到同样衰减比下的过渡过程，记下此时主控制器的比例度δ_{1s}和操作周期T_{1s}。

③ 根据上面得到的δ_{1s}、T_{1s}、δ_{2s}、T_{2s}，按表10-2（或表10-3）的规定关系计算主、副控制器的比例度、积分时间和微分时间。

④ 按"先副后主""先比例次积分后微分"的整定规律，将计算出的控制器参数加到控制器上。

⑤ 观察控制过程，适当调整，直到获得满意的过渡过程。

注意，如果主、副对象时间常数相差不大，动态联系密切，可能会出现"共振"现象，可适当减小副控制器比例度或积分时间，以达到减小副回路操作周期的目的。同理，可以加大主控制器的比例度或积分时间，以期增大主回路操作周期，使主、副回路的操作周期之比加大，避免"共振"。如果主、副对象特性太接近，就不能完全靠控制器参数的改变来避免"共振"了。

（2）一步整定法　两步整定法过程比较烦琐，对于串级控制系统来说，主变量直接反映操作条件和产品指标，因此对主变量要求比较严格。而副变量的设置主要是为了提高主变量的控制质量，因此对副变量本身并没有太严格的要求。在整定时，可以按照表11-1先设置好副回路参数，再集中精力按照单回路控制系统参数整定方法整定主控制器。虽然一次整定的副回路参数不适合，但是可以靠改变主控制器的比例度（或比例系数）来进行补偿。实践证明，这种整定方法，对于对主变量要求较高，而对副变量没有什么要求或要求不严，允许它在一定范围内变化的串级控制系统，是很有效的。

表11-1　一步整定法副控制器参数整定范围

副变量类型	副变量比例度δ_{p2}	副变量比例系数K_{p2}
温度	20～60	5.0～1.7
压力	30～70	3.0～1.4
流量	40～80	2.5～1.25
液位	20～80	5.0～1.25

2. 串级控制系统的投运

所谓投运，是指通过适当的步骤使主、副控制器从"手动"投运到"自动"的过程。串级控制系统的投运方法总的来说有两种，一是先投副回路后投主回路；另一种是先投主回路再投副回路，目前，主要采用前一种。和单回路控制系统一样，在投运过程中，必须满足无扰动切换的要求，这是保证生产稳定运行的必要条件。下面以先投副回路后投主回路法为例，介绍串级控制系统的主要投运步骤。

① 系统在投运前，应该先熟悉工艺流程，对电、气、仪表线路进行检查；检查并确认控制器的正反作用、完成控制器参数设置；检查控制阀的作用方式、工作状态。

② 将主、副控制器均置于"手动"状态。
③ 用手操器完成副回路输出，使主变量稳定并接近主控制器的给定值，且副变量运行平稳。
④ 手动调节主控制器的输出，使其输出量等于副变量的测量值。
⑤ 依次将副控制器、主控制器投运到"自动"方式。

任务实施

在实训现场，结合所学知识，以小组为单位自主练习。

1. 主要内容及要求
(1) 根据工艺要求，正确选择控制方案
① 熟悉现场工艺流程、技术要求，分析系统的主要扰动。
② 确定串级控制系统方案。
(2) 完成串级控制系统的实施
① 确定主、副控制器控制规律。
② 确定主、副控制器的正反作用。
③ 完成主、副控制器PID参数的整定。
(3) 能够正确完成串级控制系统投运过程。

2. 训练步骤
① 首先，由教师提出一工艺流程和控制要求，学生独立设计串级控制方案。
② 根据控制方案完成线路安装。
③ 完成主、副控制器控制规律选择、PID参数整定，确定主、副控制器的正反作用。
④ 学生自主制订系统投运方案，独立完成系统投运全过程。

3. 操作要求
① 文明操作，爱护设备、工具及仪表。
② 系统投运前，应先确认主、副控制器正反作用，执行器气开/气关方式和PID参数。
③ 系统投运过程中，应保证副回路从"手动"投运到"自动"时做到无扰动切换。
④ 保持清洁，仪表、工具要轻拿轻放，工具使用后要放回原位。
⑤ 严禁擅自改变控制器正反作用、执行器的气开/气关方式。

学习讨论

1. 在串级控制系统的安装过程中，如何实现主控制器的输出作为副控制器的设定值？
2. 在投运过程中，如何保证主、副控制器在投运前后能够做到无扰动切换？

任务二 污水处理中其他复杂控制系统

一、均匀控制系统

1. 均匀控制的目的

对于污水处理系统，需要通过多种处理方式才能分别去掉污水中的污染物。在处理工业污水过程中，经过沉淀等前期处理后，可通过电解法去除掉铬、汞等重金属。在图11-4所示的电解法去除重金属离子的工艺流程中，先将污水通过耐酸碱泵注入调节池，对于调节池来说，其功能是使调节池中的重金属离子均质化、调节水量。为了防止污水溢出造成二次污染，要求液位稳定，由于工业污水量的变化造成注入调节池中的污水量变化，为保证稳定的液位，必然频繁地改变调节池的排出量。从电解槽的角度来说，为稳定操作，要求进入电解槽的流量稳定，从而保证处理效果。这样，调节池和电解槽之间的供求关系发生了矛盾。

为了解决前后工序供求矛盾，达到前后兼顾协调操作，使液位和流量均匀变化，可组成均匀控制系统。

两个变量在控制过程中都应该是缓慢变化的。因为均匀控制是指前后设备的物料供求之间的均匀，那么，表征前后供求矛盾的两个变量都不应该稳定在某一固定的数值。图11-5（a）中把液位控制成比较平稳的直线，因此下一设备（电解槽）的进料量必然波动很大，这样的控制过程只能看作液位的定值控制，而不能看作均匀

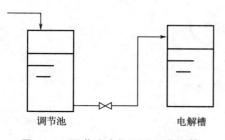

图11-4 调节池液位和进入电解槽
流量之间的供求关系

控制。反之，图11-5（b）中把后一设备（电解槽）的进料量控制成比较平稳的直线，那么，前一设备（调节池）的液位就必然波动得厉害，所以，只能看作是流量的定值控制。只有如图11-5（c）所示的液位和流量的控制曲线才符合均匀控制的要求，两者都有一定程度的波动，但波动都比较缓慢。

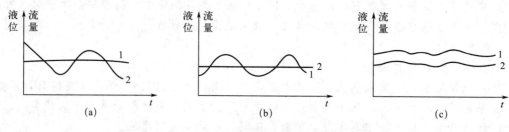

图11-5 前一设备的液位和后一设备的进料量之关系
1—液位变化曲线；2—流量变化曲线

2. 均匀控制方案

（1）简单均匀控制 简单均匀控制如图11-6所示，从结构上看和单回路液位控制系统一样，但是系统设计的目的不同，液位控制只是为了稳定液位，而均匀控制则是为了协调液位与排出流量之间的关系，允许它们都在各自许可的范围内缓慢地变化。

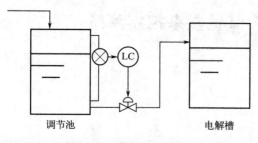

图11-6 简单均匀控制

均匀控制是通过调整液位控制器参数来实现的，在选择液位控制器的控制规律时，一般只采用比例控制。而且在整定比例度时，不是采用4∶1（或10∶1）衰减曲线法整定比例度，而是将比例度整定得很大。根据控制规律，比例度大，控制作

用弱。同样的偏差，计算出来的控制量的变化小，因而调节阀的开度变化小，通过阀门的流量波动较小，最终使得液位和流量都能够在允许的范围内变化，实现均匀控制目的。

值得注意的是，在整定比例度的过程中，均匀控制并不是要使液位和流量均匀分配变化量，要根据工艺对液位和流量的要求确定哪个参数变化范围大些，哪个小些。如果对液位要求高，则应适当减少比例度；如果对流量稳定性要求高，则应适当增大比例度。

（2）串级均匀控制　简单均匀控制系统，结构简单，但是当电解槽液位变化或调节池液位变化时，会造成控制阀前后压力差变化，从而导致流量波动过大的情况。为此，可在简单均匀控制方案基础上增加一个流量副回路，即构成串级均匀控制，如图 11-7 所示。从结构上看，串级均匀控制和串级控制

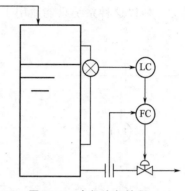

图 11-7　串级均匀控制

系统一样，但是均匀控制所采用的控制规律和其他的控制系统不同，主、副控制器一般都采用比例控制，只在要求较高时，为了防止偏差过大而超过允许范围，才引入适当的积分作用。而且，均匀控制系统在参数整定的时候，也和一般的控制系统不同，其比例度是由小到大地进行调整。其设计目的是协调液位和流量之间的关系，使液位和流量都能够在工艺允许的范围内变化。

二、比值控制系统

1. 比值控制概述

化工厂、化纤厂、电镀厂、金属酸洗车间常常产生酸性废水。对于浓度较低的酸液，常常采用中和处理。酸性废水通常采用投石灰的办法处理。首先，将石灰投入消解槽，经搅拌使其浓度为 40%～50%，再送入石灰乳储槽加水配制为浓度 5%～10% 的石灰乳液，经泵输入中和池进行中和。

在石灰乳液投入中和池时，为使污水的 pH 值在中性范围内（pH 值＝6～9），需要根据酸性废水量及废水的 pH 值计算投入石灰乳液的量。在废水的 pH 值较为稳定的基础上，投入的石灰乳液流量只需和废水的流入量成一定的比例关系，即 $K=\dfrac{Q_2}{Q_1}$。

在需要保持比值关系的物料中，必有一种处于主导地位，这种物料称为主物料，主物料的流量称为主动量 Q_1，如上所述的酸性废水流量。另一种物料称为从物料，其物料量 Q_2 应随主动量的变化而变化，如上所述的石灰乳液流量。

2. 比值控制系统的类型

（1）开环比值控制　如图 11-8 所示，主动量通过检测仪表进行检测，主动量 Q_1 变化时，经过比值控制器（通常为纯比例控制器）计算其输出的变化量，从而改变阀门开度，使得从动量 Q_2 能够跟随 Q_1 变化，从而保证 $K=\dfrac{Q_2}{Q_1}$。由于测量信号取自 Q_1，而控制器的输

出信号却送至 Q_2，故称为开环比值控制。

这种比值控制结构简单，只需一台纯比例控制器，其比例度可以根据比值要求来设定。但由于主动量和从动量采用开环控制，因此，这种比值控制方案不具备抑制从动量 Q_2 干扰的能力，所以这种系统只能适用于主动量较平稳且比值要求不高的场合。

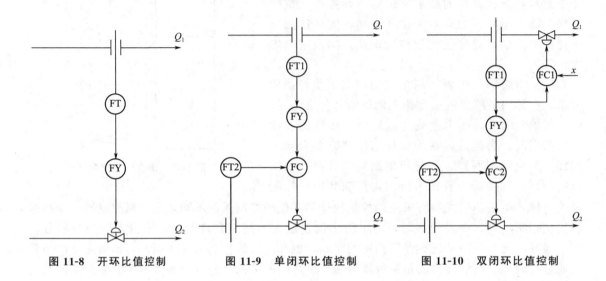

图 11-8　开环比值控制　　　图 11-9　单闭环比值控制　　　图 11-10　双闭环比值控制

(2) 单闭环比值控制　单闭环比值控制系统可克服开环比值控制方案的不足，如对调节阀前后压力的变化等扰动没有抑制能力等。其是在开环比值控制系统的基础上，通过增加一个副流量的闭环控制回路而实现的。如图 11-9 所示，比值控制器算出的控制量作为从动量的设定值，从动量通过从动量检测仪表检测后和设定值比较，控制器算出阀门的开度变化量；通过阀门开度的变化改变从动量，从而迅速克服 Q_2 的干扰，改善从动量和主动量的比值关系。

单闭环比值控制系统结构简单，实施起来比较容易，因而得到广泛的应用。但是这种系统虽然能够保证比值稳定，但是主动量仍然不可控。当主动量变化时，从动量也随之变化，因而总物料量是变化的。这种控制系统适合于工艺上要求主动量不可控的场合。

(3) 双闭环比值控制　当工艺上允许对主动量控制时，可按照图 11-10，在单闭环比值控制的基础上增加一闭合回路，对主动量 Q_1 进行控制，以克服主动量的干扰。在双闭环比值控制系统中，主动量比较稳定，这就减少了在主动量变化时，从动量和主动量比值的动态偏差，从而提高从动量和主动量比值的精确度。

其次，由于主、从动量都稳定，总的物料量也比较稳定，这就为后续处理工段的稳定操作提供了保障。

最后，由于设立了一个闭合回路对主动量进行控制，因而在生产中，要改变设备的负荷很方便，只需慢慢改变主动量控制器 FC1 的设定值。

双闭环比值控制系统缺点是结构复杂，使用仪表较多，投资大，调整起来比较麻烦，所以这种控制系统主要适用于主动量干扰较大、工艺上不允许负荷有较大波动或工艺上需要经常提降负荷的场合。

(4) 变比值控制系统　在酸性污水和中和剂（石灰乳液）按照一定的比例送到中和池并经过一段时间后，再送到沉淀池进行沉淀，如果污水中酸的浓度或污水 pH 值变化，则需要调整比值控制器的比值才能在中和后得到理想的 pH 值。可按照图 11-11 中所示，在沉淀池中测量 pH 值，将测量出的 pH 值和设定值比较，算出合适的比值。变比值控制可用在单闭环比值控制系统中，也可以用在双闭环比值控制中。

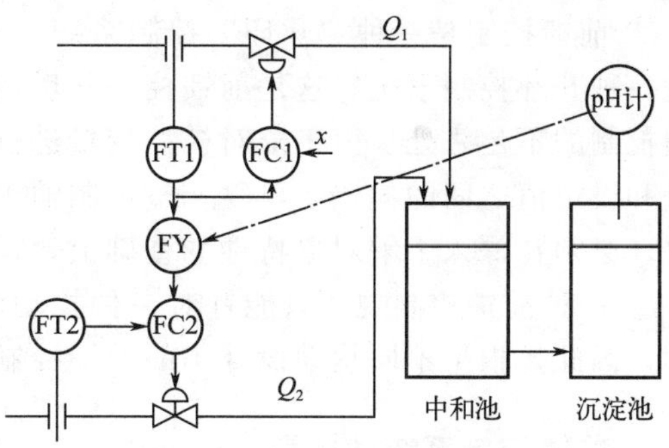

三、前馈控制系统

图 11-11　变比值控制系统

1. 前馈控制系统及其特点

（1）前馈控制概述　来自各沉淀池的污泥浓缩后，进入消化池进行消化反应，以降低氨氮含量并产生沼气。消化反应要求温度在 40℃ 左右，因此要求污泥进入一级消化池前设置一换热器对污泥进行加热。如果按照图 10-2 设置单回路负反馈控制系统，当污泥量波动剧烈时，往往加热后的污泥温度不稳定。这是因为反馈控制虽然能够通过换热器出口温度的测量值和设定值之差来改变调节阀开度，从而克服影响换热器出口温度的所有因素（扰动），但是，反馈控制是在受控变量出现偏差后才进行控制，即反馈控制为"事后控制"，因此对于惯性大的对象（如温度对象），往往控制效果不理想。

如果能够预先对污泥量进行检测，掌握污泥量的变化，并明确污泥量的变化对换热器出口温度的影响情况（图 11-12 中的曲线 1），就可以通过提前改变调节阀开度使换热器出口温度向相反的方向变化（图 11-12 中的曲线 2），这样就可以提前克服污泥量的变化带来的影响了，这种控制方式又称为前馈补偿。

（2）前馈控制特点　图 11-13 所示为换热器的前馈控制系统，对冷物料进料量进行测量，当进料量波动时，通过改变前馈补偿器 FY 的输出来改变载热体的流量，以克服冷物料进料量波动对热物料出口温度的影响。通过对前馈控制的工作原理进行分析，和反馈控制相比较，前馈控制具有如下特点。

① 前馈控制比反馈控制更及时、有效　前馈控制根据扰动对被控变量的影响，前馈控制和扰动同时作用。如果能够对被控变量产生一个同步的、反方向的控制作用，则不等扰动产生作用，就能够完全抵消扰动作用对被控变量的影响。因此，前馈控制比反馈控制更及时、有效。

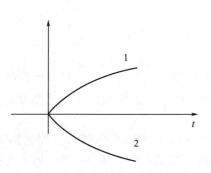

图 11-12　前馈补偿系统的补偿原理

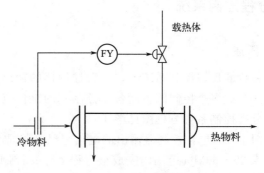

图 11-13　换热器的前馈控制系统

② 前馈控制是一种"开环"控制系统　在前馈控制中，并未对被控变量进行检测，因而是一种开环控制系统，这是前馈控制和反馈控制的根本区别。从某种意义上来说，这也是前馈控制的不足之处。由于未对被控变量进行检测，所以无法像反馈控制那样不断比较被控变量和设定值之间的偏差，反复调整控制输出。因此，如果要通过前馈控制得到满意的控制效果，必须在深入了解对象特性的基础上，设计出合适的前馈控制规律。

③ 一种前馈控制规律只能针对一种扰动而设置　由于不同扰动对被控变量的影响各不相同，因此，根据不同扰动设计出的前馈控制规律只能针对某一具体扰动产生补偿作用。

2. 前馈控制系统的类型

(1) 单纯的前馈控制　单纯的前馈控制方案见图 11-13，由于前馈控制的局限性，这种方案一般很少单独使用。

(2) 前馈-反馈控制　前馈控制及时、准确，但其是一种开环控制，而且一个前馈控制器只能针对一种扰动产生作用。反馈控制正好相反，反馈控制作用滞后，但是可反复比较被控变量和设定值，不断调整控制量，另外，反馈控制作用对任何扰动都具有抑制作用。因此，往往把这两种控制组合起来使用，达到取长补短、优势互补的目的，用前馈控制克服某一主要扰动，用反馈控制来克服其余的扰动。前馈-反馈控制系统见图 11-14，图中，通过把前馈控制输出和反馈控制输出相加，共同改变载热体的流量，使被控变量维持在设定值上。

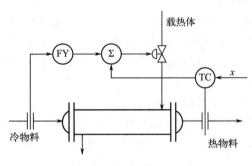

图 11-14　换热器的前馈-反馈控制

3. 前馈控制系统的应用场合

前馈控制主要应用在如下场合。

① 干扰幅度大且频繁，对被控变量影响剧烈，仅采用反馈控制不能达到要求的对象。

② 主要干扰是能测但不可控的，如图 11-14 中的冷物料量（污泥量）可通过流量检测仪表检测，但是工艺上不允许控制。

③ 当对象的控制通道滞后大，反馈控制不及时，控制质量差时，可以采用前馈或前馈-反馈控制系统来提高控制质量。

四、分程控制系统

1. 概述

在一般的反馈控制系统中，一台控制器的输出只控制一台控制阀。如果一台控制器的输出送到两个或多个控制阀，而各个控制阀的工作范围不同，则这样的控制系统称为分程控制系统。分程控制系统方框图见图 11-15。

在图 11-15 中，控制器输出的电信号经变换成为 20～100kPa 的气信号。控制阀 A 在输入信号为 20～60kPa 范围内完成全行程动作；控制阀 B 在输入信号为 60～100kPa 范围内完成全行程动作。由于气动控制阀分为气开和气关两种形式，对控制阀 A 和控制阀 B 来说，随着信号的增加，其动作方式分为两类，一类是两个控制阀开度都增加或减少，称为同向动

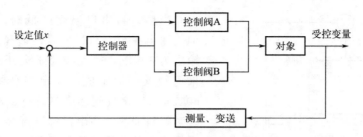

图 11-15 分程控制系统方框图

作,其工作情况见图 11-16(a)和(b);另一类是在信号增加时,一个控制阀开度增加,另一个减小,其工作情况见图 11-16(c)和(d)。

2. 分程控制的应用场合

(1) 用于扩大控制阀的可调范围、改善控制品质 在分程控制中,有些场合需要控制阀的可调范围很广。但是,对于大口径的控制阀工作在小开度时,阀门压差很大,使阀门剧烈振动,严重地影响阀门的使用寿命和控制系统的稳定。一般国产阀门的可调范围 R 为 30,其中 $R=$ 阀门的最大流通能力/阀门的最小流通能力。

在使用过程中,如果控制阀 A 口径大、流通能力大,控制阀 B 口径小、流通能力小,若把这两个控制阀作为一个控制阀使用,阀门的可调范围 $R=$(A 阀最大流通量+B 阀最大流通量)/B 阀最小流通量,从而扩大控制阀的可调范围。

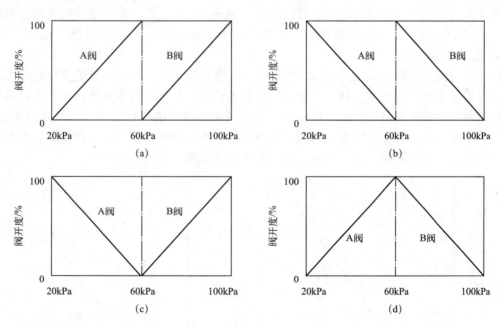

图 11-16 A、B 控制阀的工作特性示意图

(2) 用于控制两种不同的介质,实现控制要求 如图 11-17 所示,在对污泥进行加热时,可采用沼气产生的蒸气作为载热体,为提高沼气的利用率,也可以用蒸气先送到汽轮机进行发电,再利用汽轮机的废热对污泥加热。A 阀的信号范围为 20~60kPa,B 阀的信号范围为 60~100kPa。A、B 阀都采用气开阀。其工作特性见图 11-16(a)。

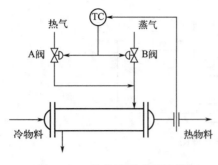

图 11-17 换热器的分程控制

当热物料出口温度降低时，控制器输出增加。输出在 20~60kPa 时，热气量逐步增加。当输出为 60kPa，热气阀处于全开时，出口温度如果仍然低于设定值，输出将会继续增加，超过 60kPa 时，蒸气阀逐步打开，此时热气和蒸气同时对物料加热。当出口温度逐步升高，控制器输出逐步降低，输出信号低于 60kPa 时，蒸气阀全关，剩下热气对物料加热。

3. 分程控制实施过程中应注意的几个问题

（1）控制阀泄漏量的要求　泄漏量是指输入气压信号为 0 时，流过控制阀的流体流量。当两个控制阀并联工作来提高可调比时，如果大控制阀的泄漏量过大，则小控制阀将不能充分发挥其控制作用，甚至起不到控制作用。因此，在选择控制阀时，泄漏量应尽可能小。

（2）分程控制可利用阀门定位器来实现　可通过调整阀门定位器的零点和放大器的放大系数来调整输入信号的范围，使得控制阀在 20~60kPa 或 60~100kPa 范围内完成全部行程。

（3）合理选择控制阀的流量特性　对于旨在扩大可调比的控制阀，在实现分程控制的交界处，要求平滑变化。但是，由于大小两个控制阀的增益不同，所以在交界处会出现突变，尤其是线性控制阀更是如此，如图 11-18（a）所示。如果流量特性选用对数特性，并且采用信号叠加方法，如一个控制阀输入信号范围设为 20~65kPa，另一个控制阀输入信号范围设为 55~100kPa，这样，不等小阀全开，大阀就开始逐步开启，可使交界处变得较为平滑。其效果见图 11-18（b）。

（4）分程控制系统从本质上来说，仍然为一简单控制系统　其控制器的参数整定方法可参照简单控制系统进行处理。但是，在运行过程中，由于两个控制通道特性不同，即系统广义对象是两个，因此控制器参数不可能同时满足两个不同对象特性的要求。在实际工程中，主要考虑正常工况下应使用哪个控制阀，再根据这个控制阀确定的对象特性来整定参数。同时适当兼顾另一台控制阀，在操作时，使工艺参数能够在允许的范围之内。

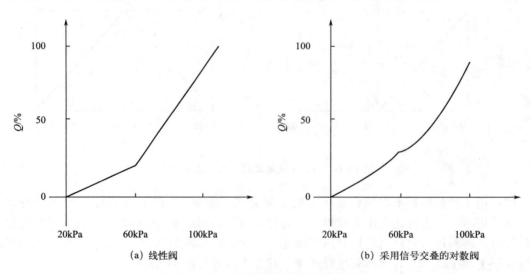

图 11-18 两阀并联的阀门流量特性

⏰ 任务实施

在实训现场,结合所学知识,以小组为单位自主练习。

1. 主要内容及要求

(1) 根据工艺要求,正确选择控制方案

① 熟悉现场工艺流程、技术要求,分析系统的主物料、从物料。

② 确定控制系统方案。

(2) 完成流量比值控制系统的实施

① 完成比值系数的计算。

② 完成比值控制系统的参数整定。

(3) 能够正确完成比值控制系统投运过程。

2. 训练步骤

① 根据实验系统流程图构成一个单闭环比值控制系统。

② 比值系数的计算:当流量变送器的输出电流与流量呈线性关系时,流量从 $0\sim Q_{MAX}$ 时,变送器对应的输出电流为 4~20mA。任一瞬时流量 Q 对应的变送器输出电流信号为 $I=Q/Q_{MAX}\times 16mA+4mA$,则主副流量变送器的输出电流信号为 $I_1=Q_1/Q_{1MAX}\times 16mA+4mA$、$I_2=Q_2/Q_{2MAX}\times 16mA+4mA$。

主流量信号 I_1 经分流器分流后送到调节器的外给定端,而副流量信号 I_2 则进入调节器的测量端。调节器选用 PID 控制规律,当系统稳定时:$I_2=K'\times I_1$。

K' 为比例器比值系数。当生产工艺要求两种物料比值 $K'=Q_2/Q_1$ 时,可得。

③ 将流量比值实验所用设备,按系统框图连接。

④ 打开上水箱进水电磁阀 V3、上水箱排水电磁阀、中水箱副回路进水电磁阀 V6、中水箱排水电磁阀,下水箱手动排水阀。

⑤ 接通总电源和各仪表电源。

⑥ 调节控制台面板上电位器 K1 可改变主副流量的比值,比值的范围是 0.1~1 倍。控制系统的参数整定、调节器的参数整定可按单回路的整定方法进行。

⑦ 稳定后,改变副回路中流量的大小,观察主回路流量的变化。

⑧ 记录并处理历史曲线。

⑨ 改变比例器的比例系数,观察流量的变化。本实验需要恒压供水。

3. 操作要求

① 文明操作,爱护设备、工具及仪表。

② 系统投运前,应先确认单闭环控制器正反作用,执行器气开/气关方式和 PID 参数。

③ 保持清洁,仪表、工具要轻拿轻放,工具使用后要放回原位。

④ 严禁擅自改变控制器正反作用、执行器的气开/气关方式。

📄 学习讨论

在比值控制系统的安装过程中,如何实现混合物产品的质量和产量?

项目小结

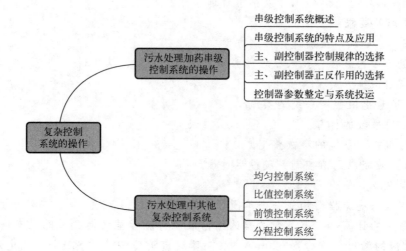

 ## 思考题

11-1　什么是串级控制系统？试画出串级控制系统的方框图。
11-2　串级控制主回路、副回路的主要作用是什么？
11-3　如何确定串级控制系统主控制器、副控制器的正反作用？
11-4　串级控制系统主控制器、副控制器的控制规律应如何确定？
11-5　串级控制系统主控制器、副控制器的参数应如何整定？
11-6　串级控制系统有什么特点？
11-7　如何完成串级控制系统的投运才能做到无扰动切换？
11-8　为什么说前馈控制比反馈控制更及时？
11-9　试比较前馈控制和反馈控制各自的优缺点。
11-10　试比较各种比值控制系统的特点并说明各自的使用场合。
11-11　在使用分程控制扩大控制阀的可调比时，应注意哪些问题？

项目考核

项目实施过程考核与结果考核相结合，由项目委托方代表（教师，也可以是学生）对项目各项任务的完成结果进行验收、评分；学生进行"成果展示"，经验收合格后进行接收。

项目完成情况作为考核能力目标、知识目标、拓展目标的主要内容，具体包括：完成项目的态度、项目报告质量、资料查阅情况、问题的解答、团队合作、应变能力、表述能力、辩解能力、外语能力等。

完成情况考核评分表

评分内容	评分标准	配分	得分
串级控制系统方案的确定 串级控制器参数的整定和系统的投运	控制方案（主变量、副变量、操纵变量的确定，执行器和控制规律的确定），错误扣 5～30 分	30	
	参数整定和系统投运步骤，不合适扣 10～30 分	30	
	成果展示：（实物或报告） 错误扣 10～20 分	20	
知识问答、工作态度、团队协作精神等	知识问答全错扣 5 分； 小组成员分工协作不明确，成员不积极参与扣 5 分	10	
安全文明生产	违反安全文明操作规程扣 5～10 分	10	
项目成绩合计			
开始时间	结束时间	所用时间	
评语			

项目十二

集散控制系统的组态与操作

知识目标

- 掌握集散控制系统的基本结构和工作原理。
- 掌握各操作站软件的功能。
- 掌握集散控制系统网络的组成。
- 熟悉集散控制系统组态软件应用流程。
- 熟悉集散控制系统的调试方法。
- 掌握集散控制系统投运步骤。
- 熟悉集散控制系统维护方法。

能力目标

- 能够完成控制站各卡件的安装、卡件地址的设置。
- 能够完成工程师站、操作站软件的安装。
- 能够完成集散控制系统通信网络的安装。
- 能够初步完成集散控制系统软件组态。
- 能够初步完成集散控制系统的调试与投运。

素质目标

- 了解我国 DCS 技术的发展历程,树立浓厚的爱国精神。
- 正确认识软件的操作技术,树立敬业精神。

思政微课堂

【案例】

我国 DCS 发展较晚,大约在 20 世纪 80 年代末才开始技术引进和自主研发并逐渐普及。发展初期,由于制造工艺落后,冗余等核心技术并未完全掌握,系统在应用中不稳定,实时性不够,硬件、软件性能与进口系统存在较大差距。

多年来,我国 DCS 市场的基本格局是国产 DCS 在中、小工程市场与国外 DCS 竞争,而重大工程项目市场被国外 DCS 垄断。近几年,在中小工程项目市场上,国产 DCS 以更高的性能价格比和良好的服务逐渐占有优势。随着国内 DCS 制造商不断对国外技术吸收,不断对系统软、硬件进行改进,同时计算机、通信以及控制技术的快速发展,近几年,国内 DCS 发展迅速,逐步成熟和完善,已得到普遍应用,水平接近或达到国际同类产品。

【启示】

国内 DCS 的发展离不开无数科学家及学者的不懈努力,才有了今天的伟大成就,广泛应用于我国的石油、化工、航天、冶炼、食品加工、水处理等行业,推动了我国工农业的高速发展,大学生作为中华民族复兴大业的生力军,更应该以国为重,责无旁贷。

【思考】
1. 联系实际讨论 DCS 的发展与中华民族伟大复兴的关系。
2. 联系实际谈谈作为当代大学生应当如何实现中华民族的伟大复兴。

在污水处理系统中,有大量的工艺参数需要监测和控制,如污水 pH 值的监测与控制、液位的监测与控制、温度的监测与控制、COD 的监测与控制、H_2S 的监测与控制、污水流量的监测与控制、污水氨氮含量、磷含量的监测与控制。此外,还有大量的电动机及电磁阀的控制。为便于对水处理的过程进行集中监控,控制系统常常采用集散控制系统。

集散控制系统具有信息集中、控制分散、高可靠性的特点。我国自 20 世纪 90 年代开始,集散控制系统在污水处理系统中得到了广泛应用。本项目主要学习集散控制系统的组成、操作、投运、维护等知识与技能。

任务一 JX-300XP 集散控制系统的安装与硬件认识

一、集散控制系统概述

1. 集散控制系统的基本结构与特点

为实现生产过程的综合自动化,1975 年由 Honeywell 公司首次推出一种计算机控制系统。此类系统的主要特点是分散控制、集中信息管理,因此被称为集散控制系统或分散控制系统(distributed control system,DCS)。

2. 集散控制系统的体系结构

(1) 集散控制系统的基本结构 尽管不同厂家的产品结构各有不同,但集散控制系统的结构仍然大同小异。系统一般包括现场控制站、现场监测站、操作员站、工程师站、上位计算机。其基本结构见图 12-1。

① 现场控制站 直接与生产过程相连,完成工艺参数的数据采集与处理、控制量运算、控制信号输出,可自主实现模拟量的闭环控制,也可以完成开关量的顺序控制和批量控制。

② 现场监测站 完成非控制变量的数据采集、处理,供操作员站进行集中显示。

③ 操作员站 提供各种友好的人机交互界面,供工艺操作人员或管理人员对生产过程进行集中监视、集中操作和管理。

④ 工程师站 可完成集散控制系统的在线或离线组态、系统管理与维护。所谓组态,即通过组态软件对系统数据处理方法、回路控制算法、控制量输出方式、显示方式等进行定义,系统管理员也可通过工程师站对各站工作状态进行监视和管理。

⑤ 上位计算机 通过网络采集各网络单元的数据,根据预先设置的数学模型和最优指标完成最优控制。

⑥ 通信网络 各站间数据交换的中枢,现场控制站和现场监测站可通过网络传送各种工艺参数到操作员站,供操作员站显示和监控;操作员站、上位机也可以通过网络传送数据到现场控制站,完成手动控制量输出或某一回路设定值的调整。

(2) 集散控制系统的体系结构 按照综合自动化系统的发展方向,集散控制系统的体系按照功能的不同，可分为四层，分别为过程控制级、控制管理级、生产管理级、经营管理级，如图 12-2 所示。

① 过程控制级　图 12-1 中的现场控制站和现场监测站为过程控制级装置，主要完成生产过程的数据采集和回路控制。

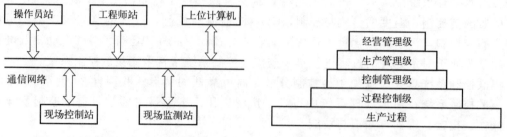

图 12-1　集散控制系统的基本结构　　　　图 12-2　集散控制系统的体系结构

② 控制管理级　工程师站和操作员站为控制管理级装置，主要完成生产过程集中监控、系统组态、过程控制级各站的管理和信息监控。

③ 生产管理级　主要完成生产调度、工厂级数据生成、统计、报表生成和打印。

④ 经营管理级　与公司的市场部、计划部、财务部和人事部的办公自动化系统相连，完成全公司的生产总体协调和管理。

二、JX-300XP 集散控制系统

1. JX-300XP 系统简介

JX-300XP 系统是在 JX-100、JX-200、JX-300、JX-300X 基础上发展起来的。该系统控制功能较为完善，可采用功能块图（FBD）、梯形图（LD）、顺控图（SFC）、ST 指令等算法语言完成 PID 回路控制、顺序控制等功能，人机界面友好，可通过设置操作小组，完成总貌显示画面、分组画面、调整画面、趋势画面、一览画面、流程图画面显示，也可以生成、打印报表和实现语音报警等。

JX-300XP 第一层网络是信息管理网 Ethernet（用户可选），采用商业以太网络，用于工厂级的信息传送和管理，是全厂综合管理的信息通道。第二层网络是过程控制网 SCnetⅡ，连接了系统的控制站、操作员站、工程师站、通信接口单元等，是传送过程控制实时信息的通道。

JX-300XP 系统最多可配置 15 个冗余的控制站和 32 个操作员站或工程师站，系统容量最大可达到 15360 点。每个控制站最多可完成 128 个控制回路，JX-300XP 系统每个控制站最多可挂接 8 个 IO 机笼。每个机笼最多可配置 20 块卡件，即除了最多配置一对互为冗余的主控制卡和数据转发卡之外，还可最多配置 16 块各类 I/O 卡件。在每一机笼内，I/O 卡件均可按冗余或不冗余方式任意进行配置，JX-300XP 系统结构见图 12-3。

2. 控制站认识与安装

控制站（CS）是 JX-300XP 实现过程控制的核心设备之一，控制站由电源单元、主控卡、数据转发卡、各种 I/O 卡件组成，各卡件插入机笼（机箱）之中。一个机柜最多可安

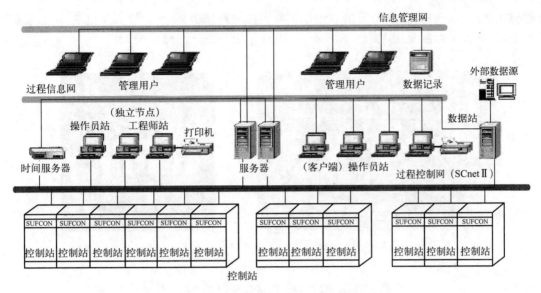

图 12-3　JX-300XP 系统体系结构图

装四个机笼和两台交换机。控制站外形见图 12-4。

在控制站内部，如图 12-5 所示，从上到下，第一层为电源机箱，下面几层为 I/O 机箱（一个控制站最多放置四个）。电源机箱安装有两组互为冗余的直流电源，电源接入 220V 交流电源，向各机箱输出 5V DC 和 24 DC 电源。I/O 机箱共有 20 个插槽，第 1、2 槽安装主控卡，第 3、4 槽安装数据转发卡，其余 16 个槽安装 I/O 卡件。

图 12-4　控制站外形

图 12-5　机箱卡件排列

现场控制站机笼、电源机箱、控制站机柜一般均由供方根据用户配置直接安装好，经过测试、验收后出厂。因此，控制站的安装，主要完成机笼内主控卡、数据转发卡及 I/O 卡件的安装。各卡件在安插前应该正确设置地址开关、冗余方式的选择跳线、配电选择跳线、信号类型选择跳线。在安插过程中，操作人员应戴好防静电手腕或进行适当的放电，手不能直接接触电子元件和焊点。

（1）主控卡的地址确定方法　主控卡外形见图 12-6，主控卡 SW2 开关见图 12-7。

控制站的 IP 地址通过主控卡侧面的 SW2 开关的 S4～S8 拨码开关设定，SW2 开关最左端的开关是地址的最高位，SW2 开关最右端的开关是地址的最低位，开关 ON 为 1，开关 OFF 为 0。主控卡 IP 地址码范围为 2～31。一般主控卡都采用冗余配置，冗余主控卡的地

址设置为 $2n$、$2n+1$,如果采用单卡工作,则主控卡地址为 $2n$。SW2 开关的 S4～S8 拨码开关状态和 IP 地址对照见表 12-1。S1～S3 为系统保留资源,必须拨为 OFF。

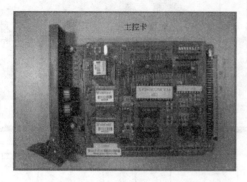

图 12-6　主控卡外形

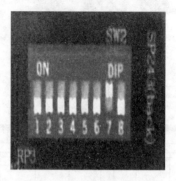

图 12-7　主控卡 SW2 开关

表 12-1　SW2 拨码开关状态和 IP 地址对照表

地址选择 SW2					地址	地址选择 SW2					地址
S4	S5	S6	S7	S8		S4	S5	S6	S7	S8	
						ON	OFF	OFF	OFF	OFF	16
						ON	OFF	OFF	OFF	ON	17
OFF	OFF	OFF	ON	OFF	02	ON	OFF	OFF	ON	OFF	18
OFF	OFF	OFF	ON	ON	03	ON	OFF	OFF	ON	ON	19
OFF	OFF	ON	OFF	OFF	04	ON	OFF	ON	OFF	OFF	20
OFF	OFF	ON	OFF	ON	05	ON	OFF	ON	OFF	ON	21
OFF	OFF	ON	ON	OFF	06	ON	OFF	ON	ON	OFF	22
OFF	OFF	ON	ON	ON	07	ON	OFF	ON	ON	ON	23
OFF	ON	OFF	OFF	OFF	08	ON	ON	OFF	OFF	OFF	24
OFF	ON	OFF	OFF	ON	09	ON	ON	OFF	OFF	ON	25
OFF	ON	OFF	ON	OFF	10	ON	ON	OFF	ON	OFF	26
OFF	ON	OFF	ON	ON	11	ON	ON	OFF	ON	ON	27
OFF	ON	ON	OFF	OFF	12	ON	ON	ON	OFF	OFF	28
OFF	ON	ON	OFF	ON	13	ON	ON	ON	OFF	ON	29
OFF	ON	ON	ON	OFF	14	ON	ON	ON	ON	OFF	30
OFF	ON	ON	ON	ON	15	ON	ON	ON	ON	ON	31

(2) 数据转发卡的地址确定方法　数据转发卡的地址通过跳线开关设置,数据转发卡外形见图 12-8。在图 12-8 中,跳线开关从左到右,分别是 S8、S7、…、S1,跳线开关短路为 ON,断开则为 OFF,短路用短路块跨接。S4 为高位,S1 为低位。跳线开关状态和数据转发卡地址对照见表 12-2。其中,S5～S8 为系统保留资源,应全部设置为 OFF。

数据转发卡地址范围为 0～15,冗余数据转发卡地址设定为 $2n$、$2n+1$,选择单卡工作方式时,则该卡地址为 $2n$。

（3）其余常见 I/O 卡件　其余常见 I/O 卡件见表 12-3，其安装方法见系统硬件手册。

图 12-8　数据转发卡跳线开关图

表 12-2　数据转发卡地址选择跳线和地址对照表

地址选择跳线				地址	地址选择跳线				地址
S4	S3	S2	S1		S4	S3	S2	S1	
OFF	OFF	OFF	OFF	00	ON	OFF	OFF	OFF	08
OFF	OFF	OFF	ON	01	ON	OFF	OFF	ON	09
OFF	OFF	ON	OFF	02	ON	OFF	ON	OFF	10
OFF	OFF	ON	ON	03	ON	OFF	ON	ON	11
OFF	ON	OFF	OFF	04	ON	ON	OFF	OFF	12
OFF	ON	OFF	ON	05	ON	ON	OFF	ON	13
OFF	ON	ON	OFF	06	ON	ON	ON	OFF	14
OFF	ON	ON	ON	07	ON	ON	ON	ON	15

表 12-3　常用 I/O 卡件表

型号	卡件名称	性能及输入/输出点数
XP313	电流信号输入卡	6 路输入，可配电，分组隔离，可冗余
XP314	电压信号输入卡	6 路输入，分组隔离，可冗余
XP316	热电阻信号输入卡	4 路输入，分组隔离，可冗余
XP322	模拟信号输出卡	4 路输出，点点隔离，可冗余
XP361	电平型开关量输入卡	8 路输入，统一隔离
XP362	晶体管触点开关量输出卡	8 路输出，统一隔离
XP363	触点型开关量输入卡	8 路输入，统一隔离
XP000	空卡	I/O 槽位保护板

3. 操作站认识与安装

操作站如图 12-9 所示，是操作人员完成过程监控任务的操作平台。工艺操作人员通过显示器（包括 CRT 显示器、液晶显示器）完成总貌显示、流程图显示、调整画面显示、一览表显示、生成报表及报表打印。操作站硬件部分包括计算机主机及其外部设备，计算机主机可采用 PC 机或工业 PC 机。计算机外设包括显示器、键盘、鼠标或轨迹球等。除了通用键盘外，JX-300XP 还可选配操作员键盘，见图 12-10。操作站应安装 Windows 操作系统和 AdvanTrol 实时监控软件，为保证系统正常运行，应安装操作站狗。

图 12-9 操作站外形

图 12-10 工业键盘

在安装操作站时应注意以下事项。
① 检查专用计算机电源插座的开关位置；
② 检查显示器和 PC 主机电源是否适合 220V 50Hz；
③ 检查电源开关的位置是否处于 230V 挡；
④ 检查是否有专用计算机、显示器电源插座和电源线；
⑤ 鼠标或轨迹球与工业 PC 机或计算机背面的 COM1 相连；
⑥ 打印机与工业 PC 机或计算机背面的并行接口（LPT1）相连。

4. 通信网络及安装

(1) JX-300XP 系统通信网络　JX-300XP 系统通信网络体系见图 12-11，通信网络分为三层，分别为信息管理网、过程控制网（SCnetⅡ网络）以及系统内部的 SBUS 总线（见图 12-12），SBUS 总线分为 SBUS-S1 总线和 SBUS-S2 总线。

SBUS-S1 总线位于机箱底部，是数据转发卡（XP233）和各 I/O 卡件的数据通道，一对数据转发卡负责一个机笼中最多 16 块 I/O 卡件和主控卡之间的数据转换。SBUS-S2 总线是数据转发卡和机笼之间的数据传输通道，如图 12-13 所示，不同机笼之间的互联通过机笼背面的 D 型连接器完成连接。机笼之间的连接电缆即 SBUS-S2 总线。

(2) 通信网络的安装　JX-300XP 通信网络的安装主要完成双重化冗余工业以太网的安装。从结构上，网络分为 A 网和 B 网。工程师站和操作站采用双以太网适配器网卡，双重化冗余工业以太网的安装方法见图 12-14。

控制站的 SCnet 网址包括网络码（128.128.1 或 128.128.2）和 IP 地址（地址范围为 2~31，IP 地址通过拨码开关设定），一块主控卡具有两个以太网接口，分别通过电缆接入交换机进入 A 网（接入 A 网的网络码为 128.128.1，由厂家出厂时设定）和 B 网（网络码为 128.128.2，由厂家出厂时设定）。

项目十二 集散控制系统的组态与操作

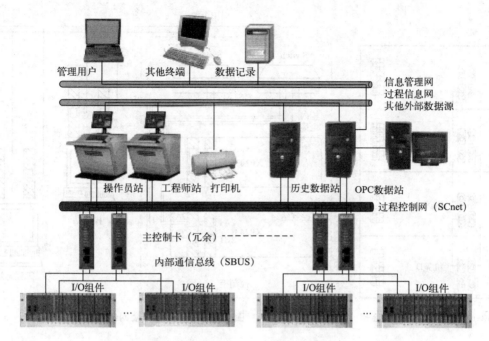

图 12-11 JX-300XP 通信系统结构图

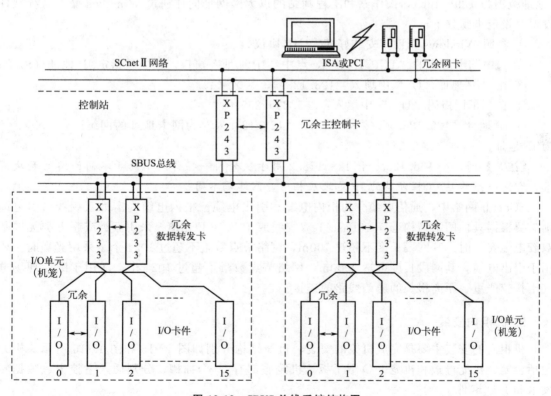

图 12-12 SBUS 总线系统结构图

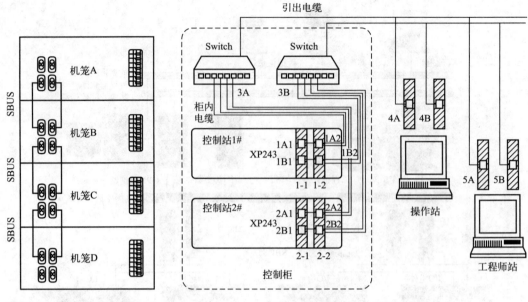

图 12-13 机笼之间总线连接　　　图 12-14 双重化冗余网络安装图

操作站和工程师站的以太网网址同样包括网络码（128.128.1 或 128.128.2）和 IP 地址（地址范围为 129~160），操作站和工程师站的以太网网址同样通过 Windows 操作系统软件设定，设定步骤如下：

① 参照 Windows 帮助，安装好 TCP/IP 协议；
② 选中网卡对应的"TCP/IP"项，点中"IP 地址"窗口，选中"指定 IP 地址（S）"；
③ 在"IP 地址（I）"中填入：128.128.×.×××；
④ 在"子网掩码（U）"中填入：255.255.255.0；
⑤ IP 地址"128.128.×.×××"中，"128.128.×"为网卡地址的网络码，"×××"为 IP 地址。

【注意】网络码 128.128.1 和 128.128.2 用于区分同一操作站中处于不同网络的两块网卡，即同一操作站/工程师站的 IP 地址应相同，网络码不同。

SCnet Ⅱ 网络中，通信电缆分为柜内电缆和引出电缆。柜内电缆确定为双绞线。引电缆则需要根据具体网络结构选择 10Base-T 双绞线或 10Base-F 光缆。采用五类或超五类无屏蔽双绞电缆安装时，其网段长度不超过 100m，网络节点数量不超过 1024 个。采用光缆时主要用于引出电缆，其网段长度可达 2000m，网络节点数量不超过 1024 个，适用于工业现场电气干扰较严重、距离很长的通信线路的连接。

5. 机柜内安装

机柜内的安装主要是完成机笼的安装，机笼结构分别如图 12-15 和图 12-16 所示。机笼包括机笼、机笼母板和机笼 I/O 端子板。机笼底部有 20 个插槽，分别插入主控卡、数据转发卡和 I/O 卡件。

机柜内安装时要注意以下几点。

① 在排列 I/O 卡件时，同类卡件应排列在一起。

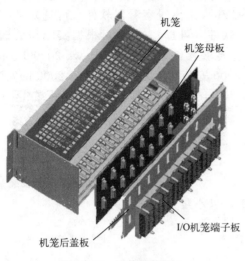
图 12-15 机笼结构图 1

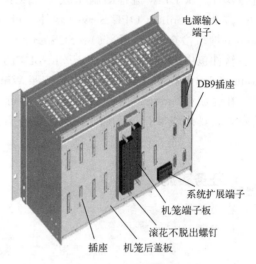
图 12-16 机笼结构图 2

② 互为冗余的卡件必须排列在一起，而且这两个卡件的槽号位置分别为 $2n$、$2n+1$（n 为 0，1，2…）。

机笼母板包括电源输入端子、DB9 插座（D 型连接器）、系统扩展端子、16 个 20 针欧式插座。电源卡提供冗余直流电源（5V DC 和 24V DC），经过直流输入口的 1、2 端和 7、8 端引入机笼，其中 1、2 引入 5V DC 直流电源，7、8 端引入 24V DC 直流电源。机笼直流输入端口和电源接线分别如图 12-17 和图 12-18 所示。机笼端子板上所接的信号经过 20 针欧式插座连入相应的 I/O 卡件处理。DB9 插座为主机笼（装有主控卡的机笼）和其他扩展机笼之间的连接通道。系统扩展端子主要用于远程温度集中采集和 SOE 网络接线。

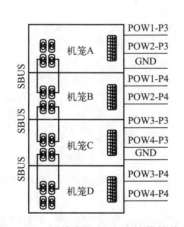

图 12-17 机笼电源及 D 连接器接线图　　图 12-18 电源接线图

6. 软件包安装

JX-300XP 系统的软件采用 Advantrol Pro 软件包。软件包包括：AdvanTrol 实时监控软件、SCKey 系统组态软件、SCLang C 语言组态软件（简称 SCX 语言）、SCControl 图形化组态软件、SCDraw 流程图制作软件、SCForm 报表制作软件、SCSOE SOE 事故分析软件（可选）、SCConnect OPC Server 软件（可选）、SCViewer 离线察看器软件（可选）、SCDiagnose 网络检查软件（可选）、SCSignal 信号调校软件（可选）。用户可根据实际需要选择安装软件包中的软件。由于 Advantrol Pro 软件包要求操作系统为 Windows 2000 Professional＋SP4，在安装软件包前应该按照 Windows 2000 安装规范完成 Windows 2000 的安装。

在完成 Windows 2000 的安装后，即可完成 Advantrol Pro 软件包的安装，具体步骤扫描下面二维码可以查看。

编程软件的安装

任务实施

在实训现场，结合所学知识，在教师的指导下，以小组为单位完成。

1. 主要内容及要求

（1）根据带控制点工艺流程图，完成系统配置
① 完成 I/O 测点清单并注明测点类型、信号范围。
② 根据硬件手册完成系统硬件配置表。
（2）完成系统硬件安装及接线
① 熟悉控制站、操作员站、工程师站的硬件和软件安装方法。
② 完成控制站硬件安装与接线。
③ 完成工程师站、操作员站网卡安装及网卡地址的设置。
④ 完成 SCnetⅡ网络的安装。
（3）完成 Advantrol Pro 软件包的安装。

2. 训练步骤

① 首先，提供一控制对象装置（含检测仪表、变送器和执行器），说明该控制对象工艺流程并提供带控制点的工艺流程图，说明各测点的参数。学生独立完成 I/O 测点清单、硬件配置表、卡件布置图。
② 根据卡件布置图完成控制站内卡件的安装。
③ 完成主控卡、数据转发卡地址设定、I/O 卡件安装及跳线设置。
④ 完成控制站内机笼间接线，将现场仪表接入端子板。
⑤ 完成工程师站、操作员站网卡的安装与卡件地址设置。
⑥ 用电缆完成集线器与各站之间的连接。
⑦ 学生独立完成系统软件安装。

3. 操作要求

① 在操作前，必须仔细阅读产品手册，在确认硬件安装方法后方可进行安装。
② 在插拔卡件过程中，应带上接地良好的防静电手腕带或进行适当的人体放电，并注意避免接触卡件上的元器件。
③ 严禁任意修改计算机系统的配置设置，严禁任意增加、删除或移动硬盘上的文件和目录。
④ 严禁使用外来磁盘或光盘，防止病毒侵入。
⑤ 做好主控卡地址、数据转发卡地址、操作站网址记录。
⑥ 文明操作，爱护设备，保持清洁，防水防尘。

学习讨论

1. 当两块主控卡或数据转发卡相互冗余时，这两块卡的地址应该如何设置？
2. 在哪些情况下，需要对 I/O 卡件进行冗余配置？

任务二　JX-300XP 集散控制系统的软件组态

由于不同用户生产工艺和控制要求差异很大，因此在设计 DCS 时，必须使系统具有通用性。系统的许多功能和匹配参数需要根据具体场合由用户设定。例如：系统需要多少个控制站和操作站，系统需要处理多少信号，信号类型是什么，采用何种控制方案，操作时应该显示哪些参数，如何操作等。另外，为适应各种特定的需要，集散控制系统备有丰富的 I/O 卡件、各种卡件和各种操作平台，用户一般根据自身的要求选择硬件设备，有关系统的硬件设备配置情况也需要用户提供给系统。当系统需要与另外的系统进行数据通信时，用户还需要将系统所使用的协议、使用的端口告诉系统。所谓组态，就是通过工程师站完成系统软、硬件参数配置的过程。

一、组态软件应用流程

系统组态通过组态软件 Skey 完成，主要系统组态如图 12-19 所示。系统组态应按从上到下、从左到右的原则逐步进行。

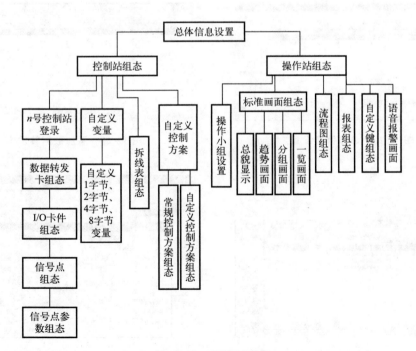

图 12-19　系统组态图

二、系统组态的主要过程

1. 系统总体信息设置

① 启动 Skey 组态软件。

② 如图 12-20 所示,点击"总体信息"菜单下的"主机设置",添加主控卡(控制站)和操作站,设置站地址等参数。

2. 控制站组态

(1) 硬件组态

① 点击"控制站组态"菜单下的"I/O 组态",进入 I/O 组态画面,选中某一控制站,在该站下添加数据转发卡,设置数据转发卡的地址等参数,如图 12-21 所示。

② 选中某一数据转发卡(对应某一机笼)后,点击"I/O 卡件",添加 I/O 卡件,确定卡件地址(对应槽号)并选择是否冗余,如图 12-22 所示。

③ 在图 12-22 中,选择某一卡件,点击"I/O 点"图标,将出现如图 12-23 所示的界面,根据测点清单进行信号点组态,并完成信号点参数设置。

(2) 自定义组态　自定义变量是上位机之间建立交流的途径,点击"控制站"下拉菜单"自定义变量"即可进入自定义变量的设置,包括 1 字节、2 字节、4 字节、8 字节和自定义回路的设置,如图 12-24 所示。

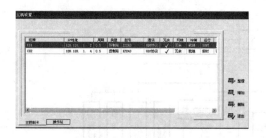

图 12-20　总体信息设置

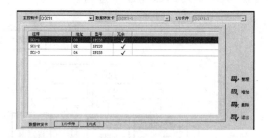

图 12-21　添加数据转发卡

图 12-22　添加 I/O 卡

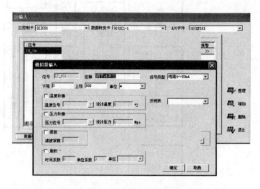

图 12-23　完成测点参数设置

(3) 折线表组态 折线表组态是用折线近似的方法将非线性信号做分段线性化处理。

(4) 系统控制方案组态 根据带控制点工艺流程图所确定的控制方案，可通过组态软件的"常规控制方案"和"自定义方案"实现。常规控制方案可实现手操器、单回路、串级控制、单回路前馈、串级前馈、单回路比值、串级变比值-乘法器、采样控制等典型

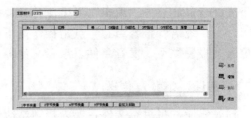

图 12-24 自定义变量的设置

回路控制。常规控制方案只需设置回路位号、输入量和输出量对应的位号即可完成控制。自定义控制方案则可通过 LD、FBD、SFC、ST 等图形编程语言实现回路控制。

【注意】控制回路的参数在监控画面中设置。

3. 操作站组态

操作站组态主要完成操作小组设置、标准画面生成、流程图生成、报表生成、系统自定义键组态、系统语音报警组态。操作站组态界面如图 12-25 所示。

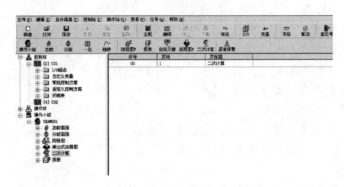

图 12-25 操作站组态界面

(1) 操作小组设置 选中"操作站"下拉菜单"操作小组设置"，即可完成操作小组设置。操作小组设置应确定切换等级，切换等级分为观察员、操作员、工程师、特权四个等级，每个等级具有不同的参数修改权限。

(2) 标准画面的生成 标准画面包括总貌画面、趋势画面、控制分组画面、数据一览等四个操作画面的组态。标准画面生成只需点击相应标准画面图标，再点击"?"，将需要显示的参数或回路的位号选中即可。

(3) 流程图的生成 通过点击"流程图"即可生成或编辑流程图。注意，如果要显示实时数据，则需要引入动态数据。可先点击动态数据图标 0.0，然后将光标移至流程图，点击鼠标，出现"????.??"，双击"????.??"，出现如图 12-26 所示的对话框。点击对话框中的"?"，再选中实时数据的位号，即可实现动态数据的链接。

(4) 报表生成 点击"报表"图标，进

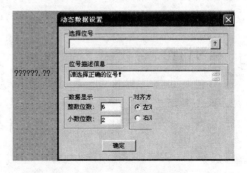

图 12-26 动态数据链接

入报表登录口,点击"编辑"可生成各种数据报表。

(5) 系统语音报警组态　点击操作站下拉菜单中的"语音报警",可设置需要语音报警的位号、报警类型、发音条件、声音文件等参数。

4. 编译、下载及传送

通过编译,将组态文件转换为控制站能够执行的文件。在编译过程中,会反馈组态过程中的错误。下载是将组态数据发送到控制站执行。传送是将组态数据通过网络传送给操作站。

任务实施

在实训现场,结合所学知识,在教师的指导下,以小组为单位完成以下内容。

1. 主要内容及要求
(1) 掌握系统硬件配置表,完成系统总体信息设置方法
① 添加控制站。
② 添加操作站。
(2) 完成控制站组态
① 掌握数据转发卡、I/O 卡件、I/O 测点参数设置方法。
② 掌握自定义变量和控制方案组态方法。
(3) 掌握操作站组态方法
① 掌握操作小组添加方法。
② 掌握标准画面组态方法。
③ 掌握流程图、报表、自定义键、语音报警组态方法。
(4) 掌握组态数据编译、下载及传送方法。

2. 训练步骤
① 根据系统硬件配置表独立完成系统总体信息设置。
② 独立完成控制站组态和操作站组态。
③ 独立完成组态数据的编译、下载及传送。

3. 操作要求
① 文明操作,爱护设备,保持清洁、防水防尘。
② 严禁任意修改计算机系统的配置设置,严禁任意增加、删除或移动硬盘上的文件和目录。
③ 做好组态数据的记录和备份工作。
④ 严禁使用外来磁盘或光盘,防止病毒侵入。

学习讨论

1. 如何将组态数据传送到相应的操作站中?
2. 折线表组态一般用在哪些场合?
3. 在对模拟量处理时,"滤波"具有什么功能?哪种信号需要进行滤波?

任务三　集散控制系统的操作

一、集散控制系统的调试

集散控制系统的调试是一个重要的环节，它关系到今后系统能否正常工作和稳定工作。系统调试应严格按照上电调试、系统单体调试、系统联合调试的顺序进行。系统调试的流程见图 12-27。

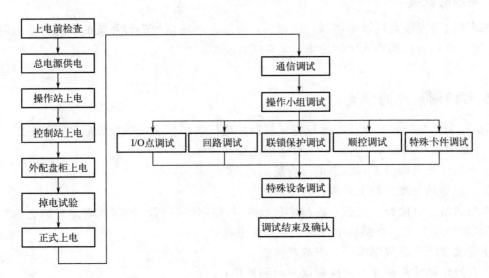

图 12-27　系统调试

1. 上电调试流程

① 上电前必须确认各设备电源线、接地线是否连接完好。
② 检查并确认系统提供的电源（含 UPS 电源）是否符合 220V AC、50Hz 的性能要求。
③ 操作站上电检查，先开显示器，再开主机，最后开打印机，拷入监控程序待用。
④ 控制站上电检查。依次打开冗余电源，检查并确认电源卡输出电压是否符合 24V DC 和 5V DC，检查完毕后给机笼和交换机上电；关闭冗余电源，插入主控卡、数据转发卡、I/O 卡件。
⑤ 外配盘柜上电检查。每次只对一个外配设备进行上电并检查外配电源电压是否符合所要求的电压等级。

【注意】对于冗余电源，必须先依次完成单路供电检查，再进行双路供电测试，最后完成电路电源掉电测试。

2. 系统单体调试

系统单体调试包括网络调试，主控卡、数据转发卡、操作小组、I/O 卡件调试。
（1）网络调试　网络调试时，每台计算机做单卡网络下载调试，下载后观察下载内容。
（2）主控卡及数据转发卡的调试　先插入单块主控卡及数据转发卡运行，再插入备用卡，系统监控软件数据不应出现跳动，取出运行卡，切换到备用卡，系统监控软件数据不应出现跳动。再重复对另一块卡件进行测试。

（3）操作小组的调试　在不同的操作小组上切换，系统应能够完成各项操作功能，参数运行应正常。操作小组调试应在操作员权限下调试。

（4）I/O卡件的单体模拟调试　I/O卡件的调试应在操作员权限下进行。对于输入信号，可配用信号发生器或电阻箱产生信号量程的10%、50%、90%信号，在监控画面上观察各测点参数是否显示正常；对于控制输出信号，可在输出通道接入和实际执行器阻抗匹配的电阻，在监控软件中输出量程的10%、50%、90%信号，用电流表测试通道的输出电流。

3. 系统的联调

在现场仪表安装调试及单体调试结束后，可接入现场信号进行系统的联调。进入监控画面后，逐一核对各现场输入、输出信号是否工作正常。

二、集散控制系统的投运

集散控制系统的投运必须在系统完成联调并确认现场仪表安装完成后进行。各工艺流程不同，系统投运步骤也不一样。系统投运的主要步骤包括：

① 现场仪表及阀门工作状态的检查确认；

② 工程师站及操作站上电检查；

③ 控制站上电检查；注意：控制站在通电时，应依次打开220V电源总开关、电源箱开关、各机箱电源开关、交换机电源开关、外配电源开关；

④ 完成系统组态数据编译、下载及传送；

⑤ 在操作站监控画面上完成画面显示和操作；

⑥ 对于自动控制回路，先用手操器进行手动遥控操作，待工况稳定后再切换到自动控制方式。

三、集散控制系统的维护

集散控制系统由系统软件、硬件、现场仪表构成，为保证系统的正常运行，要求对系统进行全面的维护。

1. 日常维护

（1）中控室管理

① 密封可能引入灰尘、潮气和鼠害或其他有害昆虫。

② 保证空调设备运行良好。

③ 定期清扫控制室，保持清洁。

（2）操作站硬件管理

① 文明操作，爱护设备，保持清洁，防水防尘。

② 严禁擅自改装、拆装机器。

③ 尽量避免电磁场对显示器的干扰，严禁在带电的情况下移动主机、显示器等硬件设备。

④ 不要用酒精或氨水清洗显示器，必要时用湿海绵清洗。
（3）操作站软件管理
① 严禁使用非正版 Windows 2000 软件（包括随机赠送的 OEM 版和其他盗版软件）。
② 操作人员严禁退出实时监控。
③ 操作人员严禁修改计算机系统的配置，严禁任意增加、删除或移动硬盘上的文件或目录。
④ 应做好系统所需的各种驱动软件的硬盘备份。
⑤ 应做好组态数据的备份工作。
（4）控制站管理
① 严禁改装、拆装系统部件。
② 不得拉动机箱（机笼）接线。
③ 避免拉动或碰伤电源线。
④ 锁好柜门。
（5）控制站检查　检查电源输出是否正常，电源风扇是否正常工作，卡件是否工作正常、故障指示灯是否显示。
（6）通信网络管理　不得拉动或碰伤通信电缆，A 网和 B 网的设备不得相互交换。

2. 预防性维护

对冗余部件每年进行一次测试，对卡件可采用带电插拔卡件方式，观察备用卡是否能够正常切换至运行状态。对电源，可断开一路电源，观察系统能否正常工作。

3. 故障维护

发现故障后，系统维护人员应根据现象首先判明故障原因，进行正确处理。确认卡件故障后，应及时换上备用卡件。注意在取出卡件时，卡件应包装在防静电袋中，不得随意堆放。

4. 大修期间维护

（1）系统断电步骤
① 系统退出监控及操作，关掉操作站主机及显示器。
② 关掉控制站机箱电源。
③ 关闭 UPS 电源。
④ 关闭总电源开关。
（2）大修维护内容　大修期间主要完成各站硬件吹扫、检修、端子检查、对地电阻测试。
（3）大修后系统上电　大修后系统上电同上电流程。
（4）网络系统冗余测试　可按照冗余卡件或电源的办法，断开处于工作状态的网络（A 网或 B 网），观察另一个网络是否能够自动切换至工作状态。

5. 点检

系统在使用年限到一定期限后（3 年以上），由于工业现场恶劣，易造成元器件的老化、通信不畅、信号偏移等现象，可由 DCS 厂商对系统完成全面的检查（点检）。

任务实施

在实训现场，在系统安装完毕后，在教师的指导下，以小组为单位完成。

1. 主要内容及要求
（1）掌握系统上电流程及测试方法。
（2）掌握系统单体调试方法。
① 掌握控制站调试方法。
② 掌握操作站调试方法。
③ 掌握网络调试方法。
④ 掌握操作小组调试方法。
（3）掌握系统模拟调试方法。
（4）掌握系统联调方法。
（5）进一步掌握组态数据编译、下载及传送方法。

2. 训练步骤
① 按照上电流程完成系统上电及检查。
② 独立完成控制站、操作站、网络、操作小组的单体调试。
③ 独立完成系统联调。
④ 独立完成组态数据的编译、下载及传送。
⑤ 独立完成系统的投运。

3. 操作要求
① 文明操作，爱护设备，保持清洁，防水防尘。
② 严禁任意修改计算机系统的配置设置，严禁任意增加、删除或移动硬盘上的文件和目录。
③ 严禁使用外来磁盘或光盘，防止病毒侵入。
④ 做好调试及参数测试记录，完成调试记录表。

学习讨论

1. 在进行系统联调时，发现现场仪表的信号对应的工程量和操作站中实际显示的工程量严重不符，可能的原因有哪些？

2. 如果在调试的过程中，发现有一个输入卡件所接的全部现场信号都无法传送到数据库中，试分析可能的原因有哪些。

知识拓展

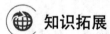

污水处理集散控制系统应用案例

扫描二维码可查看"污水处理集散控制系统应用案例"。

污水处理集散控制系统应用案例

项目小结

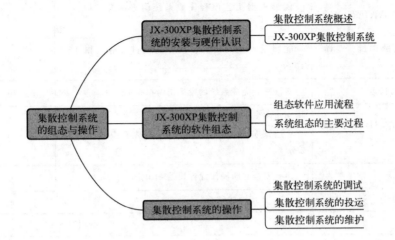

思考题

12-1 简述集散控制系统的结构及组成部分的功能。
12-2 简述 JX-300XP 主控卡、数据转发卡网络地址的设置方法。
12-3 简述 JX-300XP 操作站和工程师站网络地址的设置方法。
12-4 简述 DCS 的完成回路的信号处理过程。
12-5 试比较工程师站和操作站在安装软件方面和功能上的差别。
12-6 为什么在联调之前要完成通道的模拟调试？
12-7 如何完成主控卡、数据转发卡冗余测试？
12-8 如何完成通信网络的冗余测试？

项目考核

项目实施过程考核与结果考核相结合，由项目委托方代表（教师，也可以是学生）对项目各项任务的完成结果进行验收、评分；学生进行"成果展示"，经验收合格后进行接收。

项目完成情况作为考核能力目标、知识目标、拓展目标的主要内容，具体包括：完成项目的态度、项目报告质量、资料查阅情况、问题的解答、团队合作、应变能力、表述能力、辩解能力、外语能力等。

完成情况考核评分表

评分内容	评分标准	配分	得分
DCS 的 I/O 测点表、硬件配置图	能够根据工艺流程，正确完成 I/O 测点表、硬件配置图。错误扣 1～10 分	10	
集散控制系统的硬件、软件安装	能够完成系统正确安装、参数设置，错误扣 5～20 分	20	

续表

评分内容	评分标准	配分	得分
集散控制系统的软件组态	能够根据工艺流程完成系统组态，错误扣5～20分	20	
集散控制系统的调试、编译、下载	能够正确完成硬件、软件的调试，错误扣1～10分	10	
集散控制系统的投运	能够顺利完成系统的投运错误扣5～20分	20	
知识问答、工作态度、团队协作精神等	知识问答全错扣5分；小组成员分工协作不明确，成员不积极参与扣5分	10	
安全文明生产	违反安全文明操作规程扣5～10分	10	
项目成绩合计			
开始时间	结束时间	所用时间	
评语			

单元三
可编程控制器在环境控制中的应用

项目十三

S7-200 SMART PLC 基本指令介绍及应用

知识目标
- 掌握位逻辑指令格式及功能。
- 掌握定时器指令格式及功能。
- 掌握计数器指令格式及功能。

能力目标
- 能够正确使用位逻辑指令。
- 能够正确使用定时器指令。
- 能够正确使用计数器指令。
- 能够对 PLC 应用系统的目标、任务、指标要求等进行分析,确定功能指标的软、硬件分工方案。
- 能够将软件和硬件结合起来对系统进行仿真调试、修改、完善。

素质目标
- 培养独立思考的学习习惯,能对所学内容进行较为全面的分析和比较、总结和概括,学会举一反三、灵活应用,培养综合应用能力。
- 培养把控经济成本的习惯、树立安全规范操作习惯,形成以高品质生态环境支撑高质量发展的意识。

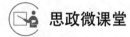
思政微课堂

【案例】

在现代化的工厂里,不同的机械臂正在协作工作,每个机械臂背后对应着一个相当于大脑的控制器(PLC)。目前看来,不同大脑操控不同手臂。但一些复杂任务要求两个手臂协作,这时是一个大脑操控两个手臂,还是两个大脑分别操控两个手臂?哪个更好更快呢?这也是未来工厂要解决的问题。为此,杭州电子科技大学教授邬惠峰团队打破国外技术封锁自主研发以任务为中心的集成控制器,希望实现复杂逻辑、运动、图像处理、人工智能等领域的融合应用。

【启示】

现在的 PLC 与最初的 PLC 相比,内涵和外延已经大不相同。早期的 PLC 是逻辑控制,现在则进入运动控制、视觉控制阶段。前人也许根本想不到现在的 PLC 能做出如此精密复杂的运动控制。自动化控制技术在环境监测中的应用,对于提高安全性、稳定性和效率具有重要意义。它可以实时监测和控制生产过程中的关键参数,如温度、压力、流量和 pH 值,以确保反应条件在安全和有效的范围内。然而,自动化控制在安全生产中面临一些困境,其中包括 PLC 程序设计的复杂性、通信稳定性和传感器技术的可靠性。这些困境可能影响系统的故障诊断、实时数据传输和传感器的准确性,从而对安全生产具有潜在威胁。面对问题,毫不退缩,迎难而上,体现了当代科研工作者潜心科研和矢志报国的精神。

【思考】

1. 搜索 PLC 在环境监测方面应用的报道,思考当代环境监测设备智能化发展的方向。
2. 思考如何提升创新思维,培养工匠精神。

可编程逻辑控制器(programmable logic controller,PLC)是结合继电器接触器控制和计算机技术而不断发展完善的一种自动控制装置,具有编程简单、使用方便、通用性强、可靠性高、体积小易于维护等优点,在自动控制领域应用十分广泛。

西门子公司的 S7-200 SMART PLC 是一款高性价比小型 PLC,其指令系统分为基本指令和功能指令两大类。基本指令包括位逻辑指令、定时器指令和计数器指令,功能指令包括程序控制类指令、中断指令、移位与循环指令、数学运算指令、逻辑运算指令、数据转换指令、高速计数器指令和比较与数据传送指令。本项目主要学习基本指令的指令功能及应用。

任务一 位逻辑指令格式及功能说明

一、触点取用指令与线圈输出指令

触点取用指令包括常开触点取用指令和常闭触点取用指令,它与线圈输出指令格式及功能说明,如表 13-1 所示。

表 13-1 触点取用指令与线圈指令格式及功能说明

指令名称	梯形图表达式	功能描述	操作数
常开触点取用指令	位地址 ─┤ ├─	用于逻辑运算的开始,表示常开触点与左母线相连	I、Q、M、SM、T、C、V、S
常闭触点取用指令	位地址 ─┤/├─	用于逻辑运算的开始,表示常闭触点与左母线相连	I、Q、M、SM、T、C、V、S
线圈输出指令	位地址 ─( )─	用于线圈的驱动	Q、M、SM、T、C、V、S

触点取用指令与线圈输出指令在使用过程中，要注意每个逻辑运算开始都需要触点取用指令，每个电路块的开始也需要触点取用指令。线圈输出指令可以并联使用，但不能串联。

二、置位与复位指令

相较于触点取用指令而言，置位与复位指令具有记忆和保持功能，对于任意操作数来说只要被置位，始终保持置一状态，直到再对其进行复位操作，复位后对应的操作数处于被清零状态。置位与复位指令格式及功能说明，如表 13-2 所示。

表 13-2　置位与复位指令格式及功能说明

指令名称	梯形图表达式	功能描述	操作数
置位指令	位地址 —(S) N	从起始位（bit）开始连续 N 位被置一	Q、M、SM、T、C、V、S、L
复位指令	位地址 —(R) N	从起始位（bit）开始连续 N 位被清零	Q、M、SM、T、C、V、S、L

对于同一元件多次使用置位或者复位指令，元件的状态取决于最后一次执行指令相对应的状态。

三、正跳变和负跳变检测器

当需要接收输入信号变化的状态时，需要使用边沿触发指令，S7-200 SMART 中提供了正跳变和负跳变检测器，亦称上升沿指令和下降沿指令。正跳变和负跳变检测器指令格式及功能说明，如表 13-3 所示。

表 13-3　正跳变和负跳变检测器指令格式及功能说明

指令名称	梯形图表达式	功能描述	操作数
正跳变触点指令 （上升沿）	—|P|—	正跳变触点指令（上升沿）允许能量在每次断开到接通转换后流动一个扫描周期	无
负跳变触点指令 （下降沿）	—|N|—	负跳变触点指令（下降沿）允许能量在每次接通到断开转换后流动一个扫描周期	无

S7-200 SMART CPU 支持在程序中合计（上升和下降）使用 1024 条边缘检测器指令。边缘检测器指令输出的脉冲宽度为一个扫描周期，且在使用过程中常与置位指令和复位指令一起使用。

四、置位和复位优先双稳态触发器

SR 指令也称置位/复位触发器（SR）指令，由置位/复位触发器助记符 SR、置位信号输入端 S1、复位信号输入端 R、输出端 OUT 和线圈的位地址 bit 构成。

RS 指令也称复位/置位触发器（RS）指令，由复位/置位触发器助记符 RS、置位信号输入端 S、复位信号输入端 R1、输出端 OUT 和线圈的位地址 bit 构成。

置位和复位优先双稳态触发器指令格式及功能说明，如表 13-4 所示。

表 13-4 置位和复位优先双稳态触发器指令格式及功能说明

指令名称	梯形图表达式	功能描述	操作数
置位优先双稳态触发器	S1 — OUT SR R —	SR（置位优先双稳态触发器）是一种置位优先锁存器。如果置位（S1）和复位（R）信号均为真，则输出（OUT）为真	S1、R1、S、R 的操作数：I、Q、V、M、SM、S、T、C；bit 的操作数：I、Q、V、M、S
复位优先双稳态触发器	S — OUT RS R1 —	RS（复位优先双稳态触发器）是一种复位优先锁存器。如果置位（S）和复位（R1）信号均为真，则输出（OUT）为假	S1、R1、S、R 的操作数：I、Q、V、M、SM、S、T、C；bit 的操作数：I、Q、V、M、S

五、逻辑堆栈指令

逻辑进栈（logic push，LPS）指令复制栈顶（即第一层）的值并将其压入逻辑堆栈的第二层，逻辑堆栈中原来的数据依次向下一层推移，逻辑堆栈最底层的值被推出并丢失。

逻辑读栈（logic read，LRD）指令将逻辑堆栈第二层的数据复制到栈顶，原来的栈顶值被复制值替代。第 2 层～第 32 层的数据不变。

逻辑出栈（logic pop，LPP）指令将栈顶值弹出，逻辑堆栈各层的数据向上移动一层，第二层的数据成为新的栈顶值。可以用语句表程序状态监控查看逻辑堆栈中保存的数据。堆栈操作过程如图 13-1 所示。

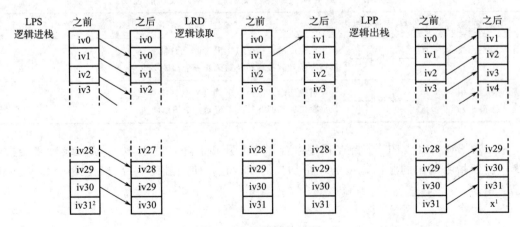

图 13-1 堆栈操作过程

任务二 定时器指令格式及功能说明

一、定时器指令介绍

定时器是 PLC 中最常用的编程元件之一,其功能与继电器-接触器控制系统中的时间继电器 KT 相似,具有延时作用。S7-200 SMART 提供了 256 个定时器,定时器的编号为 T0~T255。定时器共有三种类型,分别是接通延时定时器(TON)、断开延时定时器(TOF)和保持型接通延时定时器(TONR),定时器的指令格式,如表 13-5 所示。

表 13-5 定时器指令格式及说明

指令名称	梯形图表达式	功能描述	操作数
接通延时定时器(TON)	T××× —IN TON —PT ??? ms	TON 接通延时定时器用于测定单独的时间间隔	T×××的操作数:定时器编号(T0 至 T255);IN 的操作数:I、Q、V、M、SM、S、T、C、L;PT 的操作数:IW、QW、VW、MW、SMW、SW、T、C、LW、AC、AIW、*VD、*LD、*AC、常数
断开延时定时器(TOF)	T××× —IN TOF —PT ??? ms	TOF 断开延时定时器用于在 OFF(或 FALSE)条件之后延长一定时间间隔	
保持型接通延时定时器(TONR)	T××× —IN TONR —PT ??? ms	TONR 保持型接通延时定时器用于累积多个定时时间间隔的时间值	

定时器的分辨率有三种,分别是 1ms、10ms 和 100ms,分辨率取决于定时器的编号,在输入定时器的编号后,在定时器的方框右下角将会出现定时器的分辨率,定时器编号与定时器的分辨率对应关系如表 13-6 所示。

表 13-6 定时器指令的分类

指令类型	分辨率/ms	定时范围/s	定时器编号
TON、TOF	1	32.767(0.546min)	T32、T96
	10	327.67(5.46min)	T33~T36、T97~T100
	100	3276.7(54.6min)	T37~T63、T101~T255
TONR	1	32.767(0.546min)	T0、T64
	10	327.67(5.46min)	T1~T4、T65~T68
	100	3276.7(54.6min)	T5~T31、T69~T95

在使用定时器时应当注意分辨率对定时器的影响。执行 1ms 分辨率的定时器指令时开

始计时，其定时器位和当前值每 1ms 更新一次。扫描周期大于 1ms 时，在一个扫描周期内被多次更新。执行 10ms 分辨率的定时器指令时开始计时，记录自定时器启用以来经过的 10ms 时间间隔的个数。在每个扫描周期开始时，定时器位和当前值被刷新，一个扫描周期累计的 10ms 时间间隔数被加到定时器当前值中。定时器位和当前值在整个扫描周期中不变。100ms 分辨率的定时器记录从定时器上次更新以来经过的 100ms 时间间隔的个数。在执行该定时器指令时，将从前一扫描周期起累积的 100ms 时间间隔个数累加到定时器的当前值。启用定时器后，如果在某个扫描周期内未执行某条定时器指令，或者在一个扫描周期多次执行同一条定时器指令，定时时间都会出错。

二、定时器的应用

定时器的当前值的数据类型为整数（INT），允许的最大值为 32767。接通延时定时器 TON 和保持型接通延时定时器 TONR 的使能（IN）输入电路接通后开始定时，当前值不断增大。当前值大于等于 PT 端指定的预设值时，定时器位变为 ON。达到预设值后，当前值仍继续增加，直到最大值 32767。定时器的预设时间等于预设值 PT 与分辨率的乘积。

接通延时定时器的使能输入电路断开时，定时器被复位，其当前值被清零，定时器位变为 OFF。还可以用复位（R）指令复位定时器和计数器，接通延时定时器的应用梯形图和其对应的时序图如图 13-2 所示。

当 I0.0 接通时，使能端（IN）输入有效，定时器 T37 开始计时，当前值从 0 开始递增，当当前值大于或等于预设值 1s 时，定时器输出状态为 1。定时器常开触点 T37 闭合，驱动线圈 Q0.0 接通。当断开 I0.0 时，定时器 T37 复位，其常开触点断开，Q0.0 断开。

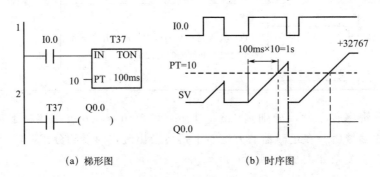

图 13-2 接通延时定时器指令 TON 的应用

断开延时定时器在使能输入电路接通时，定时器位立即变为 ON，当前值被清零。使能输入电路断开时，开始定时，当前值等于预设值时，输出位变为 OFF，当前值保持不变，直到使能输入电路接通。断开延时定时器常用于设备停机后的延时，断开延时定时器的应用梯形图和其对应的时序图如图 13-3 所示。

当 I0.0 接通时，使能端（IN）输入有效，定时器 T33 当前值为 0，输出状态为 1，T33 常开触点闭合，驱动线圈 Q0.0 接通。当 I0.0 断开时，定时器开始计时，当前值从 0 开始递增。当当前值等于预设值 1s 时，定时器 T33 复位为 0，其常开触点断开，Q0.0 断开。

保持型接通延时定时器 TONR 的使能（IN）输入电路断开时，当前值保持不变。使能输入电路再次接通时，继续定时。累计的时间间隔等于预设值时，定时器位变为 ON。

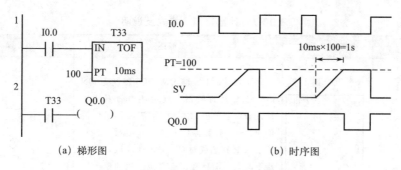

(a) 梯形图　　　　　　　　(b) 时序图

图 13-3　断开延时定时器指令 TOF 的应用

只能用复位指令来复位 TONR，保持型接通延时定时器的应用梯形图和其对应的时序图如图 13-4 所示。

当 I0.0 接通时，使能端（IN）输入有效，定时器 T1 开始计时，当前值从 0 开始递增。当 I0.0 断开时，使能端无效，但当前值保持并不复位。当使能端再次有效时，其当前值在原来的基础上开始递增。当前值大于或等于预设值 1s 时，定时器输出状态为 1，Q0.0 接通。只有当 I0.1 闭合时，定时器 T1 才能复位，其常开触点断开，Q0.0 断开。

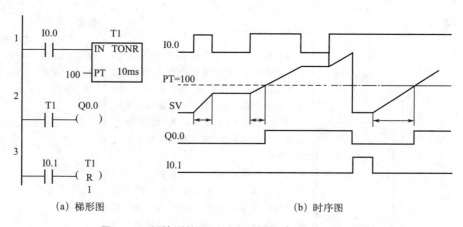

(a) 梯形图　　　　　　　　(b) 时序图

图 13-4　保持型接通延时定时器指令 TONR 的应用

任务三　计数器指令格式及功能说明

一、计数器指令介绍

计数器是一种用于累计脉冲输入个数的编程元件，其由一个 16 位预置寄存器、一个 16 位当前值寄存器和一位状态位组成。S7-200 SMART 提供了 256 个计数器，编号为 C0～C255，按照工作方式的不同，可将计数器分为加计数器（CTU）、减计数器（CTD）和加减计数器（CTUD）三种类型，计数器的指令格式，如表 13-7 所示。

表 13-7 计数器指令格式及说明

指令名称	梯形图表达式	功能描述	操作数
加计数器（CTU）	C××× CU CTU R PV	每次加计数 CU 输入从 OFF 转换为 ON 时，CTU 加计数指令就会从当前值开始加计数。当前值 C××× 大于或等于预设值 PV 时，计数器位 C××× 接通。当复位输入 R 接通或对 C××× 地址执行复位指令时，当前计数值会复位。达到最大值 32767 时，计数器停止计数	C××× 的操作数：常数（C0 到 C255）；CU、CD 的操作数：I、Q、V、M、SM、S、T、C、L；R、LD 的操作数：I、Q、V、M、SM、S、T、C、L；PV 的操作数：IW、QW、VW、MW、SMW、SW、LW、T、C、AC、AIW、*VD、*LD、*AC、常数
减计数器（CTD）	C××× CD CTD LD PV	每次 CD 减计数输入从 OFF 转换为 ON 时，CTD 减计数指令就会从计数器的当前值开始减计数。当前值 C××× 等于 0 时，计数器位 C××× 打开。LD 装载输入接通时，计数器复位计数器位 C××× 并用预设值 PV 装载当前值。达到零后，计数器停止，计数器位 C××× 接通	
加减计数器（CTUD）	C××× CU CTUD CD R PV	每次 CU 加计数输入从 OFF 转换为 ON 时，CTUD 加/减计数指令就会加计数，每次 CD 减计数输入从 OFF 转换为 ON 时，该指令就会减计数。计数器的当前值 C××× 保持当前计数值。每次执行计数器指令时，都会将 PV 预设值与当前值进行比较。 达到最大值 32767 时，加计数输入处的下一上升沿导致当前计数值变为最小值 −32768。达到最小值 −32768 时，减计数输入处的下一上升沿导致当前计数值变为最大值 32767。 当前值 C××× 大于或等于 PV 预设值时，计数器位 C××× 接通。否则，计数器位关断。当 R 复位输入接通或对 C××× 地址执行复位指令时，计数器复位	

二、计数器指令的应用

加计数器（CTU），同时满足下列三个条件：①复位输入电路断开；②加计数脉冲输入电路由断开变为接通（CU 信号的上升沿）；③当前值小于最大值 32767。加计数器的当前值加 1，直至计数最大值 32767。当前值大于等于预设值 PV 时，计数器位为 ON，反之为 OFF。当复位输入 R 为 ON 或对计数器执行复位（R）指令时，计数器被复位，计数器位变为 OFF，当前值被清零。在首次扫描时，所有的计数器位被复位为 OFF，加计数器指令的应用梯形图和其对应的指令功能图如图 13-5 所示。

当 I0.0 接通，脉冲输入端（CU）有上升沿脉冲输入时，计数器的当前值加 1，当当前值大于等于预置值（PV）时，计数器状态位被置 1，其常开触点 C0 闭合，驱动线圈 Q0.0 接通。当 I0.1 接通时，计数器复位，当前值被清 0，Q0.0 断开。

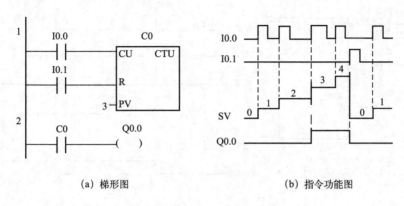

图 13-5　加计数器指令的应用

减计数器（CTD），在装载输入 LD 的上升沿，计数器位被复位为 OFF，预设值 PV 被装入当前值寄存器。在减计数脉冲输入信号 CD 的上升沿，从预设值开始，当前值减 1，减至 0 时，停止计数，计数器位被置位为 ON，减计数器指令的应用梯形图和其对应的指令功能图如图 13-6 所示。

当 I0.1 接通时，预设值 3 被装入当前值。当 I0.0 接通，脉冲输入端（CD）有上升沿脉冲输入时，计数器的当前值减 1，当当前值小于等于预置值（PV）时，计数器状态位被置 1，其常开触点 C0 闭合，驱动线圈 Q0.0 接通。

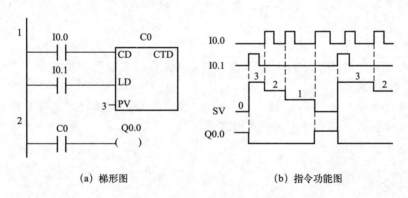

图 13-6　减计数器指令的应用

加减计数器（CTUD），在加计数脉冲输入 CU 的上升沿，当前值加 1，在减计数脉冲输入 CD 的上升沿，当前值减 1。当前值大于等于预设值 PV 时，计数器位为 ON，反之为 OFF。若复位输入 R 为 ON，或对计数器执行复位（R）指令时，计数器被复位，加减计数器指令的应用梯形图和其对应的指令功能图如图 13-7 所示。

当与复位端（R）连接的常开触点 I0.2 断开时，脉冲输入有效，此时与加计数脉冲输入端连接的 I0.0 每闭合一次，计数器 C0 的当前值就会加 1，与减计数脉冲输入端连接的 I0.1 每闭合一次，计数器 C0 的当前值就会减 1。当当前值大于或等于预设值 3 时，C0 状态被置

1，C0 常开触点闭合，线圈 Q0.0 接通。当 I0.2 接通时，C0 复位，当前值被清 0，Q0.0 断开。

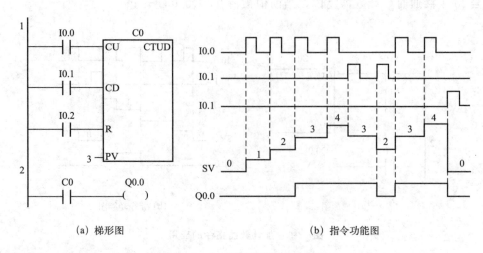

(a) 梯形图　　　　　　　　　　(b) 指令功能图

图 13-7　加减计数器指令的应用

任务实施

在 PLC 实训室，在教师的引领下，学员自主练习。

1. 主要内容及要求

① S7-200 SMART PLC 的编程软件的使用。

② 各种基本指令的使用。

③ 电动机点动和连续运行的控制。要求用一个转换开关、一个启动按钮和一个停止按钮实现其控制功能。

2. 训练步骤

① 在实训室，针对 S7-200 SMART PLC 实训设备，在教师的引领下，学员自主练习，熟悉编程软件的使用。

② 以小组为单位，根据 PLC 输入/输出点分配原则及控制要求，进行 I/O 地址分配。

③ 根据所学知识，完成梯形图程序编写。

④ 下载程序并调试。

学习讨论

1. 梯形图中的所有指令通常遵循扫描原则进行执行。执行完整的程序时，由于扫描的先后顺序，一次只能执行一条指令。当扫描到程序的中间部分时，程序的前部分已经被扫描和执行，其执行结果已经产生影响。而后面部分的程序尚未被执行，将来的执行将根据最新的条件进行。因此，思考并讨论扫描和执行的结果是否影响后续的所有扫描。

2. 一行程序最左边粗实线是能流的源，这里永远是 ON。通过各种触点的 ON 和 OFF 的组合，能流能到达右侧的线圈指令的话，线圈的状态是什么样的？能流不能到达右侧线圈的话线圈的状态又是怎么样的？

知识拓展

S7-200 SMART PLC 编程软件的安装与使用

一、S7-200 SMART PLC 编程软件的安装

扫描二维码可查看"S7-200 SMART PLC 编程软件的安装"。

二、S7-200 SMART PLC 编程软件的使用

扫描二维码可查看"S7-200 SMART PLC 编程软件的使用"。

S7-200 SMART PLC 编程软件的安装

S7-200 SMART PLC 编程软件的使用

项目小结

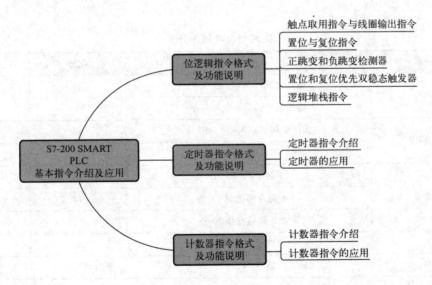

思考题

13-1 接通延时定时器 TON 的使能（IN）输入电路_____时开始定时，当前值大于等于预设值时其定时器位变为_____，梯形图中其常开触点_____，常闭触点_____。

13-2 接通延时定时器 TON 的使能输入电路断开时被复位，复位后梯形图中其常开触点

_____，常闭触点_____，当前值等于_____。

13-3 保持型接通延时定时器 TONR 的使能输入电路_____时开始定时，使能输入电路断开时，当前值_____。使能输入电路再次接通时_____。必须用_____指令来复位 TONR。

13-4 断开延时定时器 TOF 的使能输入电路接通时，定时器位立即变为_____，当前值被_____。使能输入电路断开时，当前值从 0 开始_____。当前值等于预设值时，定时器位变为_____，梯形图中其常开触点_____，常闭触点_____，当前值_____。

13-5 若加计数器的计数输入电路 CU_____、复位输入电路 R_____，计数器的当前值加 1。当前值大于等于预设值 PV 时，梯形图中其常开触点_____，常闭触点_____。复位输入电路_____时，计数器被复位，复位后梯形图中其常开触点_____，常闭触点_____，当前值为_____。

13-6 用 PLC 实现两台电动机的顺序启动和顺序停止控制，要求第一台电动机启动 5s 后第二台电动机自行启动；第一台电动机停止 8s 后，第二台电动机自行停止。

13-7 用接通延时定时器设计周期和占空比可调的振荡电路。

13-8 用 PLC 实现按下启动按钮，灯闪烁 5 次后停止。

项目考核

项目实施过程考核与结果考核相结合，由项目委托方代表（教师或学生）对项目各项任务的完成结果进行验收、评分；学生进行"成果展示"，经验收合格后进行接收。

项目完成情况作为考核能力目标、知识目标、拓展目标的主要内容，具体包括：完成项目的态度、项目报告质量、资料查阅情况、问题的解答、团队合作、应变能力、表述能力、辩解能力、外语能力等。

完成情况考核评分表

评分内容	评分标准	配分	得分
I/O 分配	输入信号错误一个扣 5 分	15	
	输出信号错误一个扣 5 分	5	
梯形图程序	程序结构不合理扣 5~10 分	10	
	梯形图错误每处扣 5 分	40	
下载调试	不会下载扣 5 分	10	
	不能点动扣 10 分	10	
	不能连续运行扣 10 分	10	
项目成绩合计			
开始时间	结束时间	所用时间	
评语			

项目十四

PLC 在大气环境监测与治理技术中的应用

知识目标

- 掌握大气环境监测与治理技术工艺流程。
- 掌握烟气监测与除尘系统原理。
- 掌握烟气监测与脱硫系统原理。

能力目标

- 能够进行安全生产与应急处理。
- 能对除尘系统部件、管道、传感器安装和电源线路进行连接。
- 能对除尘系统整体进行运行与维护。
- 能对脱硫系统部件、管道、传感器安装和电源线路进行连接。
- 能对脱硫系统整体进行运行与维护。

素质目标

- 提高对环境保护的责任感和行动力,培养环保意识,养成爱护环境的习惯。
- 通过除尘和脱硫系统关键部件的拆装和连接,培养工匠精神。
- 通过生产中安全事故的举例,培养应对危机情况的能力,与此同时要遵循生产的规章制度,对待工作要做到一丝不苟。

思政微课堂

【案例】

6月2日中国气象局发布《大气环境气象公报（2022年）》,分析2022年全国大气环境和大气污染气象条件相对于2021年及近5年（2017年至2021年）平均情况变化。公报显示,2022年全国大气环境质量继续改善,长期来看,我国大气环境整体呈现向好趋势。公报显示,2022年全国平均霾日数为19.1天,较2021年和近5年平均分别减少2.2天和5.8天。全年共出现10次沙尘天气过程,较2021年减少3次,较近5年平均减少2.2次。据中国环境监测总站数据,2022年全国$PM_{2.5}$平均浓度较2021年下降3.3%。

【启示】

在当今碳中和的背景下,燃煤机组仍为电力系统的"压舱石",热电厂作为北方供暖热源站,在电力系统和保障民生中仍然发挥着重要的作用。然而燃煤烟气的排放过程会使大气污染、空气质量下降,给我国的经济和民生等方面带来了重大的影响,所以对其治理是我国的重要任务。近年来对火力发电的环保要求更加严格,环保法规对燃煤电厂的排放标准逐渐严格,2014年工业粉尘排放浓度的限值由$50mg/m^3$调整至$30mg/m^3$,重点区域为$20mg/m^3$。随着工业发展导致废气排放量增多,对不同运行工况的适应能力应更强,控制要求应更高。只有研究并提升对环境治理的技术才能进一步保护好我们来之不易的成果,加强对环境保护的治理有效途径是增加对环境保护预防和治理,从污染的源头做起,让新技术新方法更好地服务到环境治理中去。

【思考】
1. 联系实际谈谈大家对大气环境治理的看法。
2. 联系实际和所学知识谈谈对环境治理的技术手段和提升空间。

当前,我国大气环境形势不容乐观,防治问题依然严峻。污染物排放总量大,传统煤烟污染尚未得到控制,以臭氧、细颗粒物（$PM_{2.5}$）和酸雨为特征的区域复合型大气污染问题又日益突出,一些城市达不到《环境空气质量标准》（GB 3095—2012）的要求。本项目是通过大气环境监测与治理技术综合实训平台学习 PLC 在大气监测与治理中的应用。

任务　大气环境监测与治理技术中 PLC 程序编写及应用

大气环境监测与治理技术综合实训平台主要针对固定污染源——锅炉烟气的各个污染因子进行净化处理和实时监测,是专门为职业院校开设的"环境工程技术""环境监测与治理技术""环境监测与评价""城市检测与工程技术""室内检测与控制技术""工业环保与安全技术"等环境类相关专业而研制的。通过平台实训操作,可考核学生对旋风除尘技术、布袋除尘技术、烟气脱硫技术、活性炭吸附技术、烟道及烟囱的取样检测技术、污染因子在线监测技术等主要技术的应用。

一、烟气监测与除尘系统调试与运维

1. 烟气监测与除尘系统运维主要部件介绍

烟气监测与除尘系统采用机械式和过滤式的组合除尘工艺,对锅炉烟气所含的颗粒污染物进行净化处理,包含了旋风除尘和布袋除尘两种处理方法,保证处理流程的完整性和典型性。同时,利用在线传感技术,对系统运行时的诸因素进行实时监控,做到操作方便、现象直观,确保设备的综合性和实践性。系统由旋风除尘器、袋式除尘器和粉尘回收装置等主体处理设备组成,其结构示意图如图 14-1 所示。

（1）旋风除尘器　利用旋转的含尘气体所产生的离心力,将粉尘从气流中分离出来的一种干式气-固分离装置,是循环流化床锅炉的关键部件之一,其结构示意图如图 14-2 所示。它的分离效率大小决定着灰循环倍率的高低,不仅影响燃尽,而且还影响传热和脱硫效果。同时,因其对捕集、分离 5～10μm 以上的粉尘效率较高,被广泛地应用于化工、石油、冶金建筑、矿山、机械、轻纺等工业部门。

（2）袋式除尘器　含尘气体通过滤袋（简称布袋）滤去其中粉尘粒子的分离捕集装置,是一种干式高效过滤式除尘器,结构示意图如图 14-3 所示。自从 19 世纪中叶布袋除尘器开始应用于工业以来,不断地得到发展,特别是 20 世纪 50 年代,合成纤维滤料的出现、脉冲清灰及滤袋自动检漏等新技术的应用,为袋式除尘器的进一步发展及应用开辟了广阔的前景。

项目十四 PLC 在大气环境监测与治理技术中的应用

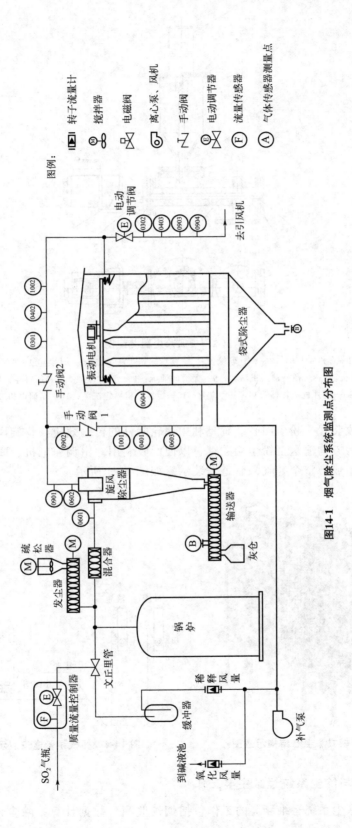

图 14-1 烟气除尘系统监测点分布图

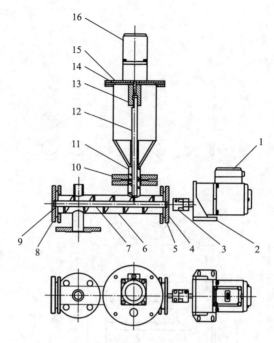

图 14-2 旋风除尘器装配图

1—精研电机 1；2—直角安装脚；3—弹性联轴器；4—螺旋输送机法兰二；5—法兰垫 1；6—螺旋输送器主体；7—螺旋输送机轴；8—螺旋输送机法兰；9—渠沟球轴承；10—法兰垫 2；11—加料斗；12—搅拌杆；13—搅拌杆联轴器；14—法兰垫 3；15—搅拌电机固定法兰；16—精研电机 2

（3）粉尘回收装置　粉尘回收装置是利用涡轮蜗杆的传输效应，将旋风除尘器和布袋除尘器捕集的颗粒污染物输送至粉尘罐贮存，以便回收利用。由调速电机、联轴器、轴承螺旋输送杆和粉尘罐组成，整个补气泵管道安装示意如图 14-4 所示。

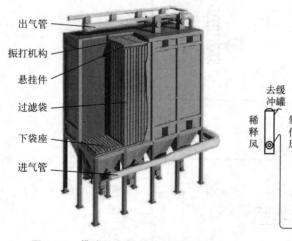

图 14-3　袋式除尘器结构示意图

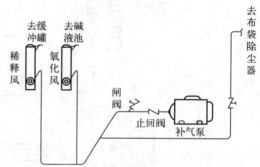

图 14-4　补气泵管道安装示意图

2. 烟气监测与除尘系统运维主要工作

烟气监测与除尘系统运维涵盖的工作包括烟气监测，数据计算，除尘系统部件、管道、电气线路、程序组态以及调试运行等。

① 除尘系统部件、管道、传感器安装连接，包括发尘系统、布袋除尘器系统的安装连接，硬管管路、气管管路的连接，以及传感器安装。

② 除尘系统电源线路连接，包括动力系统线路、传感器系统线路、通信系统线路的连接。

③ 除尘系统调试，包括电源系统、动力系统的调试，以及系统程序的编写、组态的设计、参数的设置以及故障排除。

④ 除尘系统整体运行，包括模拟气源，锅炉系统、布袋除尘器系统等的运行与维护。

⑤ 除尘系统数据监测，包括温湿度、风速、烟气流量、颗粒物、压力等数据监测。

3. 烟气监测与除尘系统程序编写

烟气监测与除尘系统的I/O分配和梯形图程序可以扫描二维码查看。

4. 烟气监测与除尘系统手动调试

根据技术规范要求逐步完成除尘系统手动任务，并在表14-1中记录数据。

烟气监测与除尘系统程序编写

① 按照污染源→机械除尘→过滤除尘→风机→烟囱的流程，正确地开关阀门。

② 打开MCGS工程，下载并进入运行环境。

③ 旋风除尘器入口风速的最佳范围是16~22m/s，为使其在自动条件下能高效工作，将其入口风速为17.5m/s时的流量，填入弹出的烟气流量控制界面（旋风除尘器的入口尺寸是：27mm×57mm）。

④ 按照监测点分布，在传感器位置选择界面选择正确的安装位置（注意：没有使用的传感器不用选位置）。

⑤ 按照正确流程，在系统总图界面点击相应阀门图标，完成阀门切换。

⑥ 在系统调试界面完成设备的单机调试；设置电动调节阀的开度为68%，并检查器件（没有使用的器件不用调试，例如水泵）的运行状况（注意风机转向）。

⑦ 调节稀释风量为2.8m³/h；调节氧化风量为0m³/h。

表14-1 操作记录表

序号	任务内容	数据计算与记录
1	设置烟气流量/（m³/h）	
2	手动调试	进行□，未进行□
3	调节稀释风量/（m³/h）	
4	调节氧化风量/（m³/h）	

二、烟气监测与脱硫系统调试与运维

1. 烟气监测与脱硫系统主要部件介绍

系统采用化学吸收和物理吸附的组合工艺对锅炉烟气所含的气态污染物进行净化处理，包含了湿式脱硫和活性炭吸附两种处理方法，保证处理工艺的完整性和典型性。同时，利用在线传感技术，对系统运行时的诸因素进行实时监控，做到正常运行、低限报警、超限停机，确保设备的安全性和实践性。系统由湿法脱硫系统、活性炭吸附塔和烟囱等主体处理设备组成，其结构示意图如图14-5所示。

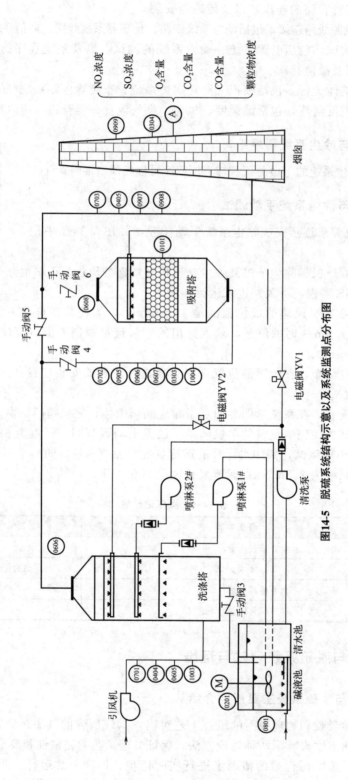

图14-5 脱硫系统结构示意图及系统监测点分布图

(1) 湿法脱硫系统　湿法脱硫（wet flue gas desulfurization，WFGD）是利用液体碱性吸收剂洗涤锅炉烟气以除去二氧化硫的技术。它是世界上大规模商业化应用的脱硫方法之一，并已成为控制酸雨和 SO_2 污染最为有效和主要的技术手段，约占世界上现有烟气脱硫装置的 85%。

装置的脱硫系统主要采用钠碱法脱硫工艺进行 SO_2 净化，位于燃煤锅炉的除尘系统之后，包括洗涤塔（相关变动后，可改作填料塔）、碱液池和清水池。

① 洗涤塔　一种古老的湿法除尘设备，由于其结构简单、阻力小，在工业生产中，特别是作为环保设备得到广泛应用，洗涤塔结构示意图如图 14-6 所示。它利用气体与液体间的接触，将气体中的污染物传送到液体中，然后再将清洁气体与被污染的液体分离，达到清洁空气的目的。它采用气液逆向吸收方式处理，即液体自塔顶向下以雾状（或小液滴）喷洒，而废气则由塔底逆流向上以达到气液接触的目的。净化的气体再经除雾段气液分离后，排入大气中。

② 碱液池　与洗涤塔底部连接，可做化药池和循环池使用。将循环池与洗涤塔分置，其优点为：

a. 塔体高度相应降低且免用侧进式搅拌器，成本大大降低；

b. 浆液置于塔外低位池体内，可切实避免塔内存浆液液位过高时可能反灌进入烟道的隐患、侧进式搅拌器机械密封损坏泄漏造成塔体漏浆的隐患；

c. 浆液的浓度调整、液位监控简单、直观，池体清淤容易。

③ 清水池　与反冲泵相连，用作洗涤塔除雾器的反冲水和吸附塔活性炭床的降温水，水泵出口管道安装示意图如图 14-7 所示。

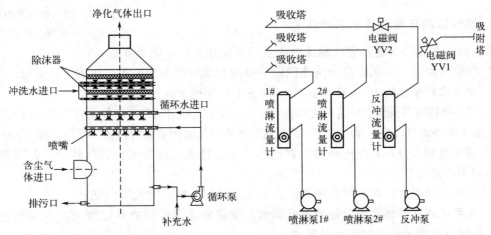

图 14-6　洗涤塔结构示意图　　图 14-7　水泵出口管道安装示意图

(2) 活性炭吸附罐　活性炭是一种良好的吸附剂，常用来吸附净化空气中的有害物质。在垃圾焚烧处理过程中，活性炭吸附装置是专为吸附烟气中的重金属和二噁英、呋喃等污染物而设计的，结构示意图如图 14-8 所示。本装置采用内置活性炭的固定床吸附罐，对含有微量 SO_2 气体的烟气进行吸附净化。

(3) 烟囱　烟囱是指将烟雾和热气流从火炉、工业炉等燃烧炉中排入大气的装置，具有拔火拔烟、改善燃烧条件的作用。根据制作材料的不同，可分为砖烟囱、钢筋混凝土烟囱和钢板烟囱三种。

2. 烟气监测与脱硫系统运维主要工作

脱硫系统运维包括烟气监测、数据计算，脱硫系统部件、管道、电气线路、程序组态以

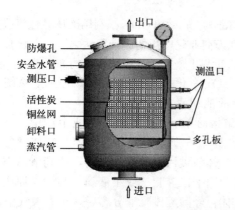

图 14-8 活性炭吸附罐结构示意图

及调试运行等。

① 脱硫系统部件、管道、传感器安装连接，包括湿法脱硫系统的安装连接，脱硫系统硬管管路、气管管路的连接，以及传感器安装。

② 脱硫系统电源线路连接，包括动力系统线路、传感器系统线路、通信系统的连接。

③ 脱硫系统调试，包括电源系统、动力系统调试，系统程序编写、组态设计、参数设置以及故障排除。

④ 脱硫系统整机运行，包括模拟气源、脱硫碱液的配制，锅炉系统、脱硫系统、吸附系统等的运行与维护。

⑤ 脱硫系统数据监测，包括温湿度、烟气流量、二氧化硫、氮氧化物、一氧化碳、二氧化碳、排放浓度及剩余氧含量等数据监测。

3. 烟气监测与脱硫系统程序编写

烟气监测与脱硫系统的 I/O 分配和梯形图程序可以扫描二维码查看。

烟气监测与脱硫系统程序编写

4. 烟气监测与脱硫系统手动调试

根据技术规范要求逐步完成脱硫系统手动调试任务，并记录数据。

① 按照污染源→旋风除尘→洗涤脱硫→吸附脱硫→烟囱的流程，正确地开关阀门。

② 设置监控中心的 IP 地址，下载 MCGS 工程并进入运行环境。

③ 填料吸收塔的最佳空塔速度为 0.3~1m/s，为使其在自动条件下能高效工作，将其空速定为 0.56m/s 时的流量，填入弹出的烟气流量控制界面（填料吸收塔的内径尺寸是：ϕ247mm）。

④ 按照监测点分布，在传感器位置选择界面选择正确的安装位置（注意：测压降的差压传感器不用选位置）。

⑤ 按照正确流程，在系统总图界面点击相应阀门图标，完成阀门切换。

⑥ 在系统调试界面完成设备的单机调试：设置电动调节阀的开度为 76%，并检查器件的运行状况（注意风机转向和水泵气蚀）。

⑦ 调节稀释风量为 3.0m³/h；调节氧化风量为 0m³/h；调节喷淋泵 1# 和 2# 的喷淋量为 3.5L/min；吸收塔的反冲流量为 3.0L/min。

调节前请裁判评判，并在表 14-2 中进行记录。

表 14-2 操作记录表

序号	任务内容	数据计算与记录
1	设置烟气流量/（m³/h）	
2	手动调试	进行□，未进行□
3	调节稀释风量/（m³/h）	
4	调节氧化风量/（m³/h）	

续表

序号	任务内容	数据计算与记录
5	调节喷淋泵1#的喷淋量/（L/min）	
6	调节喷淋泵2#的喷淋量/（L/min）	
7	调节吸收塔的反冲流量/（L/min）	
8	正常运行时，填料塔液气比/（L/m^3）	

任务实施

2021年全国职业院校技能大赛大气环境监测与治理技术

A 大气治理工程方案设计

A2 工程图纸设计

A2-1 检测点图纸设计

在考试U盘中打开名为"ST01.DWG"的文件，将图幅内边长为400mm×400mm的方框（代表测定位置的管道截面，不计管道壁厚），根据《锅炉烟尘测试方法》（GB 5468—1991）的要求进行分块处理，并标出每个测点到管道壁的距离（要求测点数为4个）。

功能要求：

(1) 建新图层，命名为"分块线"，设置图层内线型样式。颜色：白色；线型：Continuous；线宽：0.3mm。所有绘制的分块线均置于该图层。

(2) 建新图层，命名为"检测点"。将工具栏"格式"中的"点样式"进行编辑，点样式：⊗；点大小：5单位。并将检测点用⊗表示在该图层。

(3) 建新图层，命名为"标注"，设置图层内线型样式。颜色：绿色；线型：Continuous；线宽：0.13mm。选择标注样式ISO-25，标出每个测点到管道壁的距离。

(4) 在给定的U盘内，自主建立一个文件夹，并以"场次+工位号"命名。同时，将完成的图纸保存在该文件夹内，命名为：检测点绘制。

A2-2 系统流程图设计

在考试U盘中打开名为"ST02.DWG"的文件，选择合适的图幅，结合大气环境监测与治理技术综合实训平台，按照污染源→机械除尘→过滤除尘→吸收脱硫→吸附脱硫→烟囱的工艺流程，连接器件和设备，完成系统流程图。

功能要求：

(1) 用线段连接需要用到的器件和设备，完善系统流程图。并把所有连线归到粗实线图层。

(2) 建新图层，命名为"虚线"，设置图层内线型样式。颜色：黄色；线型：HIDDEN2；线宽：0.13mm。连接流程中不需用到的管线，将其归到虚线图层，并将其线型比例设为1.5。

(3) 按照编号，填写图框右下角的统计表格（只填"名称"与"数量"），并设置多行文字格式。样式：标题栏；字体：宋体；文字高度：10。将所填文字皆归于文字图层。

(4) 将完成的图纸保存在"场次+工位号"的文件夹内，命名为：系统流程图。

A3 电气原理图设计

根据任务书要求，利用现场提供的程序、导线及工具等，完成电气系统的原理图、定义表的补充和电气线路连接。根据控制要求在原理图虚线框内补全电气符号。参考电气图形符号如图14-9所示。

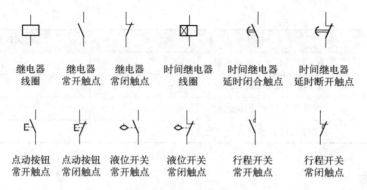

图 14-9 电气符号

控制要求：按下启动按钮 SB1 后，疏松器 KM1 启动，延时 KT1 时间后，发灰器 KM2 工作。按下停止按钮 SB2，延时 KT2 时间后，疏松器 KM1 和发灰器 KM2 均停止工作（图 14-10）。

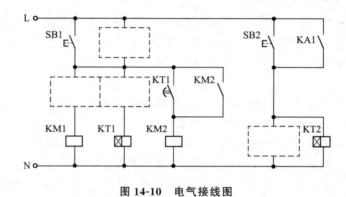

图 14-10 电气接线图

注：一个虚线框内只能绘制一个电气符号（包括图形符号和文字符号）

学习讨论

1. 在烟气监测与除尘系统调试与运维中，当疏松器启动后，颗粒物浓度达到比较值后，疏松器仍未关闭，试分析原因并解决。

2. 在烟气监测与脱硫系统调试与运维中，液体碱性吸收剂的配置及采样是关键，学习讨论如何在实践中快速配置吸收液，谈谈自己的心得。

项目小结

思考题

14-1 在环境空气监测点采样口周围（　　）空间，环境空气流动不受任何影响。如果采样管的一边靠近建筑物，至少在采样口周围要有（　　）弧形范围的自由空间。（　　）

　　A. 90°，180°　　　　　　　　　　　　B. 180°，90°
　　C. 270°，180°　　　　　　　　　　　 D. 180°，270°

14-2 用 U 形压力计可测定固定污染源排气中的（　　）。
  A. 动压和静压   B. 静压和全压   C. 全压   D. 动压和全压

14-3 为了从烟道中取得有代表性的烟尘样品，必须用等速采样方法。即气体进入采样嘴的速度应与采样点烟气速度相等。其相对误差应控制在（　　）%以内。
  A. 5   B. 10   C. 15   D. 20

14-4 烟气采样前应对采样系统进行漏气检查。对不适于较高减压或增压的监测仪器，方法是先堵住进气口，再打开抽气泵抽气，当（　　）min 内流量指示降至 0 时，可视为不漏气。
  A. 2   B. 5   C. 10   D. 20

14-5 STEP 7-Micro/WIN SMART 软件硬件组态时，选中"模块"列的某个单元，可用键盘上的（　　）键删除改行的模块或信号板。
  A. Backspace   B. Delete   C. Enter   D. Insert

14-6 STEP 7-Micro/WIN SMART 软件中，将鼠标指针悬停在某条指令上，将会显示该指令的（　　）和参数
  A. 功能   B. 属性   C. 地址   D. 名称

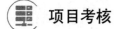

项目考核

项目实施过程考核与结果考核相结合，由项目委托方代表（教师或学生）对项目各项任务的完成结果进行验收、评分；学生进行"成果展示"，经验收合格后进行接收。

项目完成情况作为考核能力目标、知识目标、拓展目标的主要内容，具体包括：完成项目的态度、项目报告质量、资料查阅情况、问题的解答、团队合作、应变能力、表述能力、辩解能力、外语能力等。

完成情况考核评分表

评分内容	评分标准	配分	得分
烟气监测与除尘系统调试与运维	设置烟气流量（m³/h）数据记录不正确扣 5 分	5	
	手动调试操作不规范扣 10～20 分	20	
	调节稀释风量（m³/h）数据记录不正确扣 5 分	5	
	调节氧化风量（m³/h）数据记录不正确扣 5 分	5	
烟气监测与脱硫系统调试与运维	设置烟气流量（m³/h）数据记录不正确扣 5 分	5	
	手动调试操作不规范扣 10～20 分	20	
	调节稀释风量（m³/h）数据记录不正确扣 5 分	5	
	调节氧化风量（m³/h）数据记录不正确扣 5 分	5	
	调节喷淋泵 1# 的喷淋量（L/min）数据记录不正确扣 5 分	5	
	调节喷淋泵 2# 的喷淋量（L/min）数据记录不正确扣 5 分	5	
	调节吸收塔的反冲流量（L/min）数据记录不正确扣 5 分	5	
	正常运行时，填料塔液气比（L/m³）数据记录不正确扣 5 分	5	
文明素养	服装规范	5	
	整洁	5	
项目成绩合计			
开始时间		结束时间	所用时间
评语			

项目十五

PLC 在水污染控制中的应用

知识目标

- 掌握 A/O 工艺自动程序控制原理。
- 掌握 A/A/O 工艺自动程序控制原理。
- 掌握 SBR 工艺自动程序控制原理。
- 掌握 MSBR 工艺自动程序控制原理。

能力目标

- 能根据变量表要求连接 PLC 模块和工艺设备。
- 能根据工艺要求进行简单的 PLC 程序修改和编写。
- 能正确操作不同工艺的自动控制系统。

素质目标

- 树立正确世界观、人生观和价值观，做有理想有本领有担当的时代新人。
- 体验严谨认真、耐心专注的工作态度和精益求精、一丝不苟的工匠精神。
- 通过工程要求和工作程序学习，培养标准规范意识、认真严谨的职业态度，实事求是、踏实肯干的工作作风。

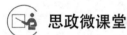
思政微课堂

【案例】

2023 年重庆市五一劳动奖章获得者"环保匠人"朱宇牢记共产党员的先锋模范作用，面对合川城区 20 年不遇特大洪灾，他连续奋战在抗洪抢险一线长达 20 余天未回家；朱宇带头参与污水管网清淤及污水检查井盖更换工作，夜以继日防止淤泥冲入市政污水管道，确保了合川城区污水管网最短时间恢复运行，实现城区生活污水正常收集和处理。

【启示】

在污水处理过程中，如果只有常规的处理工艺，一旦遇到处理过程中随机的干扰源，则系统不稳，效率降低，甚至处理不合格。只有在一个可实现自动控制的闭环系统中，干扰才能够有效予以清除，保证了产品质量，系统实现了抗干扰的功能，并且还可以通过控制器的参数修正，使得抗干扰能力更强。而对于我们每个人而言，外界事物，纷繁复杂，如何在当前的工作学习生涯中，安之若素，不为所动，是对我们每个人的品质修养的考验。

【思考】

1. 联系实际谈谈如何在污水处理领域坚守初心，学有所成。
2. 联系实际谈谈自动控制系统在水污染控制中的应用。

任何国家经济的发展，都伴随着人民生活水平的改善和城市化进程的不断加快。但是相应的淡水资源的需求和消耗也在不断增多，水环境的质量越来越恶劣，因此，提高污水处理效果和优化污水脱氮除磷工艺等都有着重要的社会意义。本项目是通过水环境监测与治理技术综合实训平台学习 PLC 在污水处理中的应用。

任务　不同水处理工艺的 PLC 程序编写及应用

一、A/O 控制系统

1. A/O 系统工作原理

A/O（anoxic/oxic）生物脱氮工艺于 20 世纪 80 年代诞生，是城市污水处理厂广泛采用的一种脱氮工艺。该工艺利用污水中的含碳有机物作为反硝化碳源，能有效地同时去除 COD 和含氮化合物。系统主要由原水箱、格栅、调节池、平流式沉砂池、缺氧池、好氧池、竖流式二沉池、砂滤柱等组成。电气控制主要由控制柜、进水阀、计量泵、调节池搅拌电机、浮球式液位开关、缺氧池搅拌电机、曝气盘和风机等组成。

拟通过自动程序控制实现如下任务：根据调节池水位控制药水搅拌机的启停和进水阀门的开闭，同时控制药水搅拌机的运行时间；根据沉砂池水位和 pH 值控制提升泵的启停；根据缺氧池水位控制缺氧池搅拌机、气泵、内回流泵和外回流泵的启停，并控制其运行时间。其自动程序控制原理流程如图 15-1 所示。

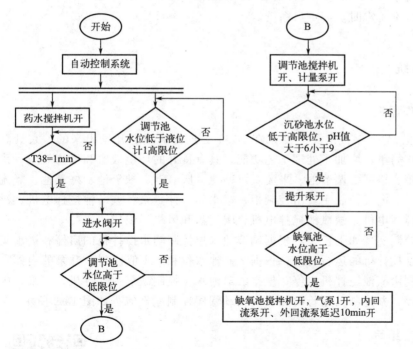

图 15-1　A/O 系统自动控制工艺流程图

A/O 系统程序编写

2. A/O 系统程序编写

A/O 系统 PLC 控制的 I/O 分配、硬件接线图和梯形图程序可扫描二维码查看。

3. A/O 系统操作步骤

① 检查系统管路连接、接线以及各电气元件状态。
② 将控制柜电源插入电源单相三线、带接地线、电流 10A 以上的插座。
③ 连接通信线，下载 A/O 系统的 PLC 程序与触摸屏工程。

a. 用网线将主机连接到计算机的网口后，再打开控制面板上交、直流电源二位旋钮，操作 PLC 编程软件，将 A/O 系统样例控制程序下载到主机上。

b. 用 USB 线将触摸屏连接到计算机的 USB 口上，打开触摸屏工程组态软件，将触摸屏组态工程样例下载到触摸屏。

c. 断电后插上触摸屏与主机的通信线并上电。

④ 将系统置为手动状态，在触摸屏调试界面窗口查看各限位输入信号及按下相关按钮启动相应的设备是否运行正确。并确保水泵在工作状态下管路无漏水现象，确保搅拌电机搅拌方向正确，然后将系统置为自动状态。

⑤ 通过面板上面的按钮或者触摸屏上的自动控制界面启动、停止、复位整个系统（按下停止按钮只能使系统停止继续往下运行，停止系统工作需要按下复位按钮或断电）。

⑥ 打开 MCGS 组态软件，运行组态工程，进入主界面，按下相应按钮切换到相关监控界面进行监控。

⑦ 启动系统后，可打开触摸屏数据监控界面看相应仪表的数据变化。

⑧ 启动系统后，在提升泵、内回流泵、外回流泵工作时调节各泵的流量，分别是提升泵 3～4L/min、内回流泵＜2L/min、外回流泵＜2L/min。

注意：当装置运行不正常时，需重启系统。

二、A^2/O 控制系统

1. A^2/O 系统工作原理

A^2/O 工艺是 20 世纪 70 年代由美国专家在 A/O 工艺的基础上开发出来的，它具有同步脱氮除磷功能，操作简单，增加了处理工艺功能，具有良好的环境效益和经济效应。系统工艺结构主要由原水箱、格栅、调节池、平流式沉砂池、厌氧池、缺氧池、好氧池、竖流式二沉池、砂滤柱等组成。电气控制主要由控制柜、进水阀、计量泵、调节池搅拌电机、浮球式液位开关、厌氧池搅拌电机、缺氧池搅拌电机、曝气盘和风机等组成。

拟通过自动程序控制实现如下任务：根据调节池水位控制药水搅拌机的启停和进水阀门的开闭，同时控制药水搅拌机的运行时间；根据沉砂池水位和 pH 值控制提升泵的启停；根据厌氧池水位高低控制厌氧池搅拌机启停；根据缺氧池水位控制缺氧池搅拌机、气泵、内回流泵和外回流泵的启停，并控制其运行时间。其自动程序控制原理流程如图 15-2 所示。

2. A^2/O 系统程序编写

A^2/O 系统 PLC 控制的 I/O 分配、硬件接线图和梯形图程序可扫描二维码查看。

A^2/O 系统程序编写

项目十五　PLC在水污染控制中的应用

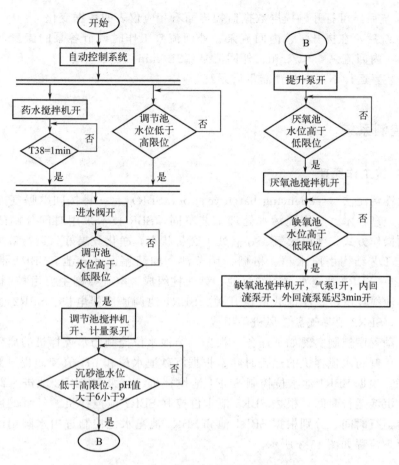

图 15-2　A^2/O 系统自动控制工艺流程图

3. A^2/O 系统操作步骤

① 检查系统管路连接、接线以及各电气元件状态。

② 将控制柜电源插入电源单相三线、带接地线，电流 10A 以上的插座。

③ 连接通信线，下载 A^2/O 系统的 PLC 程序与触摸屏工程。

a. 用网线将主机连接到计算机的网口后，再打开控制面板上交、直流电源二位旋钮，操作 PLC 编程软件，将 A^2/O 系统样例控制程序下载到主机上。

b. 用 USB 线将触摸屏连接到计算机的 USB 口上，打开触摸屏工程组态软件，将触摸屏组态工程样例下载到触摸屏。

c. 断电后插上触摸屏与主机的通信线并上电。

④ 将系统置为手动状态，在触摸屏调试界面窗口查看各限位输入信号及按下相关按钮启动相应的设备是否运行正确。并确保水泵在工作状态下管路无漏水现象，确保搅拌电机搅拌方向正确，然后将系统置为自动状态。

⑤ 通过面板上面的按钮或者触摸屏上的自动控制界面启动、停止、复位整个系统（按下停止按钮只能使系统停止继续往下运行，停止系统工作需按下复位按钮或断电）。

⑥ 打开 MCGS 组态软件，运行组态工程，进入主界面，按下相应按钮切换到相关监控界面进行监控。

⑦ 启动系统后，可打开触摸屏数据监控界面看相应仪表的数据变化。

⑧ 启动系统后，在提升泵、内回流泵、外回流泵工作时调节各泵的流量，分别是提升泵 3~4L/min、内回流泵＜2L/min、外回流泵＜2L/min。

注意：当装置运行不正常时，需重启系统。

三、SBR 控制系统

1. SBR 系统工作原理

间歇式活性污泥法（sequencing batch reactor，SBR）是一种按间歇曝气方式来运行的活性污泥污水处理技术。与传统污水处理工艺不同，SBR 技术采用时间分割的操作方式替代空间分割的操作方式。池内厌氧、好氧处于交替状态，净化效果好，运行效果稳定，效率高。SBR 系统工艺结构由原水箱、格栅、调节池、加药箱、沉砂池、SBR1 池、SBR2 池、SBR1 池滗水器、SBR2 池滗水器、二沉池、砂滤柱组成，电气控制主要由控制柜、进水阀、计量泵、调节池搅拌电机、浮球式液位开关、SBR1 池调速搅拌电机、SBR2 池调速搅拌电机、SBR1 池和 SBR2 池曝气盘、风机等组成。

拟通过自动程序控制实现如下任务：根据调节池水位控制药水搅拌机的启停和进水阀门的开闭，同时控制药水搅拌机的运行时间；根据沉砂池水位和 pH 值控制提升泵和 SBR1 池进水阀的启停；根据 SBR1 池水位控制 SBR1 池搅拌机、气泵和 SBR2 池进水阀的启停，并控制其曝气、沉淀运行时间；根据 SBR2 池水位控制 SBR2 池搅拌机、气泵的启停，并控制其曝气、沉淀运行时间；分别根据 SBR1 池和 SBR2 池滗水位控制进出水阀门的开闭。其自动程序控制原理流程如图 15-3 所示。

2. SBR 系统程序编写

SBR 系统 PLC 控制的 I/O 分配、硬件接线图和梯形图程序可扫描二维码查看。

SBR 系统程序编写

3. SBR 系统操作步骤

① 检查系统管路连接、接线以及各电气元件状态。

② 将控制柜电源插入电源单相三线，带接地线，电流 10A 以上插座。

③ 连接通信线，下载 SBR 系统的 PLC 程序与触摸屏工程。

a. 用网线将主机连接到计算机的网口后，再打开控制面板上交、直流电源二位旋钮，操作 PLC 编程软件，将 SBR 系统样例控制程序下载到主机上。

b. 用 USB 线将触摸屏连接到计算机的 USB 口上，打开触摸屏工程组态软件，将触摸屏组态工程样例下载到触摸屏。

c. 断电后插上触摸屏与主机的通信线并上电。

④ 将系统置为手动状态，在触摸屏调试界面窗口查看各限位输入信号及按下相关按钮启动相应的设备是否运行正确。并确保水泵在工作状态下管路无漏水现象，确保搅拌电机搅拌方向正确，将系统置为自动状态。

⑤ 通过面板上面的按钮或者触摸屏上的自动控制界面启动、停止、复位整个系统（按下停止按钮只能使系统停止继续往下运行，停止系统工作需按下复位按钮或断电）。

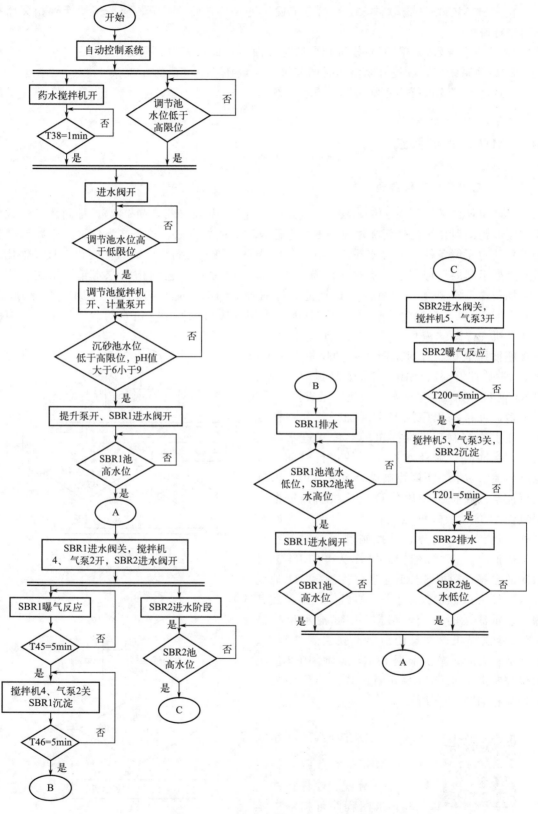

图 15-3 SBR 系统自动控制工艺流程图

⑥ 打开 MCGS 组态软件，运行组态工程，进入主界面，按下相应按钮切换到相关监控界面进行监控。

⑦ 启动系统后，可打开触摸屏数据监控界面看相应仪表的数据变化。

⑧ 启动系统后，在提升泵工作时调节泵的流量在 4L/min 左右。

注意：当装置运行不正常时，需重启系统。

四、MSBR 控制系统

1. MSBR 系统工作原理

改良间歇式活性污泥法（modified sequencing batch reactor，MSBR），是同济大学顾国维教授课题组对传统活性污泥法（SBR）进行改进后的新方法。该工艺为各种微生物繁殖创造了最佳的环境条件和水力条件，使有机物的降解、氨氮的硝化、磷的释放和吸收等生化过程一直处于高效反应状态，提高了降解效率。MSBR 系统工艺结构由原水箱、格栅、调节池、加药箱、沉砂池、厌氧池、缺氧池、好氧池、SBR1 池、SBR2 池、SBR1 池滗水器、SBR2 池滗水器、二沉池、砂滤柱组成，电气控制主要由控制柜、进水阀、计量泵、调节池搅拌电机、浮球式液位开关、厌氧池搅拌电机、缺氧池搅拌电机、好氧池曝气盘和风机、SBR1 池调速搅拌电机、SBR2 池调速搅拌电机、SBR1 池和 SBR2 池曝气盘、风机等组成。

拟通过自动程序控制实现如下任务：根据调节池水位控制药水搅拌机的启停和进水阀门的开闭，同时控制药水搅拌机的运行时间；根据沉砂池水位和 pH 值控制提升泵的启停；根据厌氧池水位高低控制厌氧池搅拌机启停；根据缺氧池水位控制缺氧池搅拌机、气泵、内回流泵和外回流泵的启停，并控制其运行时间；根据沉砂池水位和 pH 值控制提升泵和 SBR1 池进水阀的启停；根据 SBR1 池水位控制 SBR1 池搅拌机、气泵和 SBR2 池进水阀的启停，并控制其曝气、沉淀运行时间；根据 SBR2 池水位控制 SBR2 池搅拌机、气泵的启停，并控制其曝气、沉淀运行时间；分别根据 SBR1 池和 SBR2 池滗水位控制进出水阀门的开闭。其自动程序控制原理流程如图 15-4 所示。

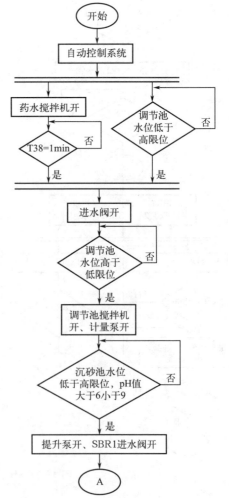

2. MSBR 系统程序编写

MSBR 系统 PLC 控制的 I/O 分配、硬件接线图和梯形图程序可扫描二维码查看。

MSBR 系统程序编写

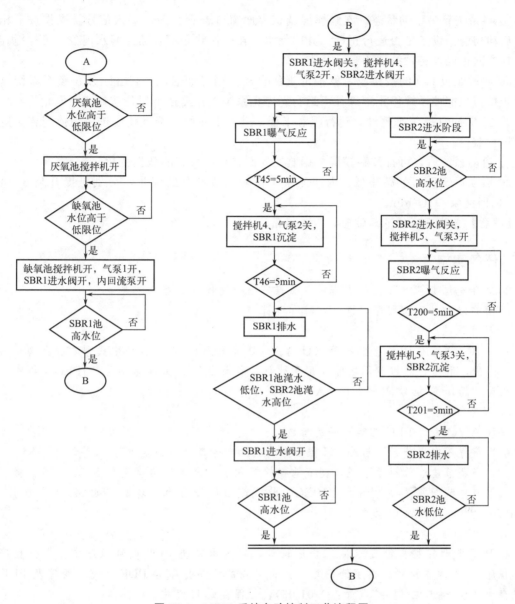

图 15-4　MSBR 系统自动控制工艺流程图

3. MSBR 系统操作步骤

① 检查系统管路连接、接线以及各电气元件状态。

② 将控制柜电源插入电源单相三线，带接地线，电流 10A 以上插座。

③ 连接通信线，下载 MSBR 系统的 PLC 程序与触摸屏工程。

a. 用网线将主机连接到计算机的网口后，再打开控制面板上交、直流电源二位旋钮，操作 PLC 编程软件，将 MSBR 系统样例控制程序下载到主机上。

b. 用 USB 线将触摸屏连接到计算机的 USB 口上，打开触摸屏工程组态软件，将触摸屏组态工程样例下载到触摸屏。

c. 断电后插上触摸屏与主机的通信线并上电。

④ 将系统置为手动状态，在触摸屏调试界面窗口查看各限位输入信号及操作按下相关按钮启动相应的设备是否运行正确。并确保水泵在工作状态下管路无漏水现象，确保搅拌电机搅拌方向正确，将系统置为自动状态。

⑤ 通过面板上面的按钮或者触摸屏上的自动控制界面启动、停止、复位整个系统（按下停止按钮只能使系统停止继续往下运行，停止系统工作需按下复位按钮或断电）。

⑥ 打开 MCGS 组态软件，运行组态工程，进入主界面，按下相应按钮切换到相关监控界面进行监控。

⑦ 启动系统后，可打开触摸屏数据监控界面看相应仪表的数据变化。

⑧ 启动系统后，在提升泵、内回流泵工作时调节各泵的流量，分别是提升泵 3～4L/min、内回流泵<2L/min。

【注意】当装置运行不正常时，需重启系统。

任务实施

2020 年全国职业院校技能大赛改革试点赛水处理技术 B 模块赛卷库

B1-2 自动控制系统程序识读、完善和设计

1. 程序识读

打开 A^2/O 系统 PLC 控制程序（U 盘：\考试程序），在主程序中找到"进水阀自动控制"程序段，利用计算机截图功能及画图软件，将其截图并保存为图片"JPEG"格式，图片命名为"场次-工位号-题号"（如 A-01-01）保存到 U 盘中。

2. 程序修改

修改 A^2/O 系统 PLC 控制程序的参数：

（1）将程序中提升泵开启的 pH 限定条件改为大于等于 5.0 且小于 8.0；

（2）当调节池液位超过下限，调节池搅拌机和加药泵延时启动时间改为 45 秒。将该网络（或包含）截图并保存为图片"JPEG"格式，图片命名为"场次-工位号-题号-图片号"（如 B-01-02-1）保存到 U 盘中。

3. 程序编写

在 PLC 软件中按控制要求完成程序设计，在供水系统 PLC 控制程序中，根据程序段 11、程序段 14 的注释完成程序的编写。并将完成的程序打印为 PDF 文档。程序及 PDF 文档保存为"场次-工位-题号"（如：A-01-03），并保存到 U 盘中。

程序段 11：

液位超过提升池下限 I1.0、液位低于沉砂池上限 I1.1、停止标志位 M0.1 未置位、pH 值大于 5.5 小于 8.5 时，延时 T39 置位提升泵 Q0.0。定时器 T39 设定值为 20s。

程序段 14：

当厌氧池液位达到下限 I0.4 后，厌氧池搅拌电机 Q0.7 置位。当缺氧池液位达到下限 I0.6 后，缺氧池搅拌机 Q2.0、风机 1、内回流泵 Q1.0 置位。

B2 自动化控制

B2-1 根据 PLC 控制电路接线图或程序 I/O 点定义连接 PLC 及其外围线路

（1）阅读现场提供的 A^2/O 系统 PLC 程序，并依据此程序完善 PLC 端口定义表，见表 15-1。

表 15-1　PLC 端口定义表

	数字量输入定义		数字量输出定义
	系统启动按钮 SB1		进水阀 YV1
	系统停止按钮 SB2		药水搅拌机 MA1
	系统复位按钮 SB3		调节池搅拌机 MA2
	手自动切换按钮 SB4		厌氧池搅拌机 MA3
	厌氧池下限 限位信号 4		缺氧池搅拌机 MA4
	缺氧池下限 限位信号 6		风机 1 MA5
	缺氧池上限 限位信号 5		风机 2 MA6
	调节池下限 限位信号 2		风机 3 MA7
	调节池上限 限位信号 1		提升泵 MA8
	沉砂池上限 限位信号 3		内回流泵 MA10
1M	直流电源输出 24V		外回流泵 MA9
1L	交流电源输出 L		加药泵 MA11
2L	交流电源输出 L		
3L	交流电源输出 L		
4L	交流电源输出 L		
5L	交流电源输出 L		
	模拟量输入定义		模拟量输出定义
	在线式 DO 仪（一）＋		
	在线式 DO 仪（一）－		
	在线式 DO 仪（二）＋		
	在线式 DO 仪（二）－		
	在线式 DO 仪（三）＋		
	在线式 DO 仪（三）－		
	在线式 DO 仪（四）＋		
	在线式 DO 仪（四）－		
	在线式 pH 仪＋		
	在线式 pH 仪－		

（2）根据已完成 PLC 端口定义表（见表 15-1），完成电气控制柜的接线，要求导线颜色与插座颜色一致，并要求选取长度适中的导线进行连接。

【注意】出现插座的颜色不同时，上下接线时以上边插座颜色为准，左右接线时以左边的颜色插座为准，长度适中，导线长度与两插座距离之差不超过 20cm。

（3）根据在线 pH 仪的仪表与电极上的标签，完成 pH 电极接线。

（4）数据线（PLC 下载线、触摸屏下载线、PLC 与触摸屏的通信线）的连接。

（5）任务中的所有线路连接确认完成无误后向裁判举手示意确认并签字，记录在表 15-2 中。

表 15-2 线路连接记录表

序号	项目	参赛选手签字	裁判签字
1	实验导线连接完成 □是 □否		
2	电极接线完成 □是 □否		
3	PLC下载线连接完成 □是 □否		
4	触摸屏下载线连接完成 □是 □否		
5	通信线连接完成 □是 □否		

B2-2 进行触摸屏画面的设计、变量定义和动画连接

打开提供的 A^2/O 系统工程,触摸屏监控界面中 A^2/O 系统工艺流程图提升泵后面管路水流流动不运行,现需要查找原因并解决问题,恢复正常。

(1) 增加设备通道 打开组态工程进入组态界面,打开设备窗口,点击设备0进入设备编辑窗口,增加设备通道,并截图保存命名"增加设备通道+工位号"。

(2) 设备通道参数设置 设备通道中通道类型、数据类型、通道地址可通过 A^2/O 系统 PLC 程序中输出转换子程序中提升泵-MA8 转换后的中间变量得出。参数设备完成,截图保存命名"设备通道参数设置+工位号",确定。

点击创建的设备通道,完成变量选择,截图保存命名"变量选择+工位号"确认保存关闭窗口。

(3) A^2/O 系统工艺流程示意图提升泵管路流动属性设置 选择用户窗口,打开 A^2/O 系统监测界面,点击提升泵后面管路进入流动块构建属性设置界面,正确添加流动属性和可见度属性的表达式窗口变量,"流动属性+工位号"和"可见度属性+工位号"。

(4) 确认保存关闭。

(5) 相关操作过程截图保存到 U 盘中。

B2-3 使用组态软件实现在线监测仪器数值的实时监测

根据监测需求,现需要技术人员在 A^2/O 系统工艺流程示意图中调节池旁增加在线 pH 值数据显示、好氧池旁增加在线监测 DO 值数据显示。相关操作过程截图保存到 U 盘中。

1. DO 在线仪数值显示建立

(1) 建立 DO(二)值数据显示窗口 打开工程进入 A^2/O 系统工艺流程示意图界面,选择工具箱中工具标签"A"创建显示框窗口,并截图保存"DO(二)值数据显示窗口+工位号"。

(2) 显示输出参数设置 点击创建的显示框进入标签动画组态属性设置界面,选择显示输出,打开显示输出进入参数设置界面,表达式窗口参数可通过 PLC 程序寄存器地址确定,点击数值量输出,设置 DO 值保留小数 1 位,确定保存,并截图保存"显示输出参数设置+工位号"。

2. pH 在线仪数值显示建立

(1) 建立 pH 值数据显示窗口 打开工程进入 A^2/O 系统工艺流程示意图界面,选择工

具箱中工具标签"A"创建显示框窗口,并截图保存"pH值数据显示窗口+工位号"。

(2)显示输出参数设置　点击创建的显示框进入标签动画组态属性设置界面,选择显示输出,打开显示输出进入参数设置界面,表达式窗口参数可通过PLC程序寄存器地址确定。点击数值量输出,设置pH值保留小数1位,确定保存。并截图保存"显示输出参数设置+工位号"。

学习讨论

1. A/O工艺中,当沉砂池水位达到上限位时,提升泵未自动关闭,试分析原因并解决。

2. A^2O工艺中,液位超过提升池下限、液位低于沉砂池上限、停止标志位M0.1未置位、pH值大于8.5小于14时,延时T39置位提升泵Q0.8。定时器T39设定值为20s。如使用自来水运行上述程序段会发生什么问题?如何解决?

项目小结

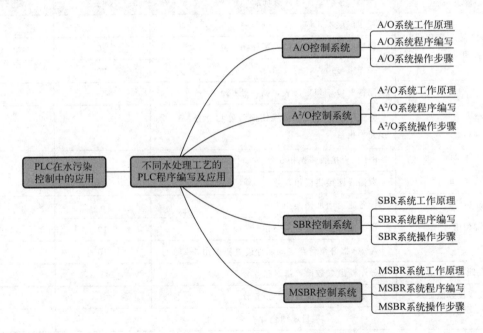

思考题

15-1　在提供的A/O系统PLC程序的基础上进行提升泵启动时间统一调为25s,停止延时时间调为10s,提升泵启动的pH限值调为5~10。

15-2　修改SBR系统PLC控制程序的参数:当调节池液位超过下限,调节池搅拌机和加药泵延时启动时间改为45s。将该网络(或包含)截图并保存为图片"JPEG"格式。

15-3　阅读SBR系统PLC控制程序:常开触点用(　　)符号表示,常闭触点用(　　)符号表示,置位线圈用(　　)符号表示,复位线圈用(　　)符号表示。

15-4　修改SBR系统PLC控制程序的时间参数:(1)将程序中"药水搅拌机"启动1min后启动系统,改为"药水搅拌机"启动45s后启动系统;(2)将程序中SBR2池的1min曝气时间,改为55s曝气时间。

15-5 设计沉砂池进水自动控制程序，控制要求：（1）I1.1为沉沙池的液面上限位；（2）上限位没有检测到信号时，提升泵Q2.4工作，上限位检测到信号20s后，提升泵Q2.4停止工作。

15-6 在提供的MSBR系统PLC程序的基础上进行提升泵启动时间统一调为25s，停止延时时间调为10s，提升泵启动的pH限值调为5～10。保存并下载到PLC主机中，启动自动运行。

 项目考核

项目实施过程考核与结果考核相结合，由项目委托方代表（教师或学生）对项目各项任务的完成结果进行验收、评分；学生进行"成果展示"，经验收合格后进行接收。

项目完成情况作为考核能力目标、知识目标、拓展目标的主要内容，具体包括完成项目的态度、项目报告质量、资料查阅情况、问题的解答、团队合作、应变能力、表述能力、辩解能力、外语能力等。

完成情况考核评分表

评分内容	评分标准	配分	得分
自动控制系统程序识读、完善和设计	程序识读不正确，扣5分	5	
	程序修改参数设置错误每处扣5分	10	
	程序编写错误，酌情扣分	20	
自动化控制	完善I/O端口定义表，错一处扣0.5分	7	
	电气控制柜接线，接线错误每处扣2分，13分扣完为止	13	
	pH仪表接线错误扣5分	5	
	数据线连接错误扣5分	5	
触摸屏使用	设备通道增加错误扣5分	5	
	设备通道参数设置错误扣5～10分	10	
	A^2/O提升泵管路流动属性设置错误扣5～10分	10	
DO在线仪数值显示	显示输出参数设置错误扣5分	5	
pH在线仪数值显示	显示输出参数设置错误扣5分	5	
项目成绩合计			
开始时间	结束时间	所用时间	
评语			

附 录

附表 1 常用压力表规格及型号

名称	型号	结构	测量范围/MPa	精度等级
弹簧管压力表	Y-60	径向	$-0.1\sim0$, $0\sim0.1$, $0\sim0.16$, $0\sim0.25$, $0\sim0.4$, $0\sim0.6$, $0\sim1$, $0\sim1.6$, $0\sim0.25$, $0\sim4$, $0\sim6$	2.5
	Y-60T	径向带后边		
	Y-60Z	轴向无边		
	Y-60ZQ	轴向带前边		
	Y-100	径向	$-0.1\sim0$, $-0.1\sim0.06$, $-0.1\sim0.15$, $-0.1\sim0.3$, $-0.1\sim0.5$, $-0.1\sim0.9$, $-0.1\sim1.5$, $-0.1\sim2.4$, $0\sim0.1$, $0\sim0.16$, $0\sim0.25$, $0\sim0.4$, $0\sim0.6$, $0\sim1$, $0\sim1.6$, $0\sim2.5$, $0\sim4$, $0\sim6$	1.5
	Y-100T	径向带后边		
	Y-100TQ	径向带前边		
	Y-150	径向		
	Y-150T	径向带后边	同上	
	Y-150TQ	径向带前边		
	Y-100	径向	$0\sim10$, $0\sim16$, $0\sim25$, $0\sim40$, $0\sim60$	1.5
	Y-100T	径向带后边		
	Y-100TQ	径向带前边		
	Y-150	径向		
	Y-150T	径向带后边		
	Y-150TQ	径向带前边		
电接点压力表	YX-150	径向	$-0.1\sim0.1$, $-0.1\sim0.15$, $-0.1\sim0.3$, $-0.1\sim0.5$, $-0.1\sim0.9$, $-0.1\sim1.5$, $-0.1\sim2.4$, $0\sim0.1$, $0\sim0.16$, $0\sim0.25$, $0\sim0.4$, $0\sim0.6$, $0\sim1$, $0\sim1.6$, $0\sim2.5$, $0\sim4$, $0\sim6$	1.5
	YX-150TQ	径向带前边		
	YX-150A	径向	$0\sim10$, $0\sim16$, $0\sim25$, $0\sim40$, $0\sim60$	
	YX-150TQ	径向带前边		
	YX-150	径向	$-0.1\sim0$	
活塞式压力表	YS-2.5	台式	$-0.1\sim0.25$	0.02 0.05
	YS-6	台式	$0.04\sim0.6$	
	Y5-60	台式	$0.1\sim6$	
	YS-600	台式	$1\sim60$	

附表2 铂铑₁₀-铂热电偶（分度号为S）分度表
（参考端温度为0℃）

工作端温度/℃	0	10	20	30	40	50	60	70	80	90
	热电动势/mV									
0	0.000	0.055	0.113	0.173	0.235	0.299	0.365	0.432	0.502	0.573
100	0.645	0.719	0.795	0.872	0.950	1.029	1.109	1.190	1.273	1.356
200	1.440	1.525	1.611	1.698	1.785	1.873	1.962	2.051	2.141	2.232
300	2.323	2.414	2.506	2.599	2.692	2.786	2.880	2.974	3.069	3.164
400	3.260	3.356	3.452	3.549	3.645	3.743	3.840	3.938	4.036	4.135
500	4.234	4.333	4.432	4.532	4.632	4.732	4.832	4.933	5.034	5.136
600	5.237	5.339	5.442	5.544	5.648	5.751	5.855	5.960	6.064	6.169
700	6.274	6.380	6.486	6.592	6.699	6.805	6.913	7.020	7.128	7.236
800	7.345	7.454	7.563	7.672	7.782	7.892	8.003	8.114	8.225	8.336
900	8.448	8.560	8.673	8.786	8.899	9.012	9.126	9.240	9.355	9.470
1000	9.585	9.700	9.816	9.932	10.084	10.165	10.282	10.400	10.517	10.635
1100	10.754	10.872	10.991	11.110	11.229	11.348	11.467	11.587	11.707	11.827
1200	11.947	12.067	12.188	12.308	12.429	12.550	12.671	12.792	12.913	13.034
1300	13.155	13.276	13.397	13.519	13.640	13.761	13.883	14.004	14.125	14.247
1400	14.368	14.489	14.610	14.731	14.852	14.973	15.094	15.215	15.336	15.456
1500	15.576	15.697	15.817	15.937	16.057	16.176	16.296	16.415	16.534	16.653
1600	16.771									

附表3 镍铬-铜镍合金（康铜）热电偶（分度号为E）分度表
（参比端温度为0℃）

工作端温度/℃	0	−10	−20	−30	−40					
	热电动势/mV									
0	0.000	−0.582	−1.152	−1.709	−2.255					

工作端温度/℃	0	10	20	30	40	50	60	70	80	90
	热电动势/mV									
0	0.000	0.591	1.192	1.801	2.420	3.048	3.685	4.330	4.985	5.648
100	6.319	6.998	7.685	8.379	9.081	9.789	10.503	11.224	11.951	12.684
200	13.421	14.164	14.912	15.664	16.420	17.181	17.945	18.713	19.484	20.259
300	21.036	21.817	22.600	23.386	24.174	24.964	25.757	26.552	27.348	28.146
400	28.946	29.747	30.550	31.354	32.159	32.965	33.772	34.579	35.387	36.196
500	37.005	37.815	38.624	39.434	40.243	41.053	41.862	42.671	43.479	44.286
600	45.093	45.900	46.705	47.509	48.313	49.116	49.917	50.718	51.517	52.315
700	53.112	53.908	54.703	55.497	56.289	57.080	57.870	58.659	59.446	60.232

附表4 镍铬-镍硅（镍铝）热电偶（分度号为K）分度表
（参考端温度为0℃）

工作端温度/℃	0	10	20	30	40	50	60	70	80	90
	热电动势/mV									
−0	−0.000	−0.392	−0.777	−1.156	−1.527	−1.889	−2.243	−2.586	−2.920	−3.242
+0	0.000	0.397	0.798	1.203	1.611	2.022	2.436	2.850	3.266	3.681
100	4.095	4.508	4.919	5.327	5.733	6.137	6.539	6.939	7.338	7.737
200	8.137	8.537	8.938	9.341	9.745	10.151	10.560	10.969	11.381	11.793
300	12.207	12.623	13.039	13.456	13.874	14.292	14.712	15.132	15.552	15.974
400	16.395	16.818	17.241	17.664	18.088	18.513	18.938	19.363	19.788	20.214
500	20.640	21.066	21.493	21.919	22.346	22.772	23.198	23.624	24.050	24.476
600	24.902	25.327	25.751	26.176	26.599	27.022	27.445	27.867	28.288	28.709
700	29.128	29.547	29.965	30.383	30.799	31.214	31.629	32.042	32.455	32.866
800	33.277	33.686	34.095	34.502	34.909	35.314	35.718	36.121	36.524	36.925
900	37.325	37.724	38.122	38.519	38.915	39.310	39.703	40.096	40.488	40.897
1000	41.269	41.657	42.045	42.432	42.817	43.202	43.585	43.968	44.349	44.729
1100	45.108	45.486	45.863	46.238	46.612	46.985	47.356	47.726	48.095	48.462
1200	48.828	49.192	49.555	49.916	50.276	50.633	50.990	51.344	51.697	52.049
1300	52.398									

附表5 工业用铂热电阻（分度号为Pt100）分度表
（$R_0 = 100.00\Omega$，$R_{100}/R_0 = 1.385$，$\alpha = 0.00385$）

温度/℃	0	1	2	3	4	5	6	7	8	9
	热电阻/Ω									
−150	39.71	39.30	38.88	38.46	38.04	37.63	37.21	36.79	36.37	35.95
−140	43.87	43.45	43.04	42.63	42.21	41.79	41.38	40.96	40.55	40.13
−130	48.00	47.59	47.18	46.76	46.35	45.94	45.52	45.11	44.70	44.28
−120	52.11	51.70	51.29	50.88	50.47	50.06	49.64	49.23	48.82	48.41
−110	56.19	55.78	55.38	54.97	54.56	54.15	53.74	53.33	52.92	52.52
−100	60.25	59.85	59.44	59.04	58.63	58.22	57.82	57.41	57.00	56.60
−90	64.30	63.90	63.49	63.09	62.68	62.28	61.87	61.47	61.06	60.66
−80	68.33	67.92	67.52	67.12	66.72	66.31	65.91	65.51	65.11	64.70
−70	72.33	71.93	71.53	71.13	70.73	70.33	69.93	69.53	69.13	68.73
−60	76.33	75.93	75.53	75.13	74.73	74.33	73.93	73.53	73.13	72.73
−50	80.31	79.91	79.51	79.11	78.72	78.32	77.92	77.52	77.13	76.73
−40	84.27	83.88	83.48	83.08	82.69	82.29	81.89	81.50	81.10	80.70
−30	88.22	87.83	87.43	87.04	86.64	86.25	85.85	85.46	85.06	84.67
−20	92.16	91.77	91.37	90.98	90.59	90.19	89.80	89.40	89.01	88.62

续表

温度/℃	0	1	2	3	4	5	6	7	8	9
	热电阻/Ω									
−10	96.09	95.69	95.30	94.91	94.52	94.12	93.73	93.34	92.95	92.55
0	100.00	99.61	99.22	98.83	98.44	98.04	97.65	97.26	96.87	96.48
0	100.00	100.39	100.78	101.17	101.56	101.95	102.34	102.73	103.13	103.51
10	103.90	104.29	104.68	105.07	105.46	105.85	106.24	106.63	107.02	107.40
20	107.79	108.18	108.57	108.96	109.35	109.73	110.12	110.51	110.90	111.28
30	111.67	112.06	112.45	112.83	113.22	113.61	113.99	114.38	114.77	115.15
40	115.54	115.93	116.31	116.70	117.08	117.47	117.85	118.24	118.62	119.01
50	119.40	119.78	120.16	120.55	120.93	121.32	121.70	122.09	122.47	122.86
60	123.24	123.62	124.01	124.39	124.77	125.16	125.54	125.92	126.31	126.69
70	127.07	127.45	127.84	128.22	128.60	128.98	129.37	129.75	130.13	130.51
80	130.89	131.27	131.66	132.04	132.42	132.80	133.18	133.56	133.94	134.32
90	134.70	135.08	135.46	135.84	136.22	136.60	136.98	137.36	137.74	138.12
100	138.50	138.88	139.26	139.64	140.02	140.39	140.77	141.15	141.53	141.91
110	142.29	142.66	143.04	143.42	143.80	144.17	144.55	144.93	145.31	145.68
120	146.06	146.44	146.81	147.19	147.57	147.94	148.32	148.70	149.07	149.45
130	149.82	150.20	150.57	150.95	151.33	151.70	152.08	152.45	152.83	153.20
140	153.58	153.95	154.32	154.70	155.07	155.45	155.82	156.19	156.57	156.94
150	157.31	157.69	158.06	158.43	158.81	159.18	159.55	159.93	160.30	160.67
160	161.04	161.42	161.79	162.16	162.53	162.90	163.27	163.65	164.02	164.39
170	164.76	165.13	165.50	165.87	166.24	166.61	166.98	167.35	167.72	168.09
180	168.46	168.83	169.20	169.57	169.94	170.31	170.68	171.05	171.42	171.79
190	172.16	172.53	172.90	173.26	173.63	174.00	174.37	174.74	175.10	175.47
200	175.84	176.21	176.57	176.94	177.31	177.68	178.04	178.41	178.78	179.14
210	179.51	179.88	180.24	180.61	180.97	181.34	181.71	182.07	182.44	182.80
220	183.17	183.53	183.90	184.26	184.63	184.99	185.36	185.72	186.09	186.45
230	186.82	187.18	187.54	187.91	188.27	188.63	189.00	189.36	189.72	190.09
240	190.45	190.81	191.18	191.54	191.90	192.26	192.63	192.99	193.35	193.71
250	194.07	194.44	194.80	195.16	195.52	195.88	196.24	196.60	196.96	197.33
260	197.69	198.05	198.41	198.77	199.13	199.49	199.85	200.21	200.57	200.93
270	201.29	201.65	202.01	202.36	202.72	203.08	203.44	203.80	204.16	204.52
280	204.88	205.23	205.59	205.95	206.31	206.67	207.02	207.38	207.74	208.10
290	208.45	208.81	209.17	209.52	209.88	210.24	210.59	210.95	211.31	211.66
300	212.02	212.37	212.73	213.09	213.44	213.80	214.15	214.51	214.86	215.22

附表6 工业用铜热电阻（分度号为Cu100）分度表
($R_0=100.00\Omega$, $R_{100}/R_0=1.428$, $\alpha=0.004280$)

温度/℃	0	1	2	3	4	5	6	7	8	9
	电阻值/Ω									
−50	78.49	—	—	—	—	—	—	—	—	—
−40	82.80	82.36	81.94	81.50	81.08	80.64	80.20	79.78	79.34	78.92
−30	87.10	88.68	86.24	85.82	85.38	84.95	84.54	84.10	83.66	83.22
−20	91.40	90.98	90.54	90.12	89.68	86.26	88.82	88.40	87.96	87.54
−10	95.70	95.28	94.84	94.42	93.98	93.56	93.12	92.70	92.26	91.84
−0	100.00	99.56	99.14	98.70	98.28	97.84	97.42	97.00	96.56	96.14
0	100.00	100.42	100.86	101.28	101.72	102.14	102.56	103.00	103.43	103.86
10	104.28	104.72	105.14	105.56	106.00	106.42	106.86	107.28	107.72	108.14
20	108.56	109.00	109.42	109.84	110.28	110.70	111.14	111.56	112.00	114.42
30	112.84	113.28	113.70	114.14	114.56	114.98	115.42	115.84	116.28	116.70
40	117.12	117.56	117.98	118.40	118.84	119.26	119.70	120.12	120.54	120.98
50	121.40	121.84	122.26	122.68	123.12	123.54	123.96	124.40	124.82	125.26
60	125.68	126.10	126.54	126.96	127.40	127.82	128.24	128.68	129.10	129.52
70	129.96	130.38	130.82	131.24	131.66	132.10	132.52	132.96	133.38	133.80
80	134.24	134.66	135.08	135.52	135.94	136.33	136.80	137.24	137.66	138.08
90	138.52	138.94	139.36	139.80	140.22	140.66	141.08	141.52	141.94	142.36
100	142.80	143.22	143.66	144.08	144.50	144.94	145.36	145.80	146.22	146.66
110	147.08	147.50	147.94	148.36	148.80	149.22	149.66	150.08	150.52	150.94
120	151.36	151.80	152.22	152.66	153.08	153.52	153.94	154.38	154.80	155.24
130	155.66	156.10	156.52	156.96	157.38	157.82	158.24	158.68	159.10	159.54
140	159.96	160.40	160.82	161.28	161.68	162.12	162.54	162.98	163.40	163.84
150	164.27	—	—	—	—	—	—	—	—	—

注：对于分度号为Cu50（$R_0=50\Omega$）的铜热电阻的分度表，将表中的电阻值减半即可。

参考文献

[1] 乐嘉谦, 等. 仪表工手册. 2版. 北京: 化学工业出版社, 2021.
[2] 王克华. 过程检测仪表. 2版. 北京: 电子工业出版社, 2022.
[3] 厉玉鸣. 化工仪表及自动化. 6版. 北京: 化学工业出版社, 2020.
[4] 丁炜, 等. 过程检测及仪表. 北京: 北京理工大学出版社, 2010.
[5] 王化祥. 自动检测技术. 3版. 北京: 化学工业出版社, 2018.
[6] 吴勤勤. 控制仪表及装置. 4版. 北京: 化学工业出版社, 2018.
[7] 厉玉鸣. 化工仪表及自动化例题习题集. 3版. 北京: 化学工业出版社, 2016.
[8] 丁炜. 过程控制仪表及装置. 2版. 北京: 电子工业出版社, 2011.
[9] 韩相争. 西门子S7-200 SMART PLC编程技巧与案例. 北京: 化学工业出版社, 2019.
[10] 王英健, 等. 环境监测. 3版. 北京: 化学工业出版社, 2022.
[11] 王怀宇. 污水处理厂运行维护与管理. 北京: 化学工业出版社, 2023.
[12] 杨润贤. 生产过程控制系统的设计与运行维护. 2版. 北京: 化学工业出版社, 2022.
[13] 叶志明, 等. 西门子S7-200 SMART PLC编程与应用案例精选. 北京: 机械工业出版社, 2021.